教科書ぴったりトレーニング

はなまるシール

★ ふろくの…
★ はじめに…
がんばり…
★ 学習が終…がんばり表に
「はなまるシール」をはろう！
★ 余ったシールは自由に使ってね。

キミのおとも犬

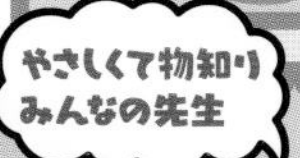

はなまるシール

ごほうびシール

教科書ぴったりトレーニング

理科３年 がんばり表

いつも見えるところに、この「がんばり表」をはっておこう。
この「ぴたトレ」を学習したら、シールをはろう！
どこまでがんばったかわかるよ。

3. チョウを育てよう
❶ チョウの育ち方
❷ こん虫の育ち方

12〜13ページ	14〜15ページ	16〜17ページ
ぴったり１２	ぴったり１２	ぴったり３
できたらシールをはろう	できたらシールをはろう	できたらシールをはろう

4. 風やゴムの力
❶ 風の力
❷ ゴムの力

18〜19ページ	20〜21ページ
ぴったり１２	ぴったり３
できたらシールをはろう	できたらシールをはろう

★ 葉を出したあと
❶ 大きく育つころ
❷ 花をさかせるころ

22〜23ページ	24〜25ページ
ぴったり１２	ぴったり３
できたらシールをはろう	できたらシールをはろう

5. こん虫の世界
❶ こん虫の体のつくり
❷ こん虫のいる場所や食べ物

26〜27ページ	28〜29ページ	30〜31ページ
ぴったり１２	ぴったり１２	ぴったり３
できたらシールをはろう	できたらシールをはろう	できたらシールをはろう

9. ものの重さ
❶ 形をかえたものの重さ
❷ 体積が同じものの重さ

56〜57ページ	58〜59ページ
ぴったり１２	ぴったり３
できたらシールをはろう	できたらシールをはろう

10. 電気の通り道
❶ 明かりがつくつなぎ方
❷ 電気を通すもの・通さないもの

60〜61ページ	62〜63ページ	64〜65ページ
ぴったり１２	ぴったり１２	ぴったり３
できたらシールをはろう	できたらシールをはろう	できたらシールをはろう

11. じしゃく
❶ じしゃくにつくもの・つかないもの
❷ じしゃくと鉄
❸ じしゃくのきょく

66〜67ページ	68〜69ページ	70〜71ページ
ぴったり１２	ぴったり１２	ぴったり３
できたらシールをはろう	できたらシールをはろう	できたらシールをはろう

★ 作って遊ぼう

72ページ
ぴったり１
できたらシールをはろう

ゴール

（キリトリ線）

教科書ぴったりトレーニング　理科　3年　教育出版版　折込①（オモテ）

すきななまえをつけてね！

なまえ

ぴた犬（おとも犬）シールをはろう

シールの中からすきなぴた犬をえらぼう。

おうちのかたへ

がんばり表のデジタル版「デジタルがんばり表」では、デジタル端末でも学習の進捗記録をつけることができます。1冊やり終えると、抽選でプレゼントが当たります。「ぴたサポシステム」にご登録いただき、「デジタルがんばり表」をお使いください。LINE または PC・ブラウザを利用する方法があります。

LINE用　PC・ブラウザ用

★ぴたサポシステムご利用ガイドはこちら★
https://www.shinko-keirin.co.jp/shinko/news/pittari-support-system

スタート

1. 生き物を調べよう

2〜3ページ　ぴったり1 2　できたらシールをはろう

4〜5ページ　ぴったり3　できたらシールをはろう

2. 植物を育てよう

❶ 植物の育ち
❷ 植物の体のつくり

6〜7ページ　ぴったり1 2　できたらシールをはろう

8〜9ページ　ぴったり1 2　できたらシールをはろう

10〜11ページ　ぴったり3　できたらシールをはろう

★ 花をさかせたあと

32〜33ページ　ぴったり1 2　できたらシールをはろう

34〜35ページ　ぴったり3　できたらシールをはろう

6. 太陽と地面

❶ かげと太陽
❷ 日なたと日かげ

36〜37ページ　ぴったり1 2　できたらシールをはろう

38〜39ページ　ぴったり1 2　できたらシールをはろう

40〜41ページ　ぴったり1 2　できたらシールをはろう

42〜43ページ　ぴったり3　できたらシールをはろう

7. 光

❶ 光の進み方
❷ 光を重ねる・集める

44〜45ページ　ぴったり1 2　できたらシールをはろう

46〜47ページ　ぴったり1 2　できたらシールをはろう

48〜49ページ　ぴったり3　できたらシールをはろう

8. 音

❶ 音が出ているとき
❷ 音がつたわるとき

50〜51ページ　ぴったり1 2　できたらシールをはろう

52〜53ページ　ぴったり3　できたらシールをはろう

54〜55ページ　ぴったり1 2　できたらシールをはろう

さいごまでがんばったキミは「ごほうびシール」をはろう！

ごほうびシールをはろう

バッチリポスター

自由研究にチャレンジ！

「自由研究はやりたい，でもテーマが決まらない…。」
そんなときは，このふろくをさんこうに，自由研究を進めてみよう。
このふろくでは，『植物のどこを食べているのか』というテーマをれいに，せつめいしていきます。

①研究のテーマを決める

「植物の体は，どれも根・くき・葉からできていることを学習したけど，ふだん食べているものは，植物のどこを食べているのか，調べてみたいと思った。」など，身近なぎもんからテーマを決めよう。

②予想・計画を立てる

「ふだん食べているやさいなどの植物が，根・くき・葉のどの部分かを調べる。」など，テーマに合わせて調べるほうほうとじゅんびするものを考え，計画を立てよう。わからないことは，本やコンピュータで調べよう。

③調べたりつくったりする

計画をもとに，調べたりつくったりしよう。けっかだけでなく，気づいたことや考えたこともきろくしておこう。

④まとめよう

「根を食べているものには～，くきを食べているものには～，葉を食べているものには～があった。」など，調べたりつくったりしたけっかから，どんなことがわかったのかをまとめよう。

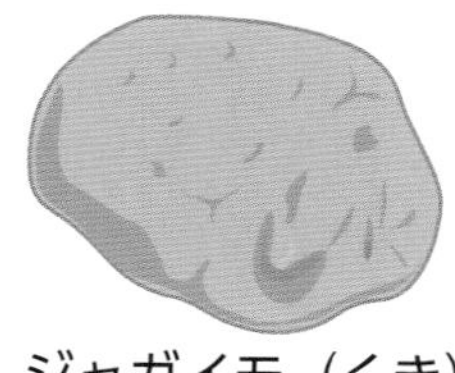
ジャガイモ（くき）

どの部分か
わかりにくいものは
本などで調べよう。

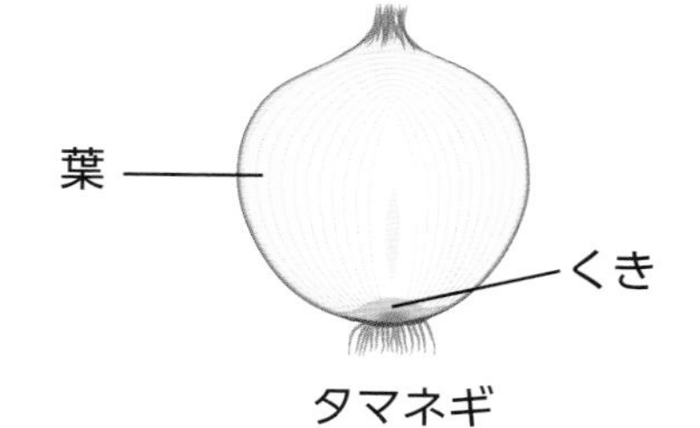

タマネギ

右は自由研究を
まとめたれいだよ。
自分なりに
まとめてみよう。

植物のどこを食べているのか

年　　組

研究のきっかけ

学校で，植物の体は，どれも根・くき・葉からできていることを学習した。
んやさいなどを食べているけど，それは植物のどこを食べているのか，調べ
たいと思った。

調べ方

いにち食べているものの中から，植物をさがす。
べている植物が，根・くき・葉のどの部分かを調べる。

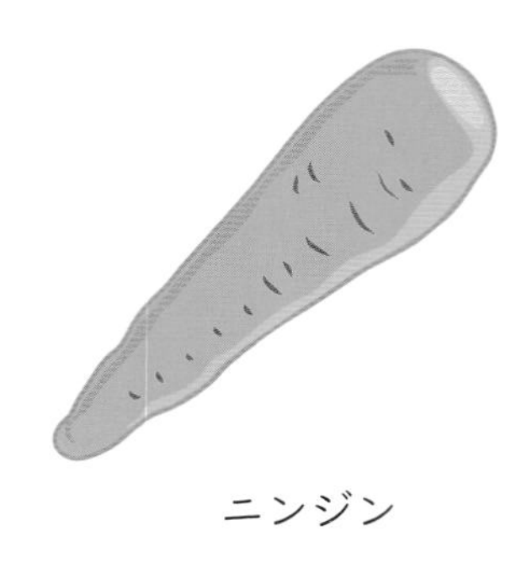

ニンジン

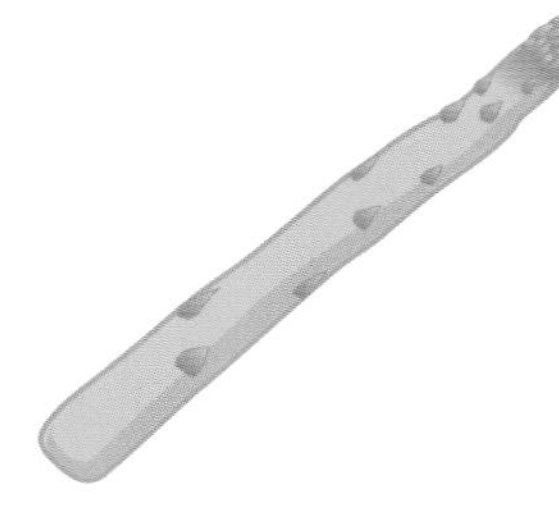

アスパラガス

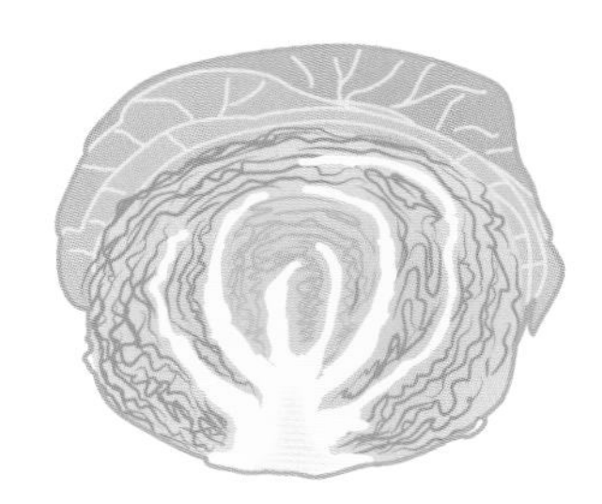

キャベツ

けっか

を食べているもの…
きを食べているもの…
を食べているもの…
のほか…

わかったこと

さいは，植物の根・くき・葉のどれかだと思っていたけど，実やつぼみなど，
くき・葉いがいでも，やさいとよんでいるものがあるとわかった。

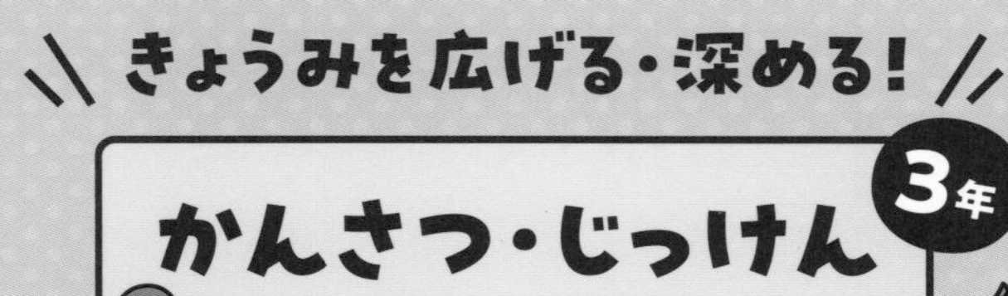

かんさつ・じっけんカード 3年

生き物

何という植物（しょくぶつ）かな？

生き物

何という植物（しょくぶつ）かな？

生き物

何という植物（しょくぶつ）かな？

生き物

何という植物（しょくぶつ）かな？

生き物

何という植物（しょくぶつ）かな？

生き物

何という植物（しょくぶつ）かな？

生き物

何という植物（しょくぶつ）かな？

生き物

何というこん虫かな？

生き物

何というこん虫かな？

生き物

何というこん虫かな？

生き物

何というこん虫かな？

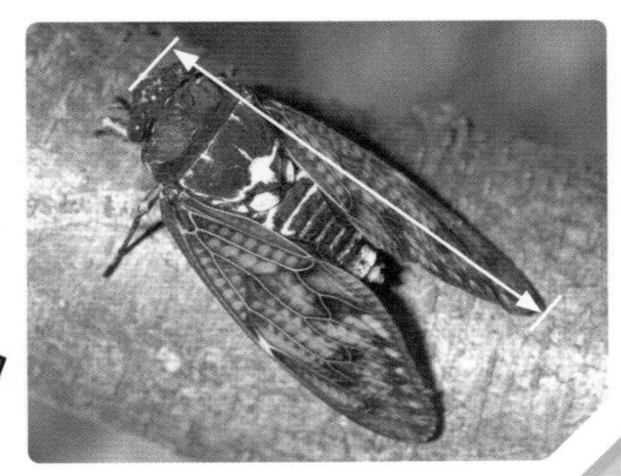

タンポポ

草たけは、15～30cm。
1つの花に見えるが、
たくさんの花が
集まったもの。

使い方

●切り取り線にそって切りはなしましょう。

説明

●「生き物」「きぐ」「たんい」の答えはうら面に書いてあります。
●植物の草たけ（高さ）や動物の大きさはおよその数字です。
●動物の大きさは、←→ をはかった長さです。

ハルジオン

草たけは、30～60cm。
つぼみはたれ下がり、
くきの中は空っぽに
なっている。

ナズナ

草たけは、20～30cm。
小さな花がさく。ハート
の形をしたものは、
葉ではなく実。

カラスノエンドウ

草たけは、60～90cm。
葉の先のまきひげが、
ほかのものにまきついて、
体をささえる。

シロツメクサ

草たけは、20～30cm。
1つの花に見えるが、
たくさんの花が
集まったもの。

ヒメオドリコソウ

草たけは、10～25cm。
葉は、たまごの形を
していて、ふちが
ぎざぎざしている。

ホトケノザ

草たけは、10～30cm。
葉は、ぎざぎざがある
丸い形をしている。

ショウリョウバッタ

大きさは、めすが80mm、おすが50mm。
たまご→よう虫→せい虫のじゅんに育つ。
キチキチという音を出す。

ベニシジミ

大きさは、15mm。たまご→よう虫
→さなぎ→せい虫のじゅんに育つ。よう虫は、
スイバなどの葉を食べる。せい虫は草地で
よく見られ、花のみつをすう。

アブラゼミ

大きさは、55mm。
たまご→よう虫→せい虫の
じゅんに育つ。
ジージリジリジリと鳴く。

ぬけがら

ツクツクボウシ

大きさは、45mm。
たまご→よう虫→せい虫の
じゅんに育つ。
オーシツクツクと鳴く。

ぬけがら

生き物

何という
こん虫かな?

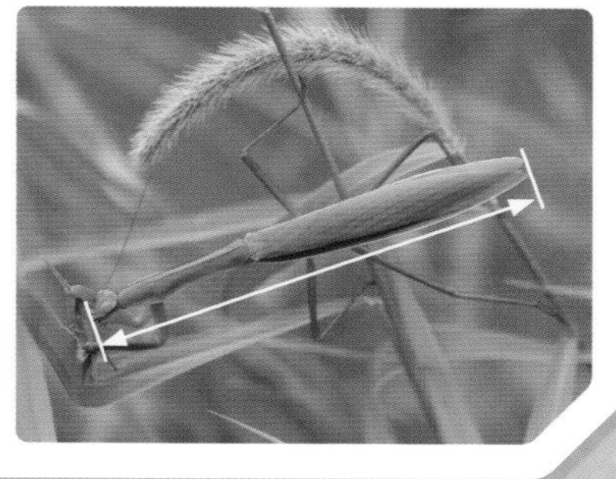

生き物

何という
こん虫かな?

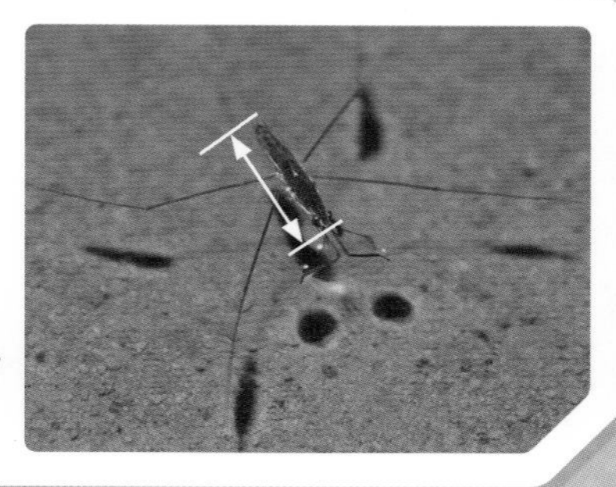

生き物

何という
こん虫かな?

きぐ

何という
きぐかな?

きぐ

何という
きぐかな?

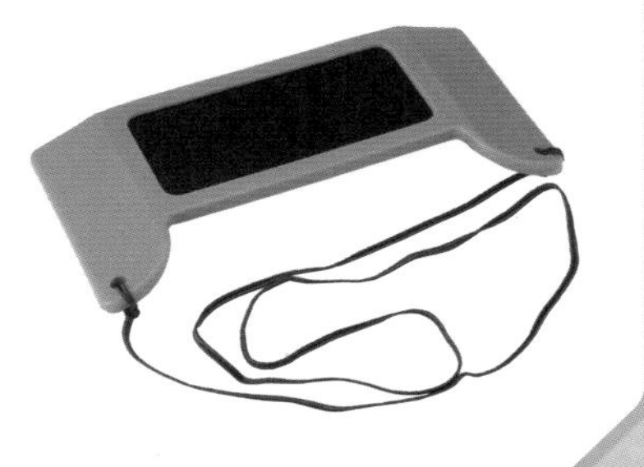

きぐ

何という
きぐかな?

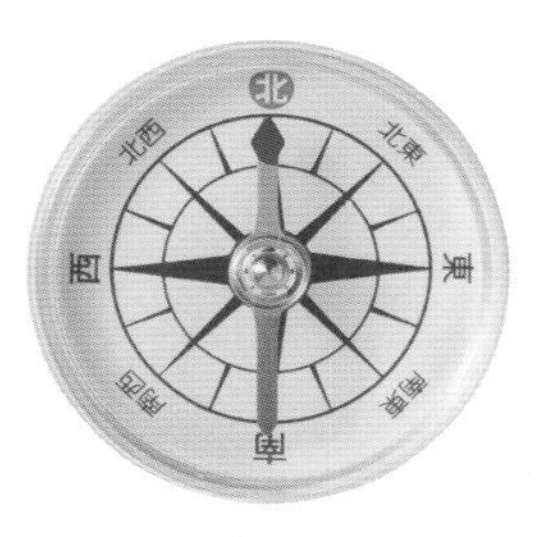

きぐ

何という
きぐかな?

きぐ

何という
きぐかな?

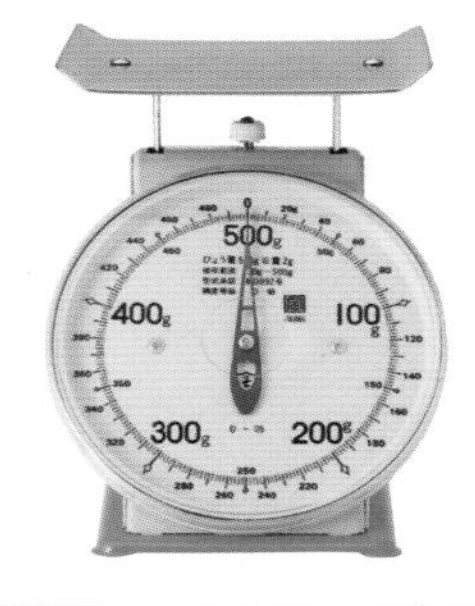

きぐ

何という
きぐかな?

たんい

これで何を
はかるかな?

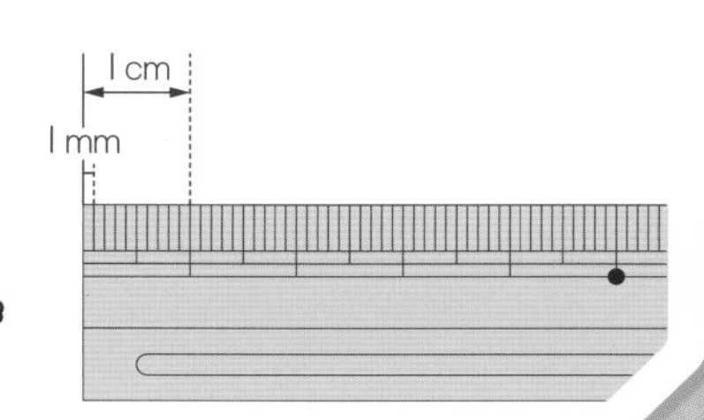

たんい

これで何を
はかるかな?

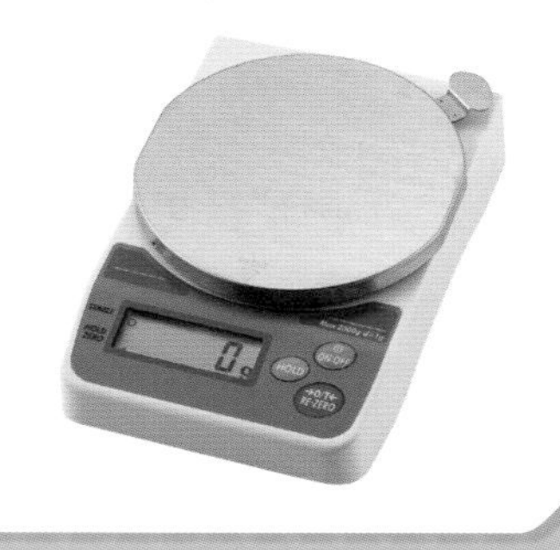

たんい

ものの大きさ(かさ)
を何というかな?

アメンボ

大きさは、15mm。たまご→よう虫→せい虫のじゅんに育（そだ）つ。
あしの先に毛が生えていて、その毛には油（あぶら）がついているため、水にしずまない。

オオカマキリ

大きさは、80mm。たまご→よう虫→せい虫のじゅんに育（そだ）つ。
かまのような前あしで、ほかのこん虫をつかまえて食べる。

虫めがね

小さなものを大きく見たり、
日光を集（あつ）めたりするために使（つか）う。
目をいためるので、ぜったいに、
虫めがねで太陽（たいよう）を見てはいけない。

シオカラトンボ

大きさは、50mm。たまご→よう虫→せい虫のじゅんに育（そだ）つ。
おすの体は青く、めすの体は茶色い。
ムギワラトンボともよばれている。

方位（ほうい）じしん

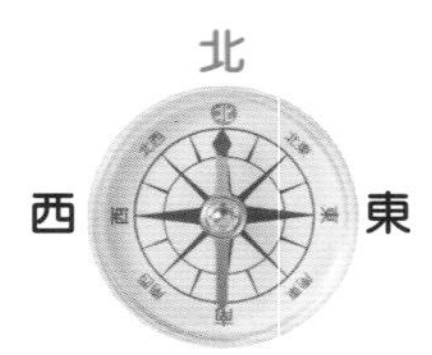

方位を調（しら）べるときに使（つか）う。
はりは、北と南を指（さ）して止まる。色がついているほうのはりが北を指す。

しゃ光板（こうばん）

太陽（たいよう）を見るときに使（つか）う。
太陽をちょくせつ見ると目をいためるので、これを使うが、長い時間見てはいけない。

はかり（台ばかり）

ものの重（おも）さをはかるときに使（つか）う。はかりを使うときは、平（たい）らなところにおき、はりが「0」を指（さ）していることをかくにんする。はかるものをしずかにのせ、はりが指す目もりを、正面（しょうめん）から読む。

温度計（おんどけい）

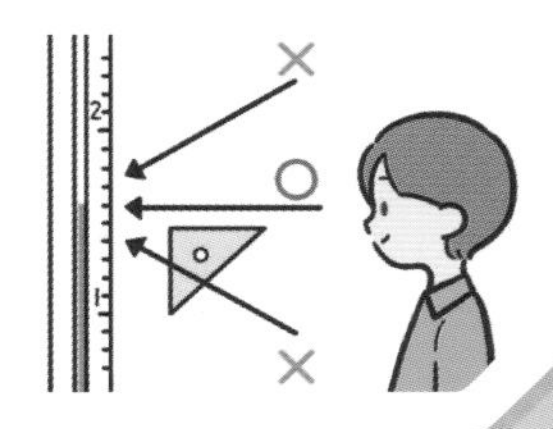

ものの温度をはかるときに使（つか）う。
目もりを読むときは、真横（まよこ）から読む。

長さ

長さは、ものさしではかる。m（メートル）やcm（センチメートル）、mm（ミリメートル）は長さのたんい。
1m＝100cm　　1cm＝10mm

はかり（電子てんびん）

ものの重（おも）さをはかるときに使（つか）う。はかりは平（たい）らなところにおき、スイッチを入れる。紙をしいて使うときは、台に紙をのせてから「0g」のボタンをおす。しずかにものをおいて、数字を読む。

体積（たいせき）

もののの大きさ（かさ）のことを体積という。同じコップではかってくらべると、体積のちがいがわかる。

重（おも）さ

重さは、はかりではかる。
kg（キログラム）やg（グラム）は重さのたんい。1円玉の重さは1g。1kg＝1000g

【写真提供】
アフロ／アマナイメージズ／NNP／コーベット・フォトエージェンシー

1. 生き物を調べよう

学習日　　月　　日

めあて
身のまわりの生き物のすがたがどうだったか、かくにんしよう。

教科書 8〜17、178ページ　答え 2ページ

下の（　）にあてはまる言葉を書くか、あてはまるものを〇でかこもう。

1 身のまわりの生き物のすがたをかんさつしよう。

教科書 8〜17、178ページ

▶ 虫めがねを使うと、小さいものを（①　　　　）見ることができる。

・手で持てるものを見るとき

虫めがねを（②　　　　）に近づけて持つ。
（③　虫めがね・見るもの）を動かして、
はっきり見えるところで止める。

・手で持てないものを見るとき

虫めがねを（④　　　　）に近づけて持つ。
（⑤　顔・見るもの）を前後に動かして、
はっきり見えるところで止める。

・目をいためるので、虫めがねで（⑥　　　　）を見てはぜったいにいけない。

▶ いろいろな生き物は、（⑦　　　　）によって、ちがった形や色、大きさをしている。

ヒメオドリコソウ

モンシロチョウ

クロオオアリ

同じところ、
ちがうところ
を見つけて
みよう。

・ヒメオドリコソウは、高さが15cmくらいで、小さい（⑧　　　　）い花がさいている。

・モンシロチョウのはねは、（⑨　　　　）い色で、黒い（⑩　　　　）がある。

・クロオオアリは黒い色で、頭が大きく、大きさは（⑪　1・10　）cmくらいである。

ここが だいじ！
①身のまわりの生き物は、しゅるいによって、それぞれ形や色、大きさなどのすがたにちがいがある。

モンシロチョウは、白いはねに黒いもん（もよう）があることから名づけられました。

学習日　　月　　日

1. 生き物を調べよう

教科書 8～18、178ページ　答え 2ページ

1 虫めがねの使い方について、正しいものを3つえらび、○をつけましょう。

ア(　　)虫めがねは、小さいものを大きく見るときに使う。

イ(　　)目をいためるので、ぜったいに虫めがねで太陽を見てはいけない。

ウ(　　)虫めがねは、見るものに近づけて持つ。

エ(　　)手で持てるものを見るときは、虫めがねを動かし、はっきり見えるところで止める。

オ(　　)手で持てないものを見るときは、虫めがねを目に近づけたまま顔を前後に動かし、はっきり見えるところで止める。

2 野原で見つけた虫などの生き物のすがたを調べました。

㋐

㋑
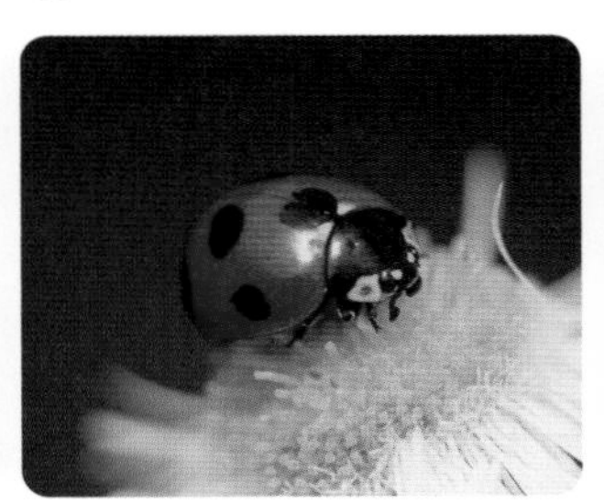

㋒

㋓

(1) ㋐～㋓の生き物の名前を、□から1つずつえらび、(　)に書きましょう。

㋐(　　　　　　)　㋑(　　　　　　)

㋒(　　　　　　)　㋓(　　　　　　)

ナナホシテントウ　クロオオアリ　ツバメシジミ　モンシロチョウ　オカダンゴムシ

(2) 生き物は、しゅるいによって、何がちがいますか。(　)に言葉を書きましょう。

生き物は、しゅるいによって、(①　　　)、(②　　　)、(③　　　)などがちがう。

ヒント ❶ 虫めがねは、見るものが動かせないときだけ、顔を動かします。

ぴったり3

たしかめのテスト

1. 生き物を調べよう

時間 30分

／100

合格 70点

教科書 8〜19、178ページ　答え 3ページ

1 校庭や野原で見られる植物のすがたを調べました。

1つ5点(30点)

㋐

㋑

㋒

㋓

(1) ㋐〜㋓の植物の名前を、［　　］からえらび、(　　)に書きましょう。

㋐(　　　　　　)　㋑(　　　　　　)
㋒(　　　　　　)　㋓(　　　　　　)

［アブラナ　ナズナ　チューリップ　ホトケノザ］

(2) タンポポと同じ色の花だけがさくものを㋐〜㋓から1つえらび、記号を書きましょう。(　　　)

(3) ㋐〜㋓の植物の葉は、何色をしていますか。(　　　)

2 オオイヌノフグリのかんさつカードをかきました。

1つ5点、(2)はぜんぶできて5点(10点)

(1) ［①］に書くことに○をつけましょう。

ア(　　)学校名
イ(　　)かんさつした月日
ウ(　　)いっしょにかんさつした人
エ(　　)学校に行った時こく

(2) ②〜④には、それぞれ何が入りますか。下の［　　］からえらび、(　　)に書きましょう。

(②　　　　)　(③　　　　)
(④　　　　)

［花　全体　葉］

オオイヌノフグリ	3年	1組	山田みき

①	調べた場所：川ばた公園
②(形や色)地面の近くに広がっている。 (大きさ)高さ 10cm くらい。	
③(形や色)緑色で、丸くてぎざぎざしている。 (大きさ)1cm くらい。	
④(形や色)青い色 (大きさ)5mm くらい。	

よく出る

3 虫めがねを使(つか)って、植物をかんさつしました。

技能

1つ5点(20点)

(1) 虫めがねの使い方として、正しいほうに○をつけましょう。

ア(　　)虫めがねは、目に近づけて持(も)つ。

イ(　　)虫めがねは、見るものに近づけて持つ。

(2) 目をいためるので、虫めがねでぜったいに見てはいけないものは何ですか。

(　　　　)

(3) 次(つぎ)の①、②の場合、「顔」、「見るもの」のどちらを動(うご)かして、はっきり見えるようにしますか。

① 手で持てるものを見る。

(　　　　)

② 手で持てないものを見る。

(　　　　)

できたらスゴイ!

4 いろいろな虫をかんさつしました。

1つ10点(40点)

(1) 次の虫のとくちょうを、①～③から1つずつえらび、□に記号(きごう)を書きましょう。

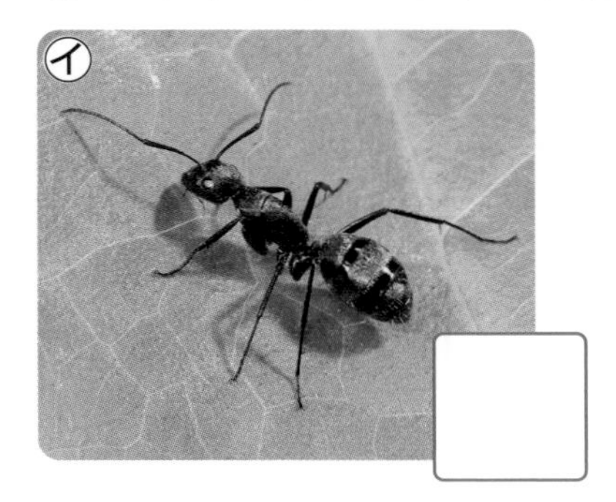

① 花のみつをすう。

② 体は赤色で、黒い点がある。

③ 口がきばのようになっている。

(2) 記述 ダンゴムシは、ア～ウの虫とはちがいがあります。「あしの数」という言葉(ことば)を使って、そのちがいをせつめいしましょう。

思考・表現

(　　　　)

ふりかえり ③がわからないときは、2ページの1にもどってかくにんしましょう。

2. 植物を育てよう

①植物の育ち1

学習日　月　日

めあて
植物がたねからどのように育つのか、かくにんしよう。

教科書 21〜28ページ　答え 4ページ

下の(　)にあてはまる言葉を書くか、あてはまるものを○でかこもう。

1 子葉を出したホウセンカを調べよう。

教科書 20〜26ページ

▶ホウセンカのたねのまき方

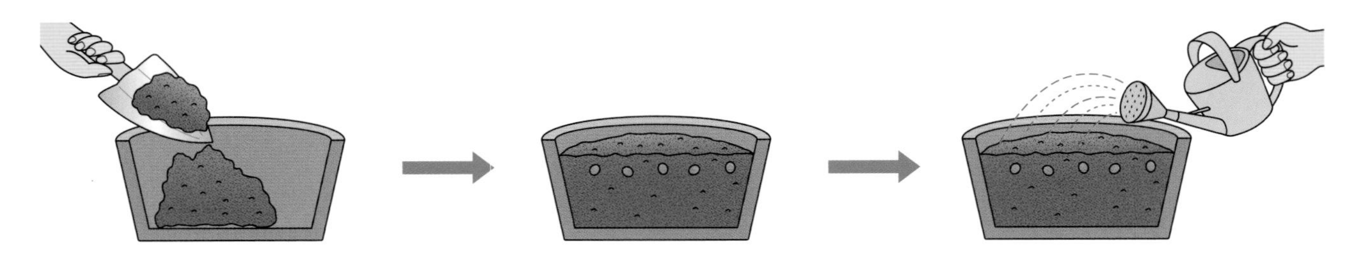

- (①　　　　)をよくまぜた土をポットに入れる。
- たねを2、3つぶまき、上にうすく(②　　　　)をかける。
- 土がかわかないように(③　　　　)をかける。

▶たねをまいてからしばらくすると、ホウセンカは、さいしょに2まいの(④　　　　)を出す。

- 子葉の形は、(⑤　丸い・細長い　)。
- 子葉の色は、(⑥　黒い・黄緑色　)。
- 草たけは(⑦　2mm・1cm　)くらいの大きさ。

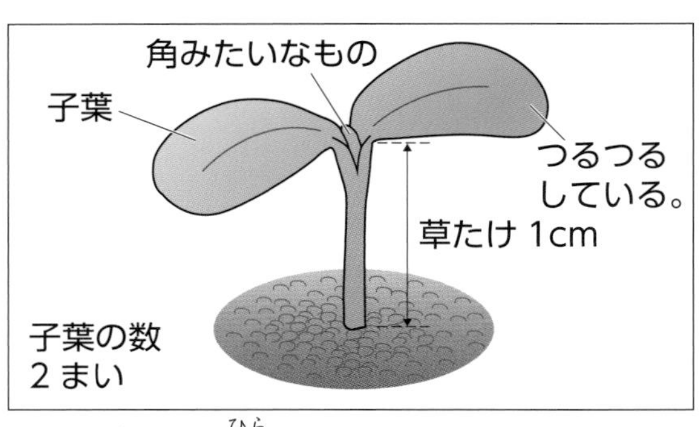

▶子葉を出したホウセンカは、丸い形の子葉が(⑧　　　　)まい開いたすがたをしている。

2 葉を出したホウセンカを調べよう。

教科書 27〜28ページ

▶ホウセンカは、子葉の間から、子葉とはちがう形の(①　　　　)を出す。

- 葉の形は、(②　細長く・丸く　)て、ぎざぎざしている。
- 葉の色は、(③　黒色・黄緑色　)をしている。
- 草たけは(④　のびている・かわっていない　)。

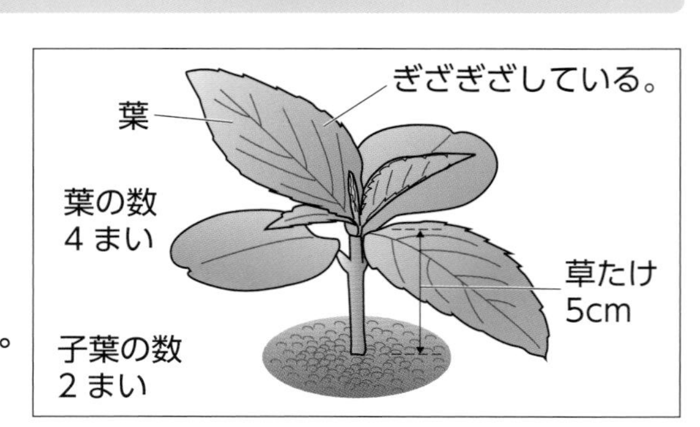

①ホウセンカは、さいしょに子葉を出す。
②ホウセンカは、子葉の間から、子葉とはちがう形の葉を出す。

植物によっては、子葉が1まいしかないものもあります。

2. 植物を育てよう

①植物の育ち1

1 ホウセンカのたねをまきました。

(1) ホウセンカのたねは、どんな色をしていますか。正しいものに○をつけましょう。

ア(　　)白い色　イ(　　)黒い色　ウ(　　)茶色い色

(2) ホウセンカのたねの大きさは、どのくらいですか。正しいものに○をつけましょう。

ア(　　)2mm　イ(　　)5mm　ウ(　　)1cm

(3) ホウセンカのたねをまく土には、何をまぜておきますか。

(　　　　　　)

(4) ホウセンカのたねのまき方として、正しいものに○をつけましょう。

㋐ 土の上にまく。 ㋑ 上にうすく土をかける。 ㋒ ビニルポットのそこにまく。

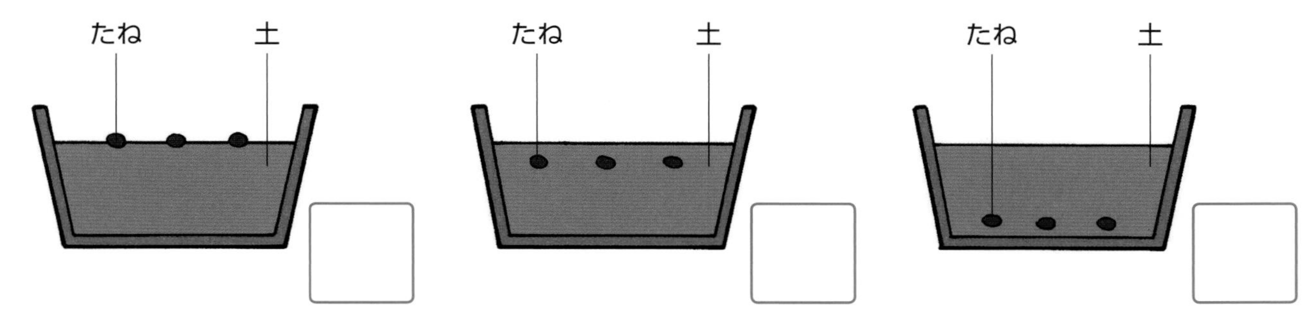

(5) たねをまいたあと、土がかわかないように何をかけますか。

(　　　　)

2 ホウセンカがたねから育つ様子を調べました。

(1) ㋐、㋑をそれぞれ何といいますか。

㋐(　　　　　)　㋑(　　　　　)

(2) はじめに出てくるのは、㋐、㋑のどちらですか。

(　　)

(3) ㋐、㋑について、正しいものに○をつけましょう。

ア(　　)㋐と㋑は、形は同じで大きさがちがう。

イ(　　)㋐と㋑は、形はちがうが大きさは同じ。

ウ(　　)㋐と㋑は、形も大きさもちがう。

ヒント 2 (1)たねをまいてからはじめに出てくる葉を子葉といいます。

2. 植物を育てよう

①植物の育ち2
②植物の体のつくり

学習日　月　日

めあて
植物の育つ様子や、植物の体のつくりをかくにんしよう。

教科書 28〜31ページ　答え 5ページ

下の(　)にあてはまる言葉を書くか、あてはまるものを○でかこもう。

1 ホウセンカのなえを植えかえよう。

教科書 28ページ

▶植えかえの仕方

- ホウセンカの葉が(① 2〜3・6〜7)まいのときに、ポットをはずして(②　　　)ごと植えかえる。
- 人さし指と中指の間に(③　　　)をはさんでひっくり返す。
- 植えかえたら、たっぷりと(④　　　)をやる。

2 植物の体は、どのような部分からできているのだろうか。

教科書 29〜31ページ

ホウセンカ
(①　　　)
(②　　　)
(③　　　)

ハルジオン
(④　　　)
(⑤　　　)
(⑥　　　)

▶ホウセンカの体は、(⑦　　　)の部分がのびて、そこから新しい(⑧　　　)が出る。また、土の中の見えない部分は、(⑨　　　)になっている。

▶葉は、(⑩　　　)についていて、くきの下に(⑪　　　)がある。

ここがだいじ！
①植物の体は、どれも、葉、くき、根からできている。

植物によっては、くきも土の中の見えない部分にある場合もあります。

2. 植物を育てよう

①植物の育ち2

②植物の体のつくり

教科書 29〜31ページ 答え 5ページ

1 ホウセンカを、ポットから花だんに植えかえました。

(1) ホウセンカを植えかえるころとして、正しいものに○をつけましょう。

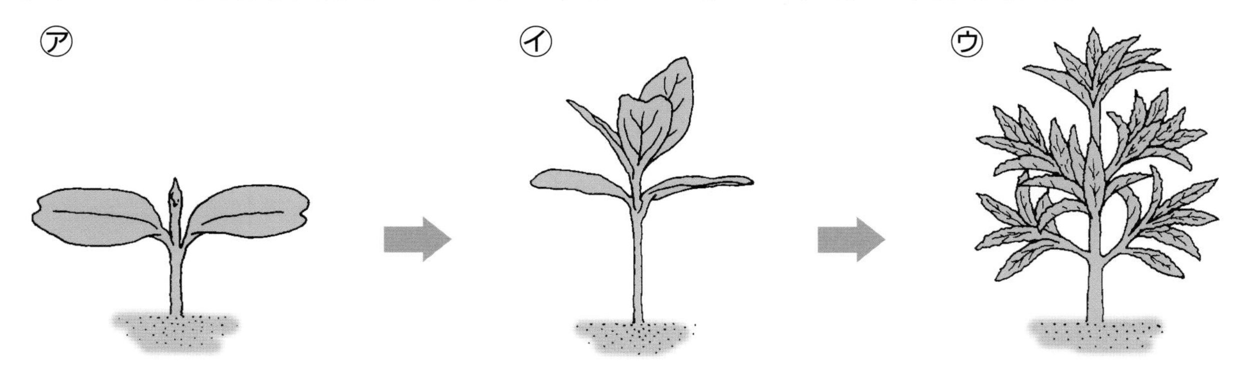

ア（　　）㋐のころ　　イ（　　）㋑のころ　　ウ（　　）㋑と㋒の間のころ

(2) 植えかえの仕方について、正しいものを2つえらび、○をつけましょう。

ア（　　）くきを人さし指と中指の間にはさんでひっくり返す。

イ（　　）なえをポットからはずして、根をよくあらってから植えかえる。

ウ（　　）なえをポットからはずして、土ごと植えかえる。

エ（　　）植えかえたら、何もしない。

2 ホウセンカとハルジオンの体のつくりを調べました。

ホウセンカ

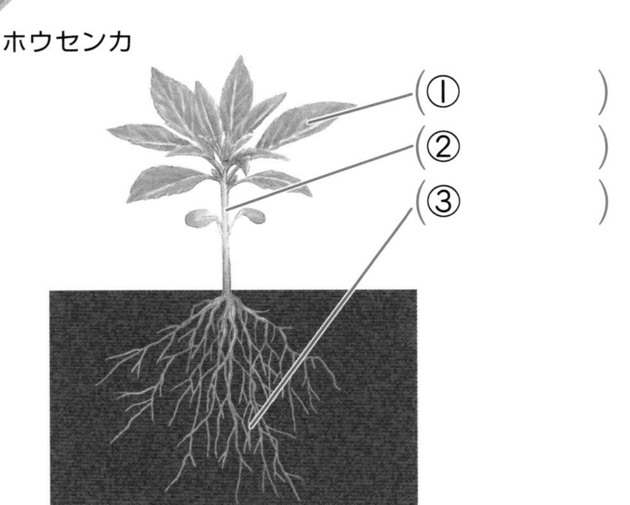

ハルジオン

(1) ホウセンカの体の①〜③の部分の名前を、上の（　　）に書きましょう。

(2) ホウセンカの②にあたるのは、ハルジオンでは、㋐〜㋒のどれですか。（　　）

(3) 植物の葉は、どこについていますか。（　　）

ヒント 2 (1)③は、土の中でのびています。

2. 植物を育てよう

時間 30分

／100

合格 70点

教科書 20〜33ページ　答え 6ページ

1 ポットにホウセンカのたねをまきました。

1つ5点(10点)

(1) ㋐〜㋒の中から、ホウセンカのたねに○をつけましょう。

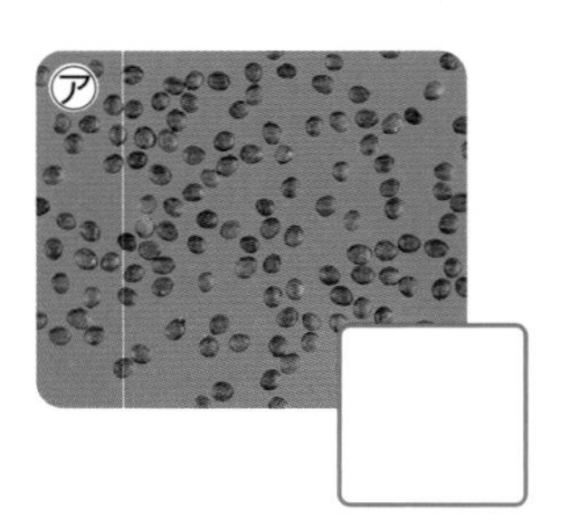

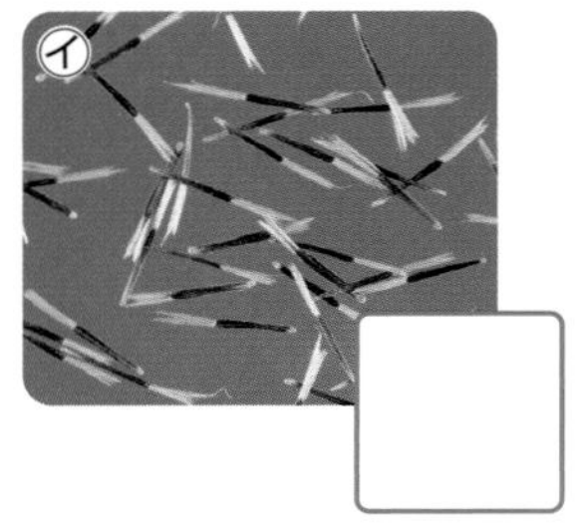

(2) 土には、何をまぜますか。
(　　　　　　　)

2 めを出したホウセンカを調べました。

1つ5点、(2)はぜんぶできて5点(10点)

(1) 子葉は、㋐、㋑のどちらですか。　(　　)

(2) 右のホウセンカについて、正しいものには○を、まちがっているものには×をつけましょう。

ア(　　)草たけは1cmくらい。
イ(　　)草たけは5cmくらい。
ウ(　　)このあと、㋐と同じような葉がふえていく。
エ(　　)このあと、㋑と同じような葉がふえていく。

よく出る

3 ホウセンカの体のつくりを調べました。

1つ5点(20点)

(1) ㋐、㋑、㋒の部分を何といいますか。

㋐(　　　　)　㋑(　　　　)　㋒(　　　　)

(2) ホウセンカの葉について、正しいほうに○をつけましょう。

ア(　　)葉は広がるようにくきについている。
イ(　　)葉は重なるようにくきについている。

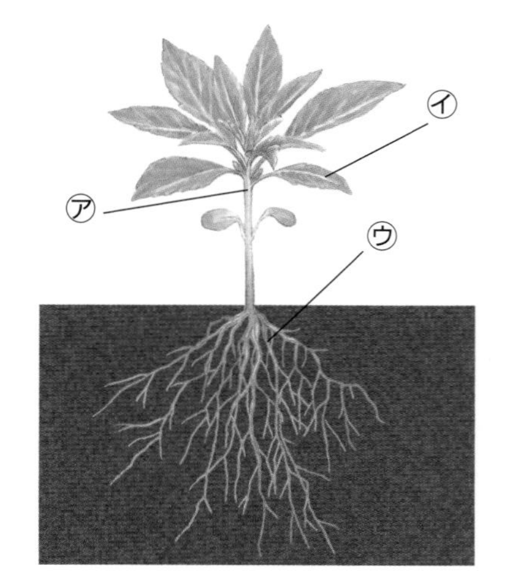

4 ホウセンカのなえが大きくなったので、植えかえをしました。 技能

1つ5点(20点)

(1) 葉が何まいぐらいになったら、植えかえますか。正しいものに○をつけましょう。

ア(　　)2〜3まい

イ(　　)6〜7まい

ウ(　　)12〜13まい

(2) ポットからなえを出すと、白いひげのような㋐が見えました。これは何ですか。

(　　　　)

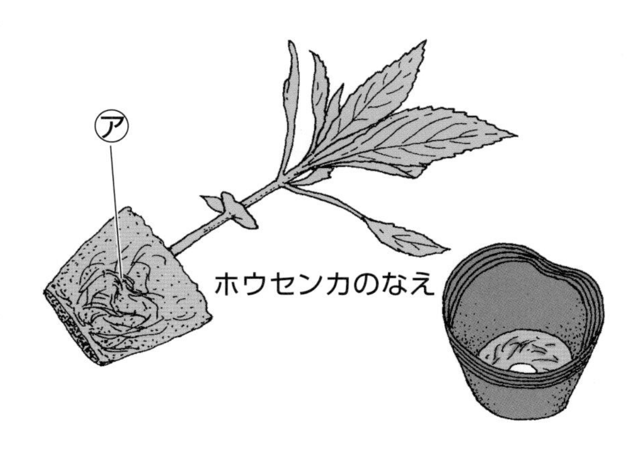

(3) なえの植えかえの仕方について、正しいものを2つえらび、○をつけましょう。

ア(　　)水をかけて、土をすっかり落としてから植えかえる。

イ(　　)取り出した土ごと植えかえる。

ウ(　　)植えかえたら、すぐにたっぷり水をやる。

エ(　　)植えかえたら、しばらくは水をやらない。

できたらスゴイ!

5 いろいろな植物の体のつくりを調べました。

1つ10点、(3)はぜんぶできて10点(40点)

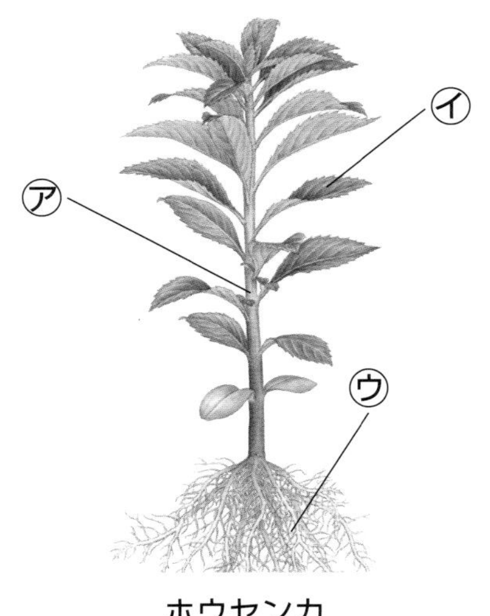

ホウセンカ

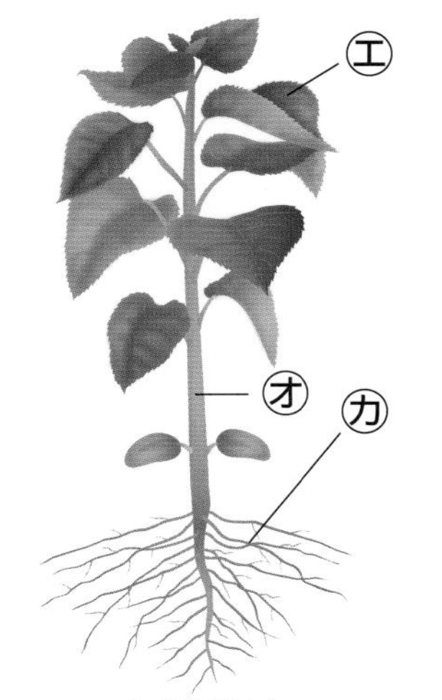

ヒマワリ

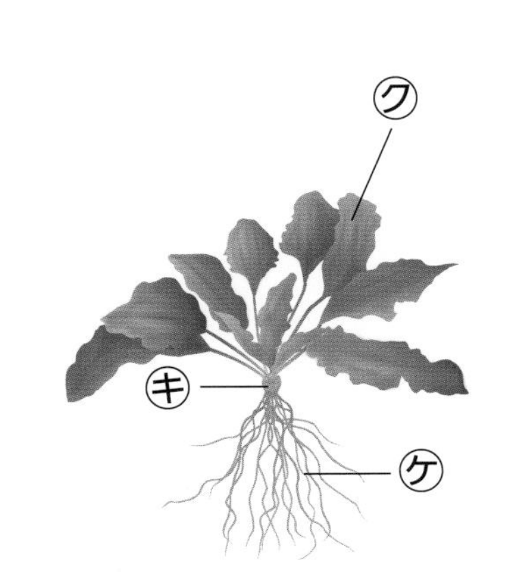

オオバコ

(1) ホウセンカの㋑にあたるのは、ヒマワリとオオバコでは、㋓〜㋘のどの部分ですか。

ヒマワリ(　　　)　オオバコ(　　　)

(2) 植物の葉は、体のどの部分についていますか。

(　　　　)

(3) ①〜③の(　)にあてはまる言葉を書きましょう。

植物の体は、(①　　　)、(②　　　)、(③　　　)からできている。

ふりかえり ❸がわからないときは、8ページの❷にもどってかくにんしましょう。

学習日　月　日

3. チョウを育てよう

①チョウの育ち方

めあて
チョウがたまごからどのように育つか、かくにんしよう。

教科書 35～43ページ　答え 7ページ

1 モンシロチョウはたまごからどのように育つのだろうか。

教科書 35～43ページ

- たまごは、(① キャベツ・ミカン)の葉についていて、(② 黄色・白色)をしている。
- たまごから、(③ よう虫・せい虫)になる。
- よう虫は、(④ 細長い・丸い)形をしている。
- よう虫は、(⑤　　　　)の葉を食べ、何回か皮をぬいで大きくなったあと、(⑥　　　　)になる。
- さなぎは食べ物を(⑦ 食べ・食べず)、動き(⑧ 回る・回らない)。
- さなぎから、(⑨ よう虫・せい虫)になる。

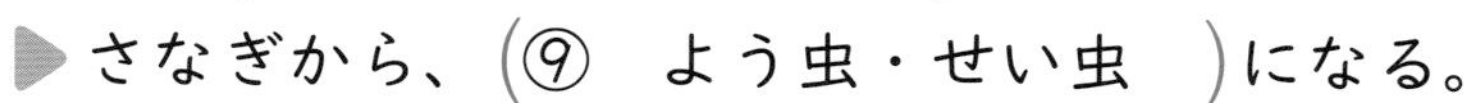

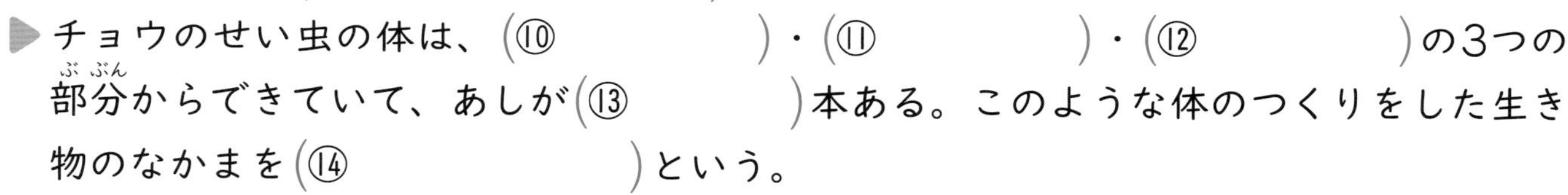

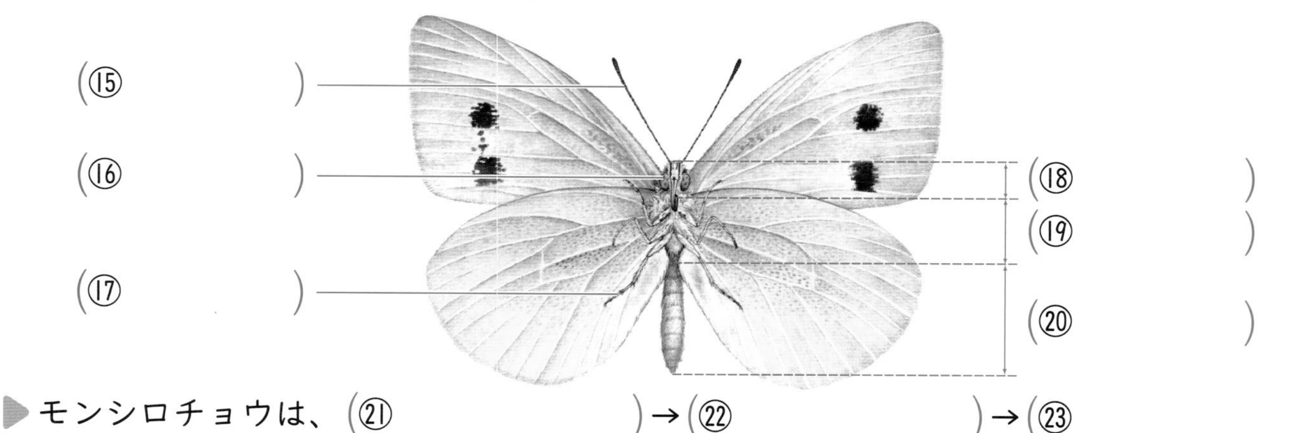

- モンシロチョウは、(㉑　　　)→(㉒　　　)→(㉓　　　)→(㉔　　　)のじゅんに育つ。

ここがだいじ!
①こん虫は体が頭・むね・はらの3つの部分からできていて、6本のあしがある。
②モンシロチョウは、たまご→よう虫→さなぎ→せい虫と育つ。

モンシロチョウのよう虫はキャベツを食べ、せい虫は花のみつをすいます。このように、こん虫は育って体の形がかわると、食べる物もかわることがあります。

1 モンシロチョウがたまごから育つ様子を調べました。

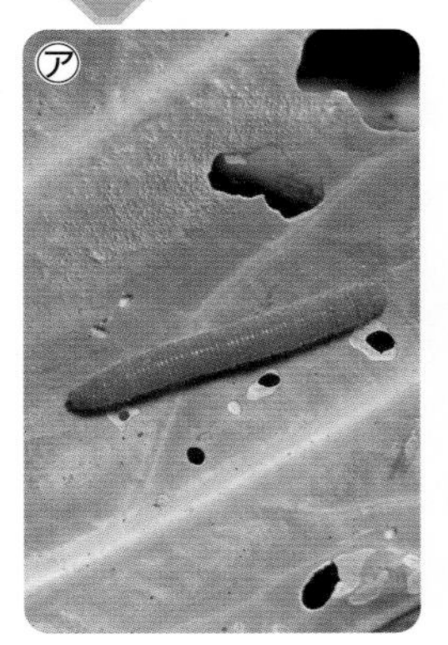

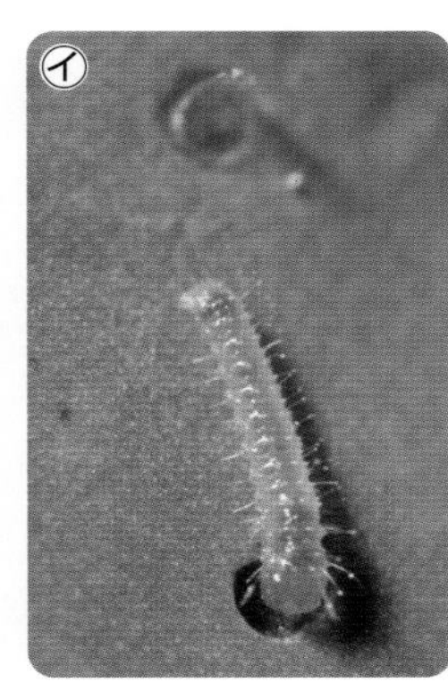

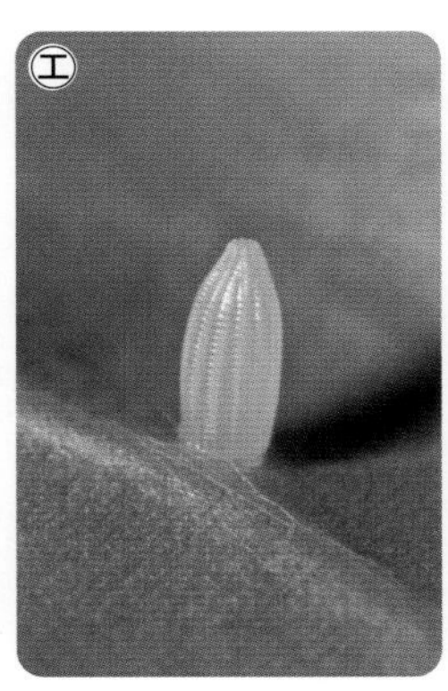

(1) たまごから育つじゅんに、㋐〜㋔をならべましょう。

(　　→　　→　　→　　→　　)

(2) さなぎとよばれるのは、㋐〜㋔のどれですか。　(　　)

(3) モンシロチョウのよう虫の食べ物として、正しいものに○をつけましょう。

ア(　　)花のみつ
イ(　　)ミカンの葉
ウ(　　)キャベツの葉

(4) モンシロチョウの育ち方として、正しいものを2つえらび、○をつけましょう。

ア(　　)たまごは、カラタチの葉にうみつけられる。
イ(　　)よう虫は、皮をぬぐことで大きくなる。
ウ(　　)さなぎは、よう虫と同じものを食べるが、動き回らない。
エ(　　)さなぎは、大きさがかわらない。

2 さなぎから出てきたモンシロチョウの様子を調べました。

(1) さなぎから出てきたすがたを何といいますか。

(　　　　)

(2) しょっかくとよばれるのは、㋐〜㋓のどの部分ですか。　(　　)

(3) 体は、いくつの部分からできていますか。

(　　　　)

(4) あしは、何本ありますか。　(　　　　)

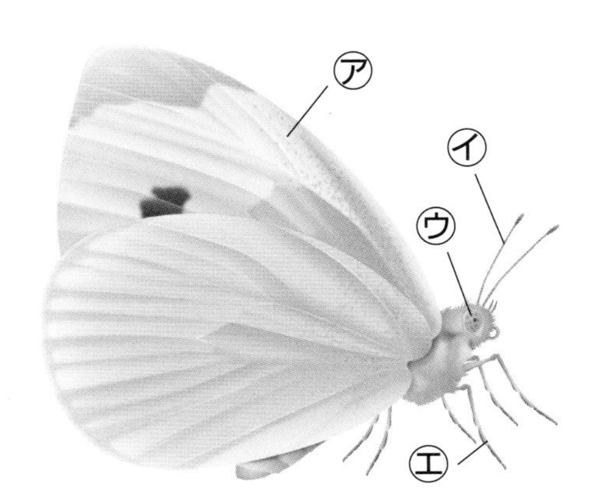

ヒント 1 (1)たまご→よう虫→さなぎ→せい虫のじゅんで育ちます。

3. チョウを育てよう

②こん虫の育ち方

学習日　　月　　日

めあて
いろいろなこん虫の育ち方をかくにんしよう。

教科書 44〜48ページ　答え 8ページ

下の（　）にあてはまる言葉を書こう。

1 いろいろなこん虫の育ち方を調べよう。

教科書 44〜47ページ

アキアカネ

たまご　（①　　　）（やご）　（②　　　）

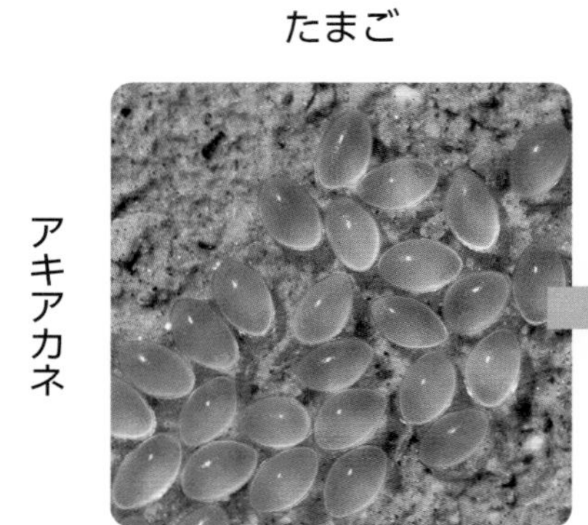

ショウリョウバッタ

たまご　（③　　　）　（④　　　）

カブトムシ

たまご　（⑤　　　）　（⑥　　　）　（⑦　　　）

▶トンボやバッタは、よう虫のあと（⑧　　　）にならずに、たまご→よう虫→（⑨　　　）のじゅんに育つ。

▶チョウやカブトムシは、たまご→よう虫→（⑩　　　）→せい虫のじゅんに育つ。

ここが だいじ！
①トンボのほかにも、チョウとちがって、さなぎにならないこん虫がいる。

こん虫は育って体の形がかわると、食べる物もかわることがあります。

3. チョウを育てよう

②こん虫の育ち方

教科書 44～48ページ　答え 8ページ

1 トンボの育ち方を調べました。

(1) たまごから育つじゅんに、㋐～㋓をならべましょう。

(　　→　　→　　→　　)

(2) よう虫が育つ場所に○をつけましょう。

ア(　　)土の中　**イ**(　　)植物の葉

ウ(　　)水の中

(3) トンボと同じような育ち方をするこん虫に、○をつけましょう。

ア(　　)カイコガ　**イ**(　　)チョウ

ウ(　　)カブトムシ　**エ**(　　)バッタ

2 いろいろなこん虫の育ち方を調べました。

㋐ カブトムシ　㋑ ショウリョウバッタ　㋒ アゲハ

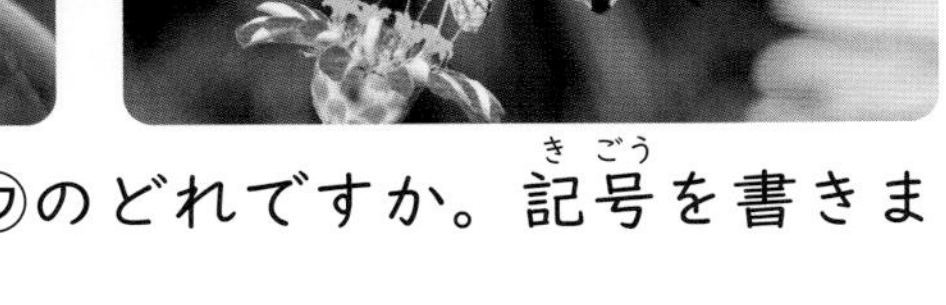

(1) 次の①、②の場所で育つこん虫のよう虫は、㋐～㋒のどれですか。記号を書きましょう。

① 土の中 (　　　　)

② 植物の葉 (　　　　)

(2) たまごからせい虫に育っていく間に、さなぎになるものを、㋐～㋒からぜんぶえらび、記号を書きましょう。

(　　　　)

ヒント **1** (3)トンボはさなぎになりません。

3. チョウを育てよう

教科書 34〜49ページ　答え 9ページ

よく出る

1 モンシロチョウの育ち方を調べました。

1つ10点、(1)はぜんぶできて10点(20点)

㋐ 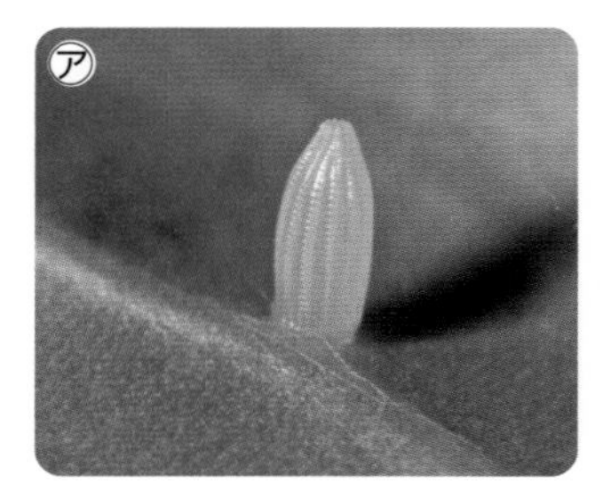
㋑ 
㋒ 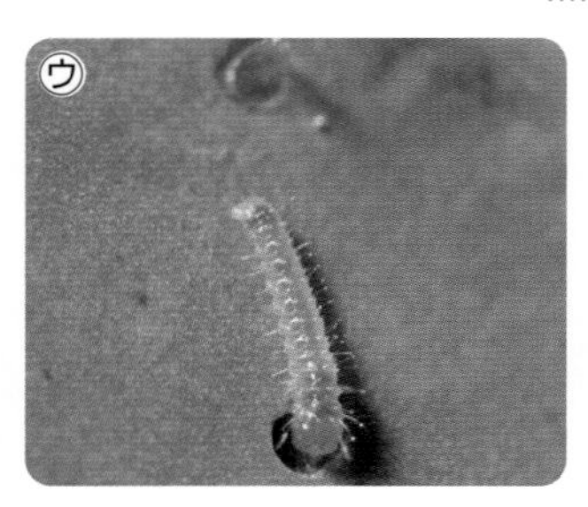
㋓ 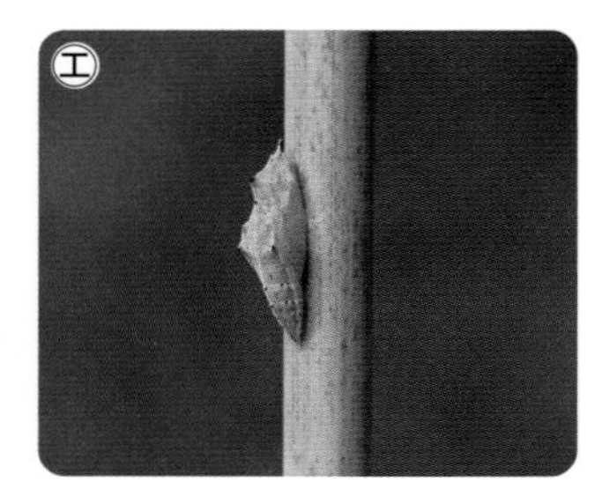

(1) たまごから育つじゅんに、㋐〜㋓をならべましょう。

(　　→　　→　　→　　)

(2) ㋑〜㋓のすがたをそれぞれ何といいますか。正しい組み合わせに○をつけましょう。

ア(　　)㋑ よう虫　㋒ さなぎ　㋓ せい虫
イ(　　)㋑ さなぎ　㋒ せい虫　㋓ よう虫
ウ(　　)㋑ せい虫　㋒ よう虫　㋓ さなぎ
エ(　　)㋑ せい虫　㋒ さなぎ　㋓ よう虫

よく出る

2 モンシロチョウの体のつくりを調べました。

1つ5点、(1)はぜんぶできて5点(10点)

(1) ㋐〜㋒の部分の名前を書きましょう。

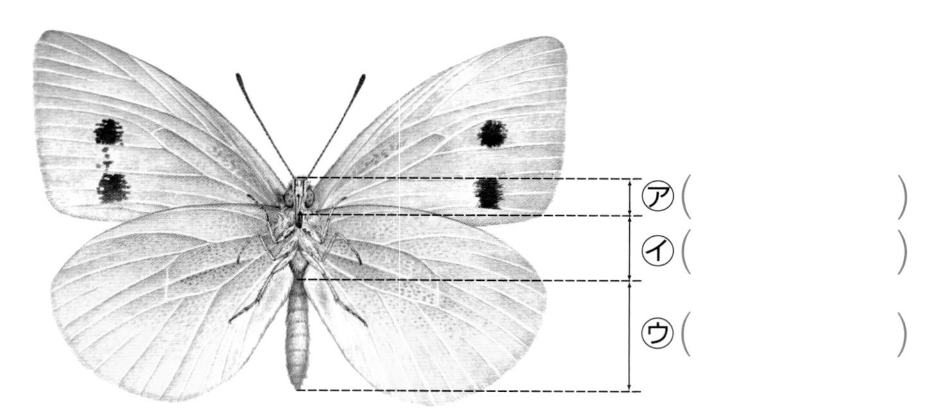

㋐(　　　　)
㋑(　　　　)
㋒(　　　　)

(2) 上のような体のつくりをした虫を、何といいますか。(　　　　)

3 モンシロチョウのたまごをさがして持ち帰り、育てます。　技能

1つ10点(30点)

(1) 見つけたたまごは、どのようにして持ち帰りますか。正しいほうに○をつけましょう。

ア(　　)葉についたまま持ち帰る。

イ(　　)たまごだけ持ち帰る。

(2) 入れ物はどのような場所におきますか。正しいほうに○をつけましょう。

ア(　　)日光がじかによく当たるところ。

イ(　　)日光がじかに当たらないところ。

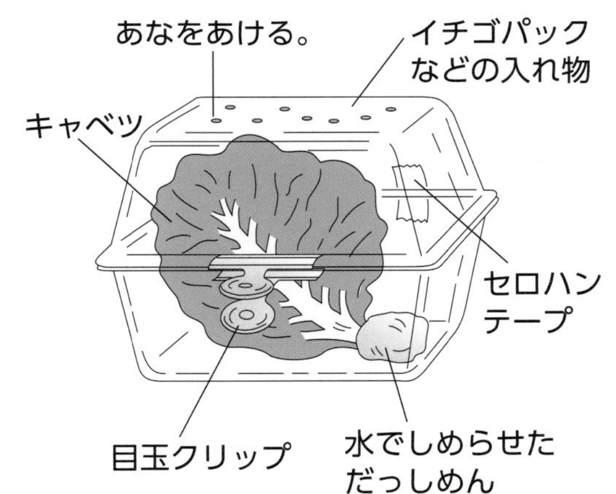

(3) 葉を新しいものに取りかえるときは、どのようにしますか。正しいものに○をつけましょう。

ア(　　)新しい葉に手でよう虫をうつす。

イ(　　)葉のよう虫がのっている部分を切り取って、新しい葉の上にのせる。

できたらスゴイ!

4 アゲハの育ち方を調べました。

1つ10点、(1)はぜんぶできて10点(40点)

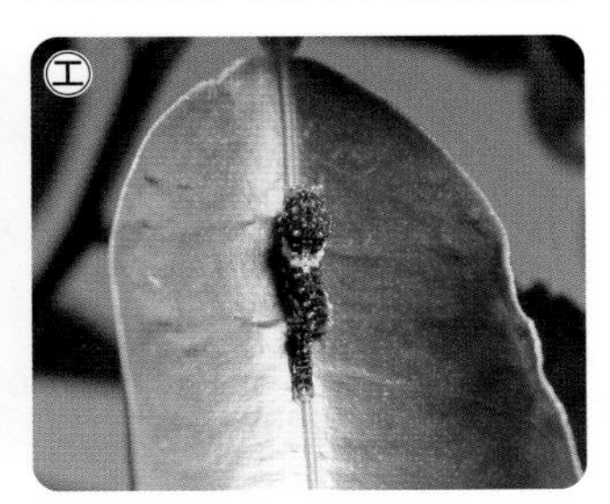

(1) たまごから育つじゅんに、㋐～㋓をならべましょう。

(　　→　　→　　→　　)

(2) 次の①、②を食べるのは、㋐～㋓のどれですか。記号を書きましょう。

① 花のみつ　(　　)

② ミカンやサンショウの葉　(　　)

(3) よう虫はどのようにして大きくなりますか。正しいものに○をつけましょう。

ア(　　)毎日、少しずつ体が大きくなる。

イ(　　)皮をぬいで、体が大きくなる。

ウ(　　)よう虫の間は大きくならない。

ふりかえり　2(1)がわからないときは、12ページの1にもどってかくにんしましょう。

4. 風やゴムの力

①風の力
②ゴムの力

学習日　　月　　日

めあて
風の力や、ゴムの力が、ものを動かすはたらきをかくにんしよう。

教科書　51～60ページ　　答え　10ページ

下の（　）にあてはまる言葉を書くか、あてはまるものを○でかこもう。

1 弱い風と強い風を当てて、ほかけ車が動くきょりを調べよう。 教科書 51～54ページ

- 送風きを使うと、決まった（① 向き・強さ ）の風を当てることができる。
- 強い風を当てると、弱い風を当てたときよりもほかけ車が動くきょりは（②　　　）くなる。
- 風の力は、ものを（③　　　）ことができ、風の力の大きさによって、ものの（④　　　）はかわる。

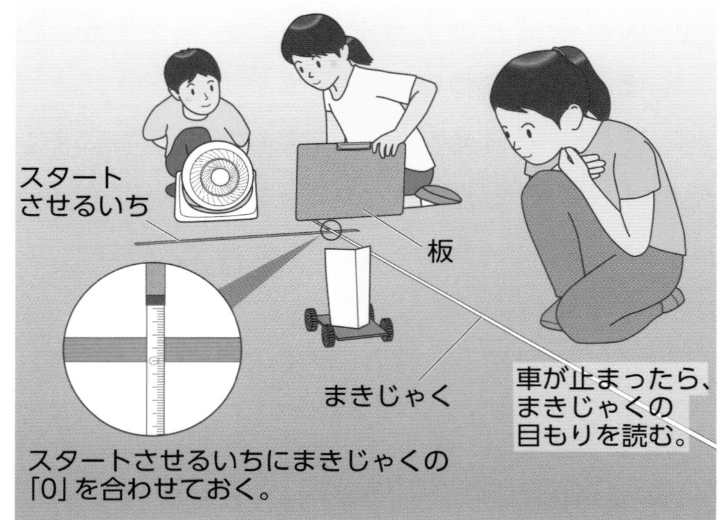

2 ゴムをのばす長さをかえて、ゴム車が動くきょりを調べよう。 教科書 55～58ページ

- ゴムを（①　　　）と、元にもどろうとするゴムの力がはたらく。
- ゴムをのばす長さとゴム車の動くきょりを調べるじっけん
  - ゴム車のゴムを発しゃ台のフックにかけ、（② たるまない・少し引っぱった ）いちに線を引き、0cmと書く。
  - 右の図で、ゴム車が動くきょりは、ゴムをのばす長さが（③ 5cm・10cm ）のときのほうが長い。
- ゴムを長くのばすと、ゴムを短くのばしたときよりもゴム車の動くきょりは（④　　　）くなる。
- ゴムの力は、ものを（⑤　　　）ことができる。
- ゴムの力の大きさによって、ものの（⑥　　　）はかわる。

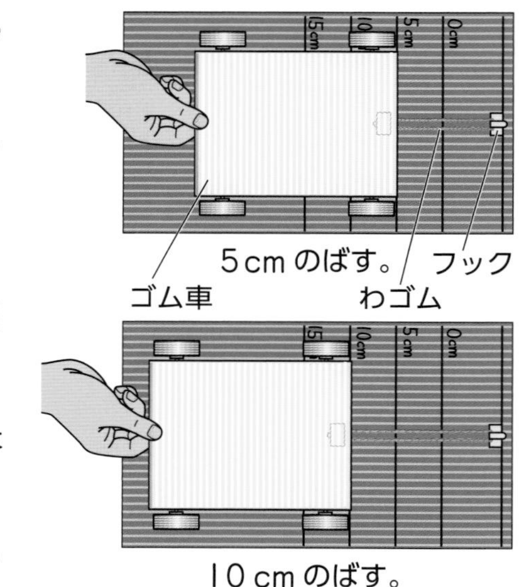

ここがだいじ！
①風が強くなるほど、風の力は大きくなる。
②ゴムののびが長くなるほど、ゴムの力は大きくなる。

風力発電は、風の力を使って電気をつくっています。

4. 風やゴムの力

①風の力

②ゴムの力

教科書 51～60ページ　答え 10ページ

1 送風き(そうふう)で、ほに風を当てて、ほかけ車を動(うご)かしました。

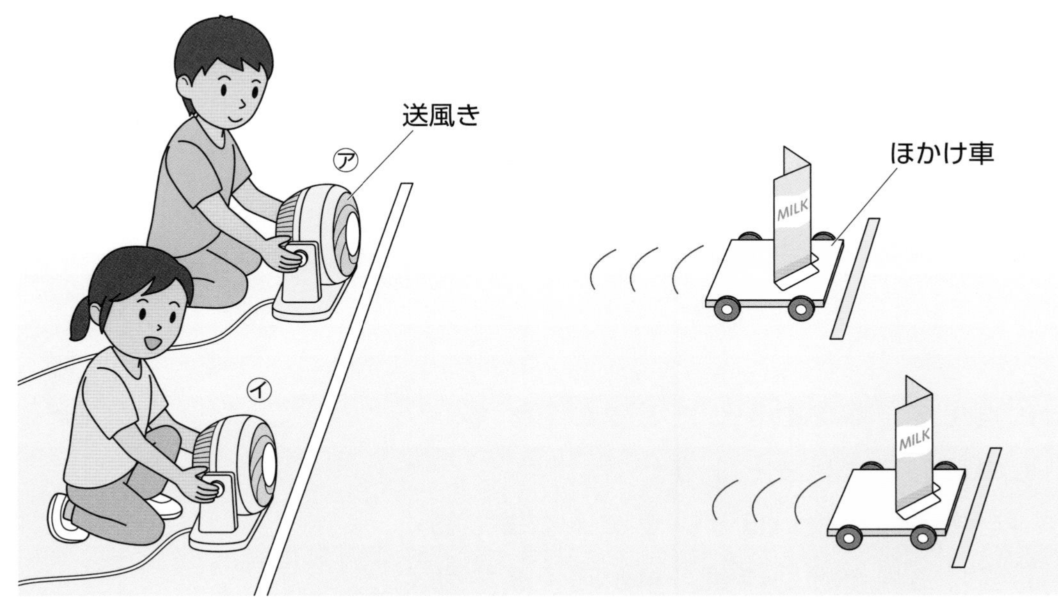

(1) 風の力が大きかったのは、㋐、㋑のどちらですか。（　　）

(2) ㋑よりも動くきょりを長くするには、どうしたらよいですか。正しいものに○をつけましょう。

ア（　　）送風きの風を強くする。　**イ**（　　）送風きの風を弱くする。

ウ（　　）送風きの風を止める。

2 ゴムをのばす長さとゴム車が動くきょりのかんけいを調(しら)べるために、じっけんをしました。

(1) ゴムをのばしたときの手ごたえが大きいのは、㋐、㋑のどちらですか。（　　）

(2) 車をおさえている手をはなしたとき、車の動くきょりが長いのは、㋐、㋑のどちらですか。

（　　）

(3) このじっけんから、どのようなことがいえますか。（　　）にあてはまる言葉(ことば)を書きましょう。

ゴムを短(みじか)くのばすと、ゴム車が動くきょりは（①　　　）くなり、ゴムを長くのばすと、ゴム車が動くきょりは（②　　　）くなる。

㋐ 5cm のばす。

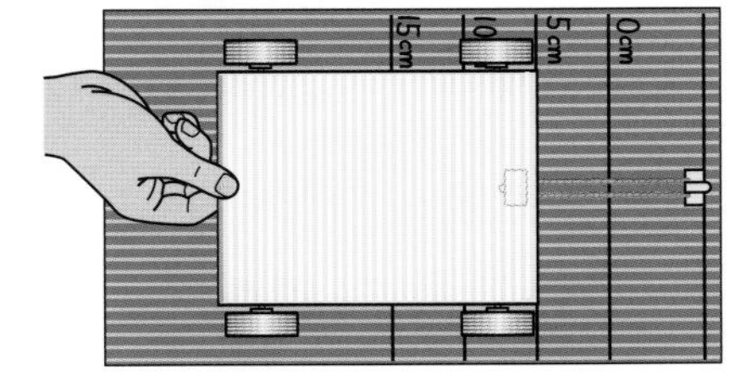

㋑ 10cm のばす。

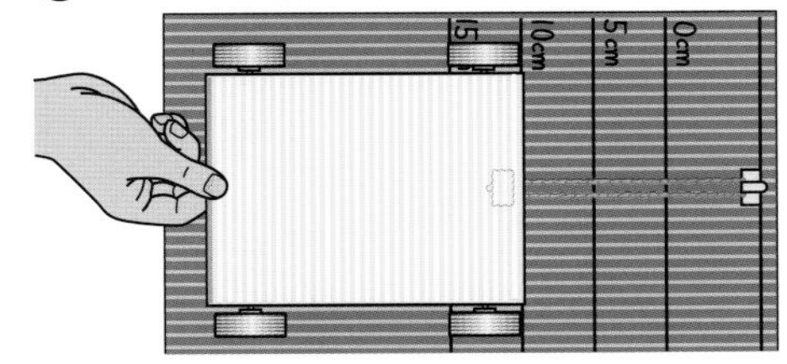

ヒント ❶ (2)風の力が大きいほど、ほかけ車の動くきょりは長くなります。

4. 風やゴムの力

教科書 50〜61ページ　答え 11ページ

1 風の力で動くほかけ車を作り、じっけんをしました。

1つ6点(18点)

(1) 図の青色のやじるしの向きにうちわであおぐと、車は㋐、㋑のどちらの向きに動きますか。

(　　)

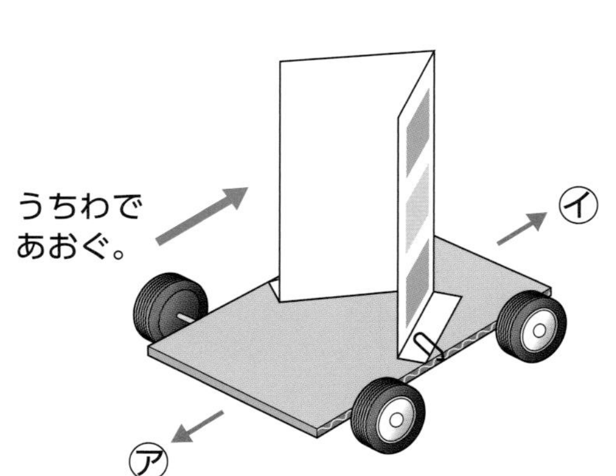

(2) 一定の強さの風をほに当てるために使う道具は、何ですか。

(　　　　)

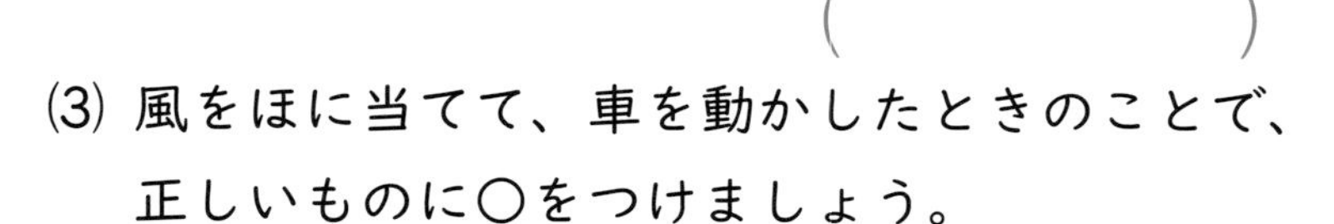

(3) 風をほに当てて、車を動かしたときのことで、正しいものに○をつけましょう。

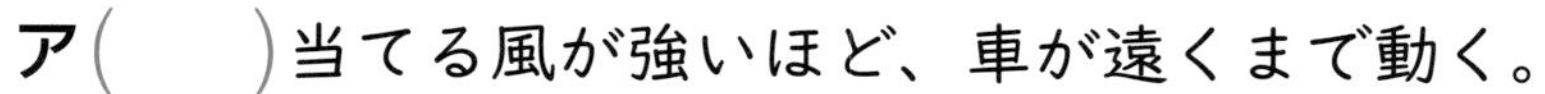

ア(　　)当てる風が強いほど、車が遠くまで動く。
イ(　　)当てる風が弱いほど、車が遠くまで動く。
ウ(　　)当てる風の強さをかえても、車が動くきょりはかわらない。

よく出る

2 「ほ」をつけた車に、強い風と弱い風を当てて動くきょりをくらべました。

1つ8点(32点)

送風き　㋐　㋑　10m　㋑　㋐　5m　0m

(1) 車に風を当てるときのじっけんの仕方について、正しいほうに○をつけましょう。

ア(　　)送風きのいちと向きは、ぜんぶかえる。
イ(　　)送風きのいちと向きは、ぜんぶ同じにする。

(2) 図の㋐は、強い風・弱い風のどちらの風を当てたけっかですか。　(　　　　)

(3) (　　)にあてはまる言葉を書きましょう。

① 車に当てる風が(　　　　)ほうが、車が動くきょりは短い。
② 車に当てる風が(　　　　)ほうが、ものを動かすはたらきが大きくなる。

よく出る

3 ゴムをのばす長さとゴム車が動くきょりのかんけいを調(しら)べました。

1つ6点(18点)

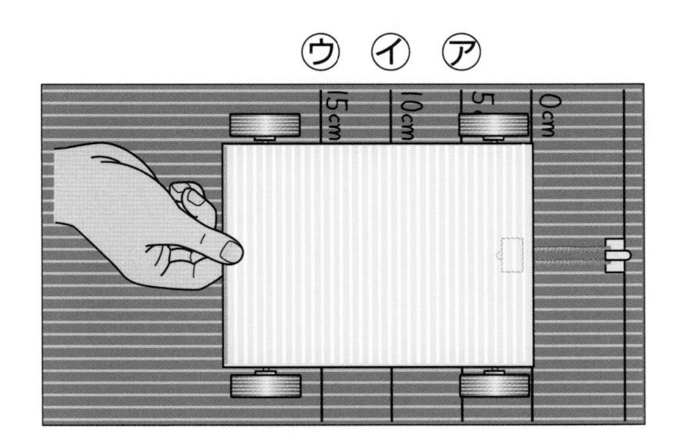

(1) ゴムをのばす長さが10 cmのときの車の動くきょりを調べるには、車の先を㋐～㋒のどのいちにそろえますか。（　　）

(2) ゴムをのばす長さが5cmのときと10 cmのときでは、手ごたえはどちらが大きいでしょうか。

（　　　　　）

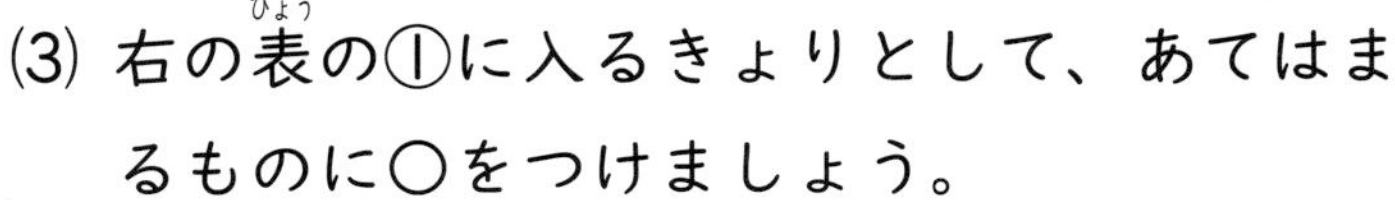

(3) 右の表(ひょう)の①に入るきょりとして、あてはまるものに○をつけましょう。

ア（　　）50 cm
イ（　　）90 cm
ウ（　　）1 m 80 cm

ゴムをのばす長さ	5cm	10 cm	15 cm
動いたきょり	70 cm	1 m 30 cm	（ ① ）

できたらスゴイ!

4 ゴムの力を使って、ちゅう車場にゴム車を止めるゲームをしたところ、下の図のようなけっかになりました。

1つ8点(32点)

(1) ゆかさん、たくみさん、あゆむさんは、ゴムののびが5cm、10 cm、15 cmのどのいちからゴム車をスタートさせましたか。

ゆかさん（　　　）、たくみさん（　　　）、あゆむさん（　　　）

(2) 記述 ゴムを2本にして、ゆかさんと同じいちからスタートさせると、ゴム車が動くきょりはどうなりますか。「ちゅう車場」という言葉を使って書きましょう。

（　　　　　　　　　　　　　　　　　　　　　）

ふりかえり ❸がわからないときは、18ページの❷にもどってかくにんしましょう。

★ 葉を出したあと

①大きく育つころ
②花をさかせるころ

学習日　　月　　日

めあて
花がさくころの植物の育つようすをかくにんしよう。

教科書 63〜68ページ　答え 12ページ

下の(　)にあてはまる言葉を書くか、あてはまるものを○でかこもう。

1 大きく育ってきたホウセンカを調べよう。

教科書 63〜64ページ

▶草たけをのばしたホウセンカの様子を、葉が出てきたころのものとくらべる。

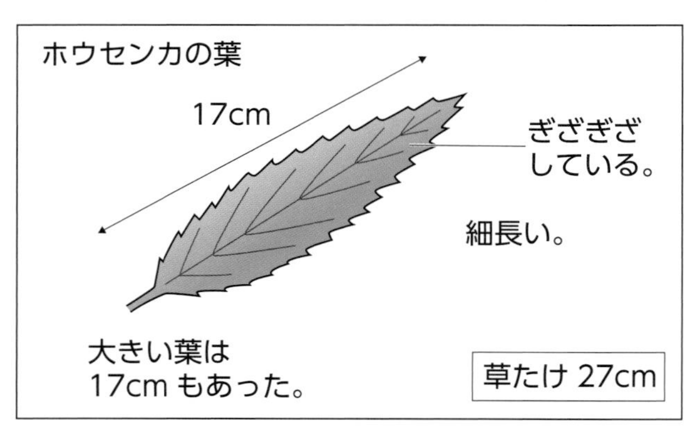

- 草たけが(① のびて・ちぢんで)いる。
- 葉の数が(②　　　　)て、大きい葉がたくさんある。
- くきが(③ 太く・細く)なる。

2 花をさかせたホウセンカを調べよう。

教科書 66〜68ページ

▶花をさかせたホウセンカの様子を、草たけをのばしたころとくらべた。

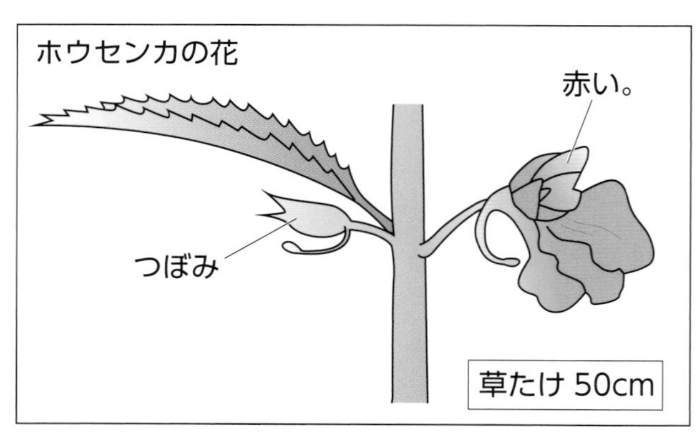

- さらに草たけが(① のびて・ちぢんで)葉の数は(② ふえて・へって)いる。
- 葉のつけねに(③　　　　)がついている。
- (④　　　　)い花がさいている。

ここが、だいじ！
①大きく育つころ、前にくらべて、草たけがのびて、葉の数がふえている。
②花をさかせるころ、さらに草たけがのびて、花がさいている。

ぴたトリビア
ヒトが葉・くき・根のどこを食べているかは、野さいによってちがいます。キャベツは葉、ジャガイモは地下のくき、ニンジンは根を食べます。

★ 葉を出したあと

①大きく育つころ
②花をさかせるころ

教科書 63～68ページ 答え 12ページ

1 草たけをのばしたホウセンカの様子を調べました。

(1) 葉は、ホウセンカの体のどの部分についていますか。

( )

(2) なえを植えかえたころとくらべたときの様子として、正しいものに○をつけましょう。

ア( )葉の数はかわらないが、葉が大きくなっている。
イ( )葉の数はふえているが、葉の大きさはかわらない。
ウ( )葉の数はふえ、葉は大きくなっている。
エ( )葉の数も葉の大きさもかわらない。

2 花がさくころの植物の様子を調べました。

(1) この植物の名前を書きましょう。

( )

(2) ㋑の㋐は何ですか。

( )

(3) この植物の育つじゅんに、㋐、㋑をならべましょう。

(→)

(4) この植物の花はどこにつきますか。正しいものに○をつけましょう。

ア( )くきの先
イ( )葉の先
ウ( )葉のつけね

(5) 花がさくころの植物の様子として、正しいものに○をつけましょう。

ア( )6月ごろとくらべて、草たけや葉の数はかわらない。
イ( )6月ごろとくらべて、草たけはのびているが、葉の数はかわらない。
ウ( )6月ごろとくらべて、草たけはかわらないが、葉の数はふえている。
エ( )6月ごろとくらべて、草たけがのび、葉の数がふえている。

ヒント 2 (2)㋑の㋐の部分がひらいて、花がさきます。

ぴったり3 たしかめのテスト

★ 葉を出したあと

教科書 62〜69ページ　答え 13ページ

1 草たけをのばしたホウセンカの様子を調べました。

1つ5点(15点)

(1) 調べたことをかんさつカードにかくときのことで、正しいものを2つえらび、○をつけましょう。

ア(　　)葉やくきの形を分けてちがうカードに絵にかき、色をぬる。
イ(　　)全体の形を絵にかき、色をぬる。
ウ(　　)形をかかずに、いきなり色をぬる。
エ(　　)草たけは、かならずものさしではかる。
オ(　　)紙テープを草たけと同じ長さに切り取り、その長さをはかってもよい。

(2) 7月のころのホウセンカの様子を、なえを植えかえたころとくらべて、正しいものに○をつけましょう。

ア(　　)草たけはのびたが、くきの太さはかわらない。
イ(　　)草たけはのび、くきは太くなっている。
ウ(　　)草たけはのびていないが、くきは太くなっている。
エ(　　)草たけもくきの太さも、ほとんどかわらない。

2 4月にたねをまいた植物の育つ様子を調べました。

1つ5点(10点)

(1) ホウセンカの葉の様子を上から見たのは、㋐、㋑のどちらですか。

(　　)

(2) このかんさつをしたのはいつごろですか。正しいものに○をつけましょう。

ア(　　)5月ごろ
イ(　　)7月ごろ
ウ(　　)10月ごろ

学習日　　月　　日

よく出る

3 ホウセンカの育ち方を調べました。

(1)は1つ10点、(2)はぜんぶできて15点(35点)

㋐
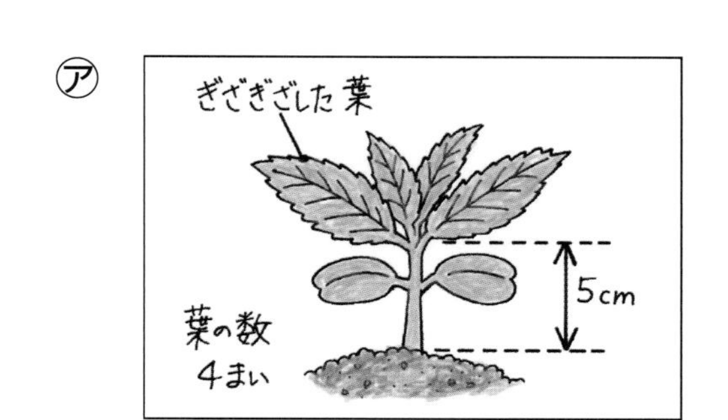

㋑
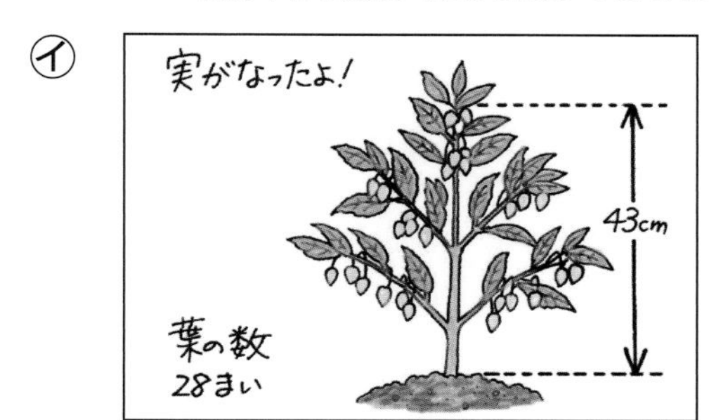

㋒
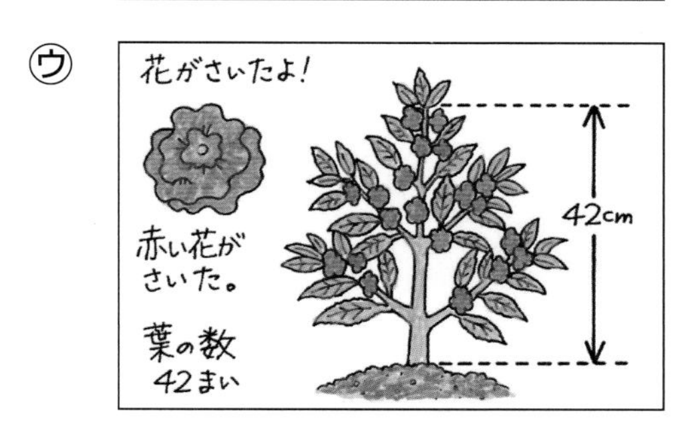

㋓
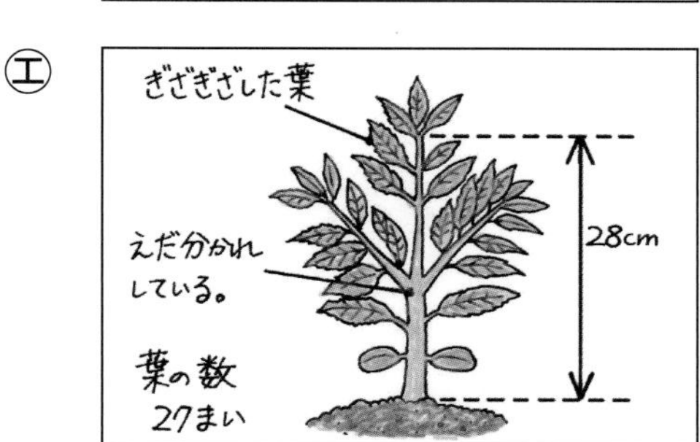

(1) ホウセンカが育つ様子を知るには、前のかんさつカードとあとのかんさつカードとで何をくらべますか。２つ書きましょう。（　　　　）（　　　　）

(2) かんさつした月日が早いものからじゅんに、㋐～㋓をならべましょう。
（　　→　　→　　→　　）

できたらスゴイ！

4 ヒマワリをかんさつすると、写真（しゃしん）のようなものが見られました。

1つ8点(40点)

(1) これは、ヒマワリの何ですか。
（　　　　）

(2) (1)ができるのはどこですか。次（つぎ）のうち正しいほうに○をつけましょう。

ア（　　）葉の先

イ（　　）くきの先

(3) ヒマワリの花は何色をしていますか。
（　　　　）

(4) このころのヒマワリの草たけは、６月ごろとくらべてどうなっていますか。
（　　　　）

(5) このころのヒマワリの葉の数は、６月ごろとくらべてどうなっていますか。
（　　　　）

この本の終わりにある「夏のチャレンジテスト」をやってみよう！

ふりかえり ③がわからないときは、22ページの1・2にもどってかくにんしましょう。

学習日　　月　　日

5. こん虫の世界

①こん虫の体のつくり

めあて
こん虫の体のつくりをかくにんしよう。

教科書 73〜76ページ　答え 14ページ

下の(　)にあてはまる言葉を書こう。

1 バッタやトンボなどのこん虫の体のつくりを調べよう。

教科書 73〜76ページ

- モンシロチョウの体のつくり
- チョウのせい虫の体は、(①　　　)、むね、はらの3つの部分からできていて、(②　　　)が6本ある。
- このような体のつくりをした生き物のなかまを(③　　　　　)という。

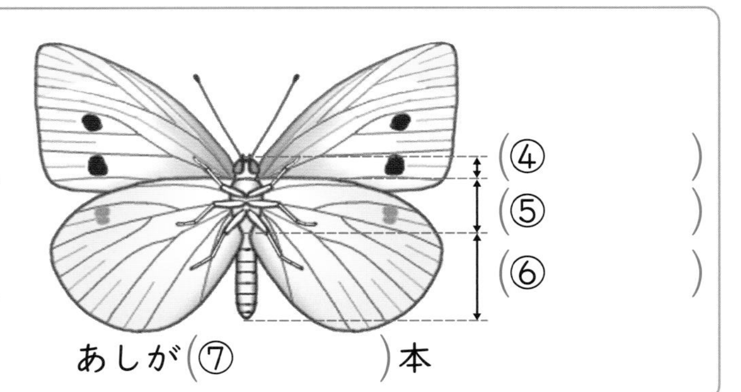

▶バッタやトンボなどのこん虫の体は、(⑧　　　)つの部分からできている。

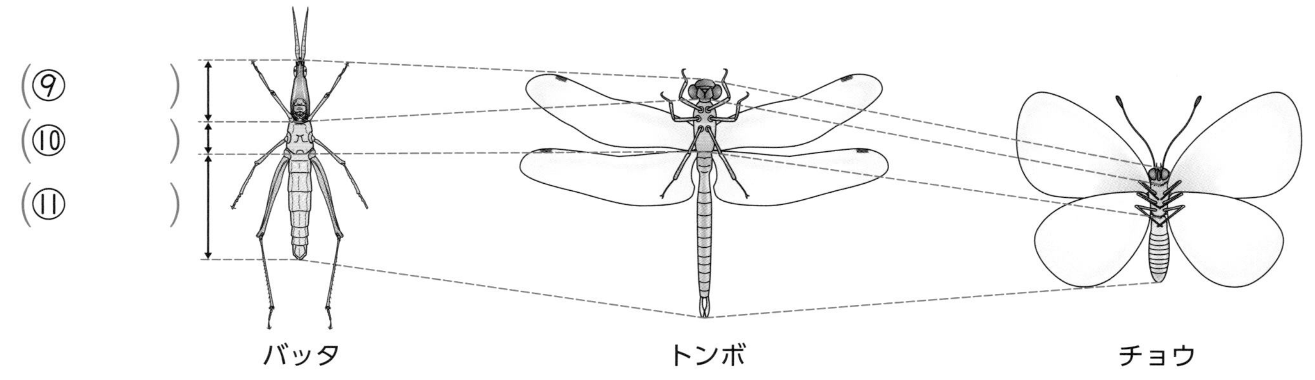

- こん虫の(⑫　　　)には、目や口、しょっかくがある。
- こん虫の(⑬　　　　)には、6本のあしやはねがある。
- こん虫の(⑭　　　　)には、いくつかのふしがある。

▶バッタやトンボ、チョウのように、(⑮　　　　)の体は、どれも、頭、むね、はらの3つの部分からできていて、頭に目や口があり、むねに6本のあしがあり、はらにいくつかの(⑯　　　　)がある。

▶ダンゴムシやクモは、体の分かれ方やあしの数を見ると、こん虫の体のつくりとはちがうので、(⑰　　　　)のなかまではない。

ここがだいじ！
①こん虫の体は、頭・むね・はらの3つの部分からできている。
②こん虫のむねには、6本のあしがある。

こん虫のせい虫のむねには、6本のあしがありますが、ダンゴムシには14本、クモには8本のあしがあり、どちらもこん虫ではありません。

学習日　　月　　日

5. こん虫の世界

①こん虫の体のつくり

教科書 73〜76ページ　答え 14ページ

1 いろいろな生き物の体のつくりを調べました。下の㋐〜㋖のうち、こん虫であるものを5つえらび、○をつけましょう。

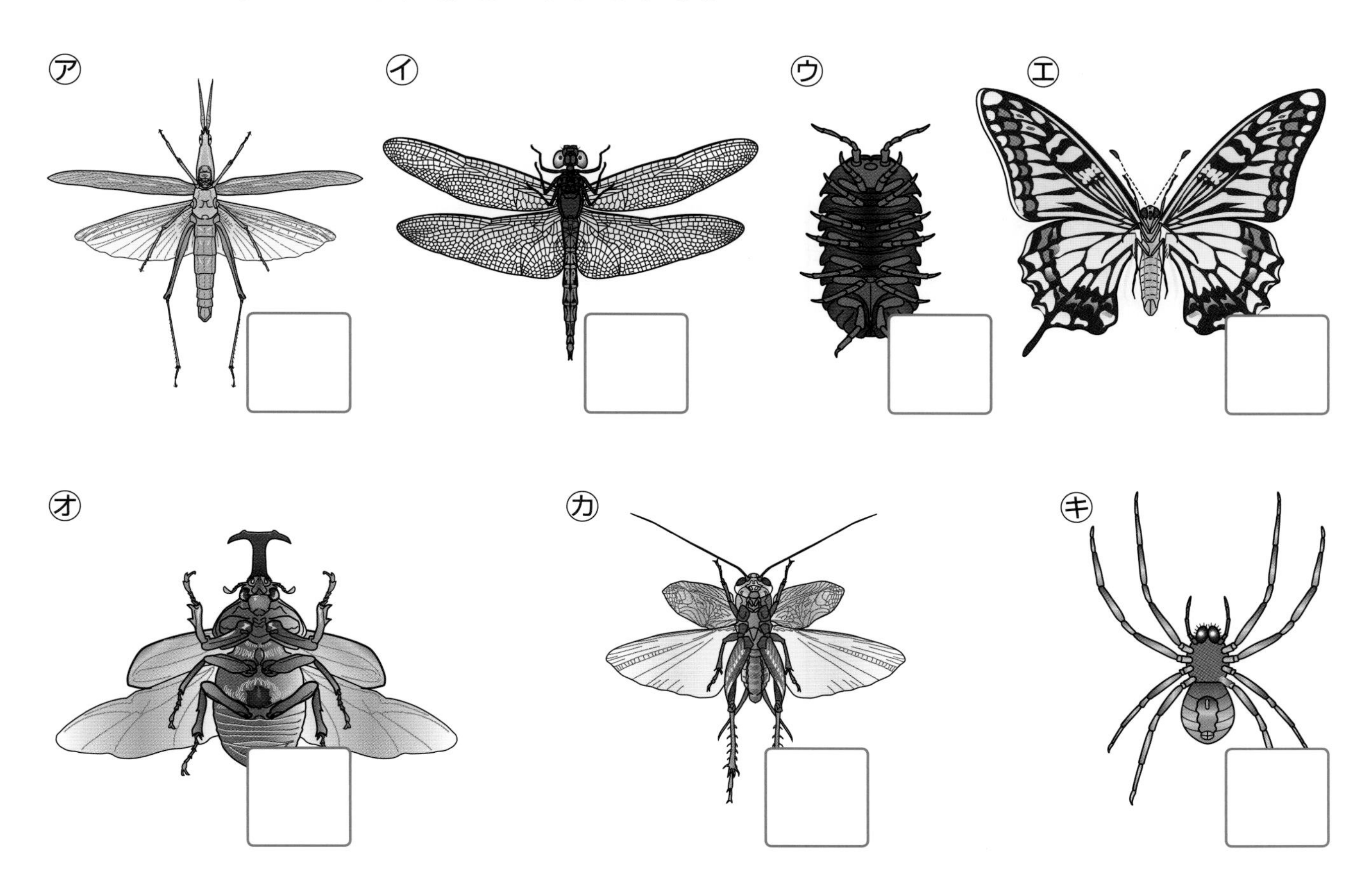

2 バッタの体のつくりを調べました。

(1) バッタを持つときは、どの部分をそっとつかみますか。正しいものに○をつけましょう。

ア(　　)頭
イ(　　)むね
ウ(　　)はら

(2) 次の文は、頭・むね・はらのどの部分についてせつめいしたものですか。

① 目や口がある。(　　　　)
② いくつかのふしがある。(　　　　)
③ あしやはねがある。(　　　　)

ヒント **1** こん虫の体は、頭・むね・はらからできています。あしのいちなどを見て、考えましょう。

学習日　月　日

5. こん虫の世界

②こん虫のいる場所や食べ物

めあて
こん虫がいる場所や食べ物をかくにんしよう。

教科書 77～82ページ　答え 15ページ

下の(　)にあてはまる言葉を書こう。

1 こん虫などがいる場所や食べ物を調べよう。

教科書 77～81ページ

▶チョウやバッタ

	モンシロチョウ	トノサマバッタ
こん虫		
いる場所	花だん、野原の花	野原、草むらの中
食べ物	花の(①　　)	植物の(②　　)

▶そのほかのこん虫

	オオカマキリ	カブトムシ	エンマコオロギ
こん虫			
いる場所	野原、草むらの中	林の木のみき	草や石のかげ
食べ物	小さい(③　　)	木の(④　　)	植物やいろいろな(⑤　　)など

▶こん虫などの生き物は、植物の(⑥　　)、花のみつ、木のしる、落ち葉などを食べたり、(⑦　　)のある場所をすみかにしたりして、(⑧　　)とかかわり合って生きている。

ここがだいじ！
①こん虫などは、野原や林、池などにいて、植物を食べたり、ほかのこん虫などを食べたりしている。

動物は、ほかの動物や植物を食べて生きています。ほかの生き物なしでは生きられません。

5. こん虫の世界

②こん虫のいる場所や食べ物

教科書 77〜82ページ　答え 15ページ

1 こん虫をさがしに行き、写真のようなこん虫を見つけました。かんさつしたきろくの(　)に、あてはまる言葉を書きましょう。

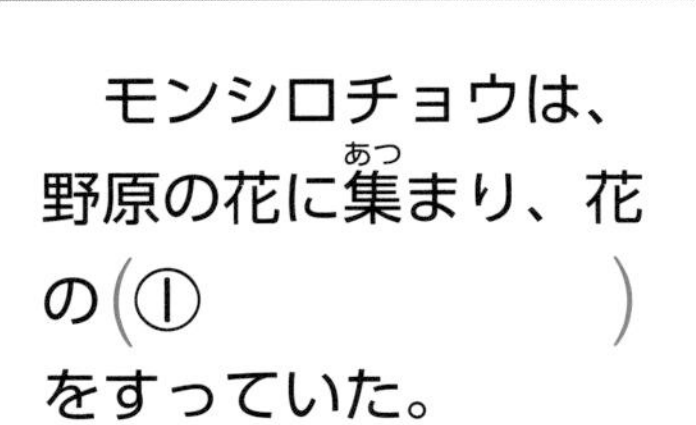

モンシロチョウは、野原の花に集まり、花の(①　　　　)をすっていた。

トノサマバッタは、草むらにすみ、(②　　　　)の葉を食べていた。

カブトムシは、林にすんで、(③　　　　)のしるをなめていた。

2 次のこん虫のいる場所と、その食べ物を［　］から１つずつえらび、記号を書きましょう。同じ記号をくり返し使ってもかまいません。

こん虫の名前	こん虫のいる場所	こん虫の食べ物
エンマコオロギ	(①　　)	(②　　)
ショウリョウバッタ	(③　　)	(④　　)
コアオハナムグリ	(⑤　　)	(⑥　　)
カブトムシ	(⑦　　)	(⑧　　)
オオカマキリ	(⑨　　)	(⑩　　)

こん虫のいる場所

㋐草むらや野原　㋑花だんや野原の花　㋒林　㋓草かげ

こん虫の食べ物

㋔こん虫　㋕木のしる　㋖落ち葉　㋗花のみつやかふん　㋘植物の葉

5. こん虫の世界

時間 30分　／100　合格 70点

教科書 72〜83ページ　答え 16ページ

よく出る

1 トンボの体のつくりを調べました。

1つ4点(24点)

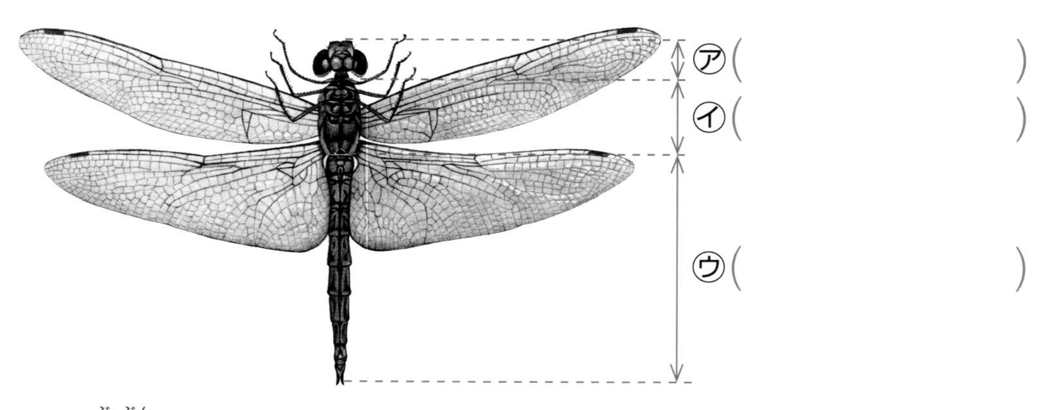

㋐(　　　)
㋑(　　　)
㋒(　　　)

(1) ㋐〜㋒の部分の名前を書きましょう。

(2) トンボをかんさつするときは、㋐〜㋒のどこを持ちますか。記号を書きましょう。

(　　)

(3) トンボを見つけるには、どこをさがすとよいでしょうか。正しいものに○をつけましょう。

ア(　　)土の中　イ(　　)木のみき　ウ(　　)野原の上

(4) トンボのあしは、上の㋐〜㋒のどの部分についていますか。記号を書きましょう。

(　　)

2 草むらで、オオカマキリを見つけました。

1つ4点(16点)

(1) オオカマキリの体のしくみを調べました。体はいくつの部分からできていますか。

(　　)

(2) 次の①、②は、体のどの部分についてせつめいしたものですか。その名前を書きましょう。

① 目やしょっかくがある。(　　)

② はねがついている。(　　)

(3) 記述 オオカマキリが草むらで見つかったのはなぜですか。「食べ物」という言葉を使って、その理由をせつめいしましょう。　思考・表現

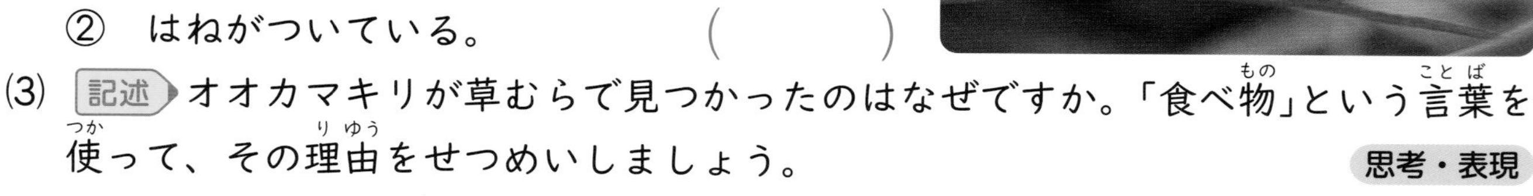

(　　　　　　　　　　)

できたらスゴイ！

3 下の㋐～㋒の虫を見つけました。

1つ5点(60点)

(1) ㋐～㋒の虫の名前を書きましょう。

㋐(　　　　)
㋑(　　　　)
㋒(　　　　)

(2) ㋐～㋒の虫の食べ物を、下の□からえらび、番号(ばんごう)を書きましょう。

㋐(　　)　㋑(　　)　㋒(　　)

①花のみつ　②木のしる　③植物(しょくぶつ)やほかの虫　④植物の葉(は)

(3) ㋐～㋒の虫を見つけた場所(ばしょ)を、下の□からえらび、番号を書きましょう。

㋐(　　)　㋑(　　)　㋒(　　)

①草むら　②花だんや野原の花　③花だんや野原の土　④草や石のかげ

(4) (3)の場所で虫を見つけたのはなぜですか。その理由をせつめいしましょう。

(　　　　　　　　)

(5) ㋐～㋒の虫のあしの数は何本ですか。

(　　　　)

(6) ㋐～㋒の虫について、正しいものに○をつけましょう。

ア(　　)㋐～㋒はすべてこん虫である。
イ(　　)㋑、㋒はこん虫であるが、㋐はこん虫ではない。
ウ(　　)㋒はこん虫であるが、㋐、㋑はこん虫ではない。
エ(　　)㋑はこん虫であるが、㋐、㋒はこん虫ではない。

ふりかえり　1 (1)がわからないときは、26ページの 1 にもどってかくにんしましょう。

★ 花をさかせたあと

学習日　月　日

めあて
植物がたねから育ってかれるまでの育ち方をかくにんしよう。

教科書 85～89ページ　答え 17ページ

下の（　）にあてはまる言葉を書くか、あてはまるものを○でかこもう。

1 実をつけたホウセンカを調べよう。

教科書 84～86ページ

▶実をつけたホウセンカをかんさつした。

- （① 赤色・黄緑色 ）の実がついている。
- （② 黄色・白色 ）に、かれた葉がある。
- じゅくしたホウセンカの実をさわると、実がはじけて、中から（③　　　　）が出てくる。
- ホウセンカは、実の中の（④　　　　）をのこして、かれていく。

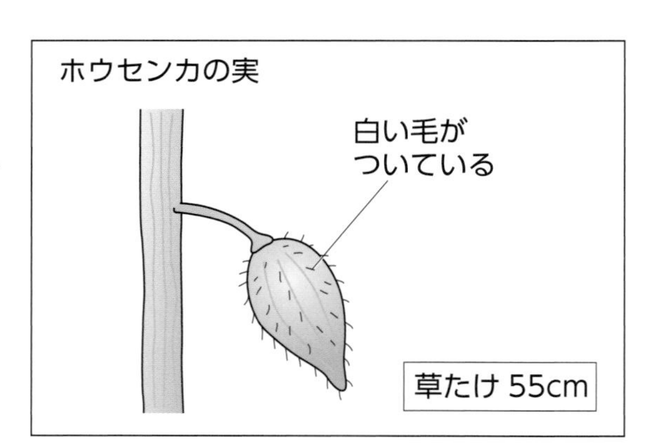

2 植物は、たねからどのように育つのだろうか。

教科書 87～89ページ

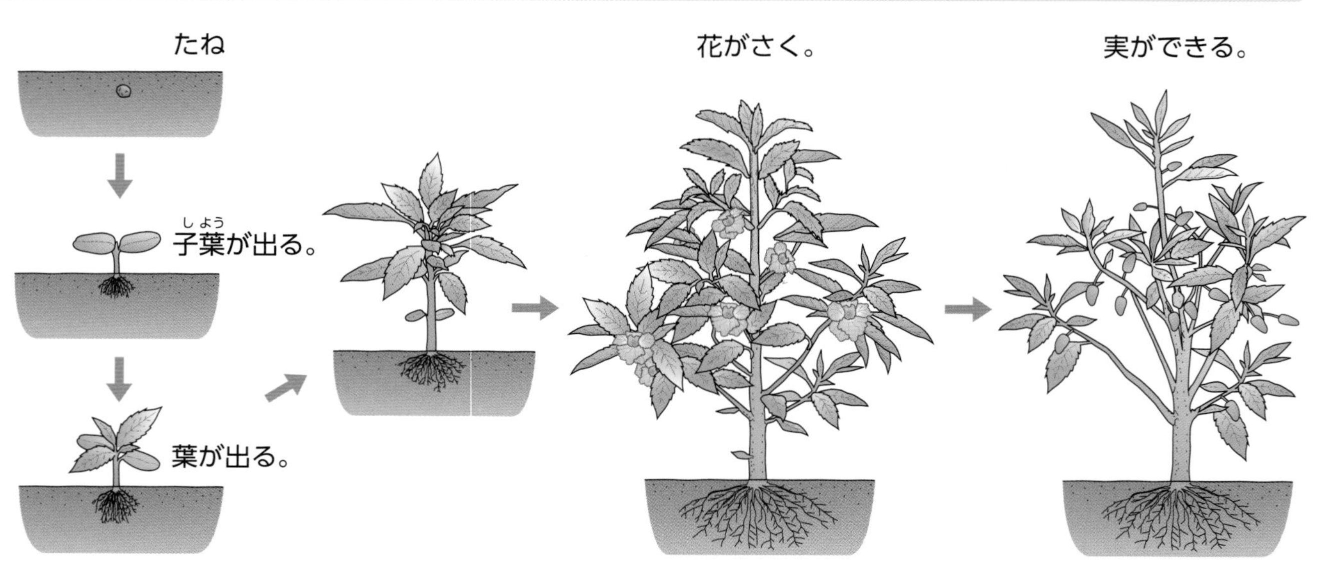

▶ホウセンカやヒマワリなどの植物は、たねから（① 葉・子葉 ）が出たあと、葉が出る。そして、（②　　　　）がのびて、葉がしげり、（③　　　　）がさく。

▶花がさいたあとに（④　　　　）ができ、その中に、たくさんの（⑤　　　　）をのこしてかれていく。

ここがだいじ！
①花がさいたあとにできた実の中には、たねができている。
②ホウセンカなどの植物は、たねから子葉を出し、草たけがのびて葉がしげり、花をさかせ、そのあとに実をつけ、中にたねをのこしてかれてしまう。

ぴたトリビア　植物の実には、ミカンのようにヒトが食べられるものがあります。ミカンを食べるときに、ミカンのたねを見つけられることがあります。

★ 花をさかせたあと

学習日　　月　　日

教科書 85～89ページ　答え 17ページ

1 花をさかせたあとのホウセンカの様子を調べます。

(1) ホウセンカの実は、どこにできますか。正しいものに○をつけましょう。

ア(　　)くきの先
イ(　　)葉のつけね
ウ(　　)土の中の根の先

(2) できたころのホウセンカの実は、何色をしていますか。(　　　　)

(3) ホウセンカの実がじゅくすと、中に何ができていますか。(　　　　)

(4) (3)は何色をしていますか。正しいものに○をつけましょう。

ア(　　)緑色
イ(　　)茶色
ウ(　　)白色

2 下の図は、ホウセンカが育っていく様子をかいたものです。たねから育っていくじゅんにならべ、記号を書きましょう。

㋐

㋑
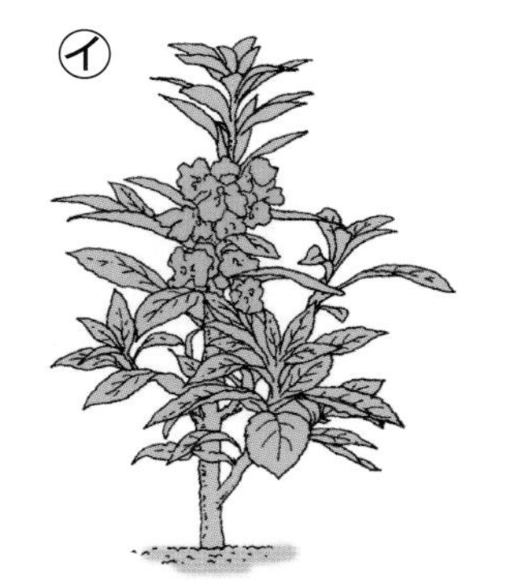

㋒
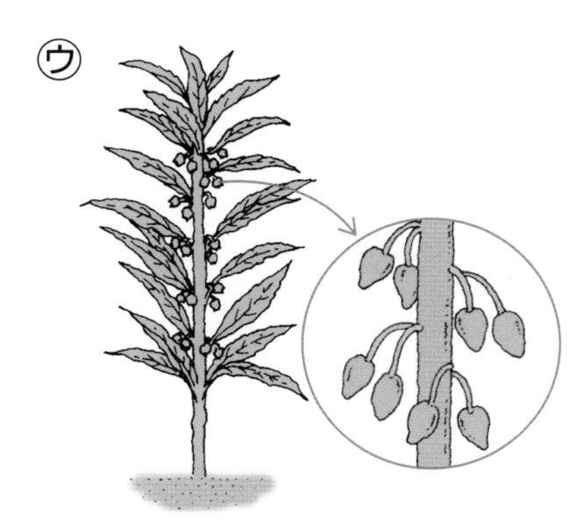

㋓

㋔

(㋐→　　→　　→　　→　　)

ヒント 1 (3)ホウセンカは花がさいたあとに実ができ、たくさんのたねをのこしてかれていく。

★ 花をさかせたあと

時間 30 分

／100

合格 70 点

教科書 84～91ページ　答え 18ページ

1 春から育ててきたホウセンカをかんさつしました。

1つ10点(40点)

(1) 春のころにくらべて、葉の数や草たけ、くきの太さは、どうなっていますか。

葉の数(　　　　)

草たけ(　　　　)

くきの太さ(　　　　)

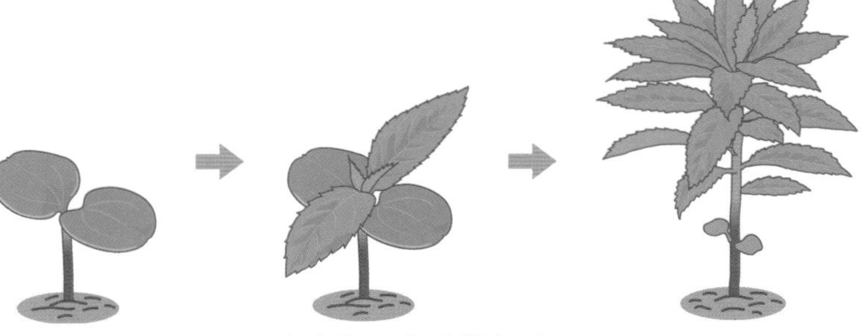

(2) ホウセンカの草たけを調べたところ、右の表のようになりました。アにあてはまる草たけを　からえらびましょう。

ホウセンカの草たけ

かんさつした日	4月24日	4月28日	5月8日	6月11日
草たけ	1cm	2cm	ア	15cm

1cm　　6cm　　16cm

(　　　　)

よく出る

2 ホウセンカとヒマワリの育ち方を調べました。それぞれ①～③を育つじゅんに(　)に番号を書きましょう。

それぞれぜんぶできて10点(20点)

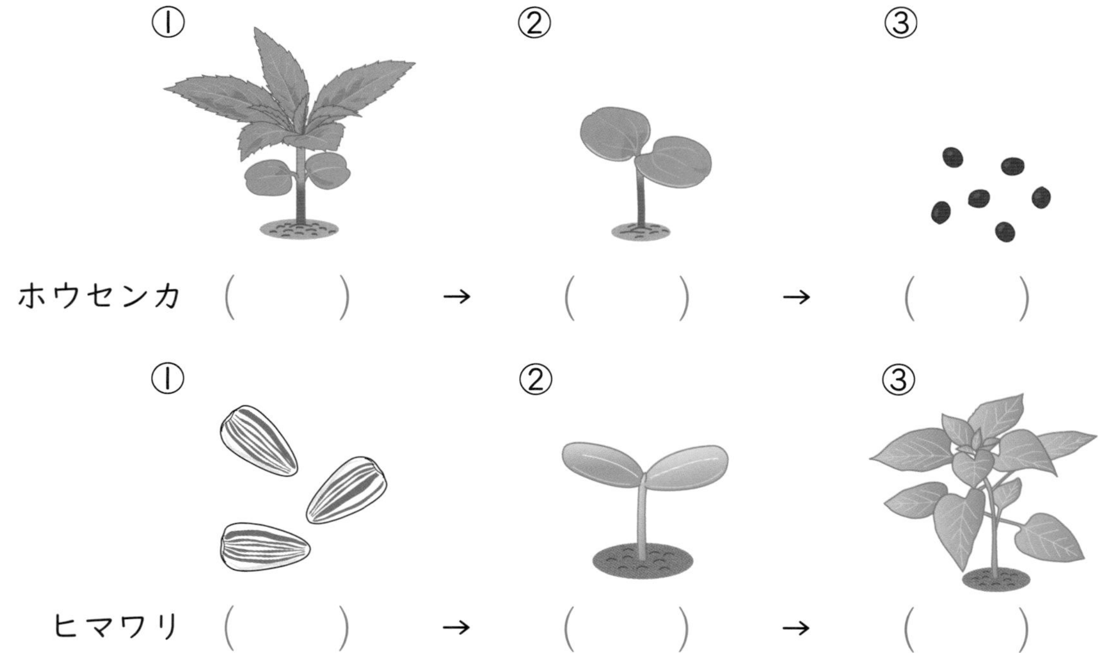

ホウセンカ　(　　)　→　(　　)　→　(　　)

ヒマワリ　(　　)　→　(　　)　→　(　　)

できたらスゴイ！

3 春にたねをまいた植物が育つ様子をかんさつしました。

1つ5点(40点)

(1) 下の表にあてはまるものを、ア～シから１つずつえらび、記号を書きましょう。

	たね	つぼみ	花	実
ホウセンカ	(①　)	イ	(②　)	(③　)
ヒマワリ	(④　)	(⑤　)	サ	(⑥　)

(2) 記述 花がさいてから実がじゅくすまでの間に、葉の数がへっていました。その理由をせつめいしましょう。

思考・表現

(　　　　)

(3) 記述 下の　　の中の言葉を使って、植物の育ち方をせつめいしましょう。

思考・表現

(　　　　)

花　実　たね　子葉　葉　くき　かれる

ふりかえり 2がわからないときは、32ページの2にもどってかくにんしましょう。

6. 太陽と地面

①かげと太陽1

学習日　　月　　日

めあて
かげのでき方と太陽のいちがどうなっているか、かくにんしよう。

教科書 93～96、180ページ　答え 19ページ

下の(　　)にあてはまる言葉を書くか、あてはまるものを○でかこもう。

1 もので太陽がさえぎられると、かげは、太陽の反対がわにできるのだろうか。

教科書 92~96、180ページ

- 太陽を見るときは、かならず(①　　　　　　　　)を使う。
- しゃ光板を(②　　　　　)の前にかざして、(③　　　　　　　)を通して見る。

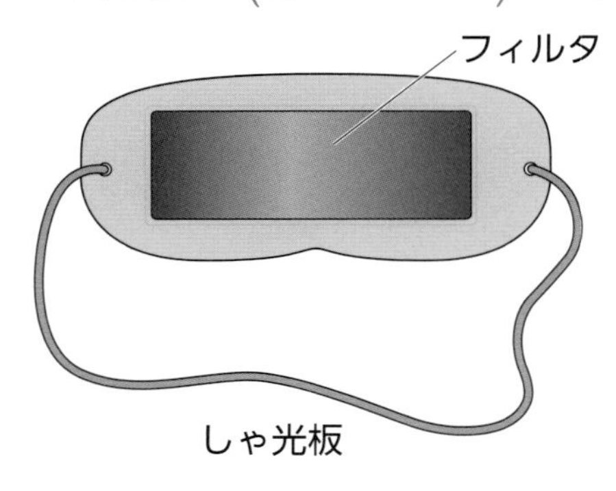

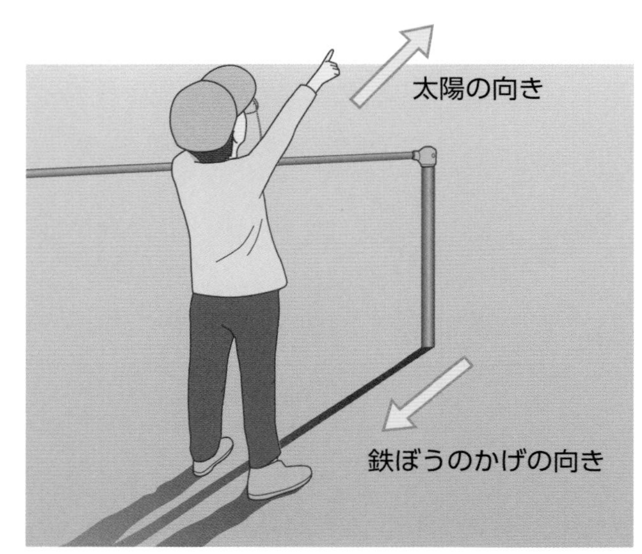

▶校しゃのかげのはしや、鉄ぼうのかげの先のほうから太陽を見ると、太陽とは(④　同じ・反対　)の向きにかげができている。

▶もので太陽の光がさえぎられると、かげは、太陽とは(⑤　　　　　　)がわにできる。

①もので太陽の光がさえぎられると、かげは、太陽の反対がわにできます。

時間がたつと、かげの向きがかわることをりようしておよその時こくを調べることができます。そのことをりようした時計を日時計といいます。

1 いろいろなもののかげができる向きを調べました。

(1) かげができるのは、日なた、日かげのどちらですか。

(　　　)

(2) 犬のかげは、㋐〜㋒のどの向きにできますか。

(　　　)

(3) 女の子から見て、太陽はかげのほうにありますか。それとも、せなかのほうにありますか。

(　　　)

2 木や人のかげの向きと太陽の向きを調べます。

(1) 太陽を見るときは、かならず何を使いますか。

(　　　)

(2) 木のかげの向きから、太陽は㋐〜㋒のどのいちにあることがわかりますか。

(　　　)

(3) このときの男の子のかげは、㋓〜㋕のどれですか。

(　　　)

(4) かげの向きについて、正しいほうに○をつけましょう。

ア(　　)太陽の向きと同じ向きにできる。

イ(　　)太陽の向きと反対の向きにできる。

(5) かげは、ものが何をさえぎったときにできますか。

(　　　)

ヒント 1 (2)太陽の光でできるかげは、すべて同じ向きにできます。

6. 太陽と地面

①かげと太陽２

学習日　　月　　日

めあて
かげの向きがなぜかわるのかをかくにんしよう。

教科書　96〜99、182ページ　答え　20ページ

下の（　）にあてはまる言葉を書こう。

1 時間がたつと、かげの向きがかわるのは、太陽の向きがかわるからだろうか。

教科書　96〜99、182ページ

▶（①　　　　）は、はりの色がぬってあるほうが（②　　　　）をさすことをりようして、東西南北の方位を知ることができる道具である。

- 方位じしんを（③　　　　）になるように持つ。
- 文字ばんを回して、はりの色をぬってあるほうと、文字ばんの「（④　　　　）」を合わせる。
- 調べたい方位を調べる。

▶太陽の向きの調べ方

- ペットボトルをおいた場所に立ち、（⑤　　　　）をつけた紙テープを持ちながら太陽を指さして、おもりの（⑥　　　　）に×のしるしをつける。
- 方位（東西南北）の十字の線が交わるところから×のしるしに線をのばした方向が、（⑦　　　　）の向きになる。

▶かげの向きと太陽の向きとのかんけい

- 時間がたつと、かげは（⑧　　　　）から（⑨　　　　）へ動く。
- 時間がたつと、太陽は（⑩　　　　）から（⑪　　　　）へ動く。
- 太陽は、（⑫　　　　）の方からのぼって、（⑬　　　　）の高いところを通り、（⑭　　　　）の方へしずんでいく。
- かげは、いつも、太陽の（⑮　　　　）がわにできるので、（⑯　　　　）の方から（⑰　　　　）の方へ向きがかわる。

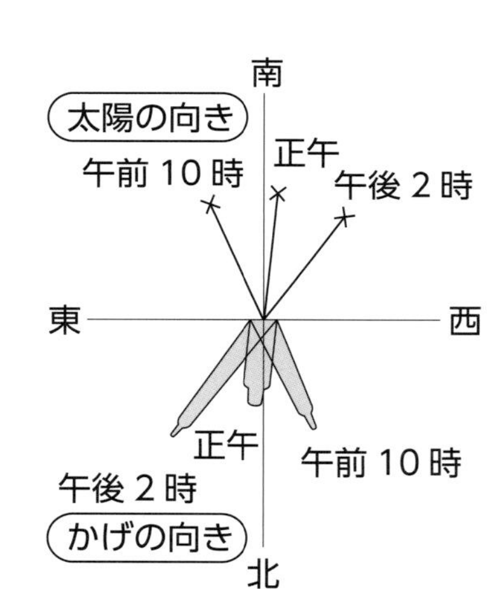

ここが、だいじ！
①時間がたつと、かげの向きがかわるのは、太陽の向きがかわるから。
②太陽は、東の方からのぼって、南の高いところを通り、西の方へしずむ。

かげの長さは、太陽が南の高いところにあるときは短くなり、西や東のひくいところにあるときは長くなります。

1 方位じしんで⟶の方位を調べます。方位じしんを正しく使っているのは、㋐、㋑のどちらですか。 (　　　)

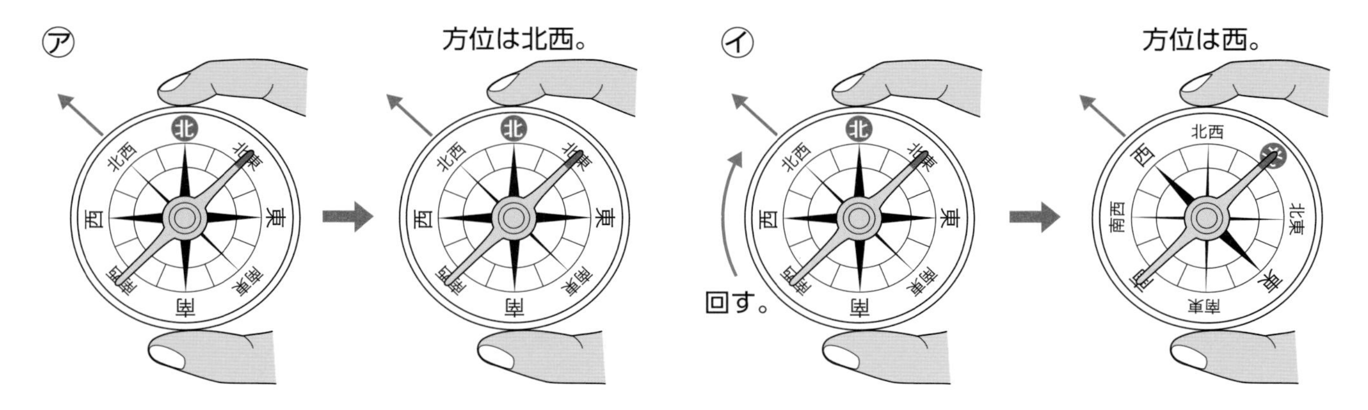

2 午前10時ごろ、正午ごろ、午後2時ごろに、木のかげの向きと太陽の向きを調べました。

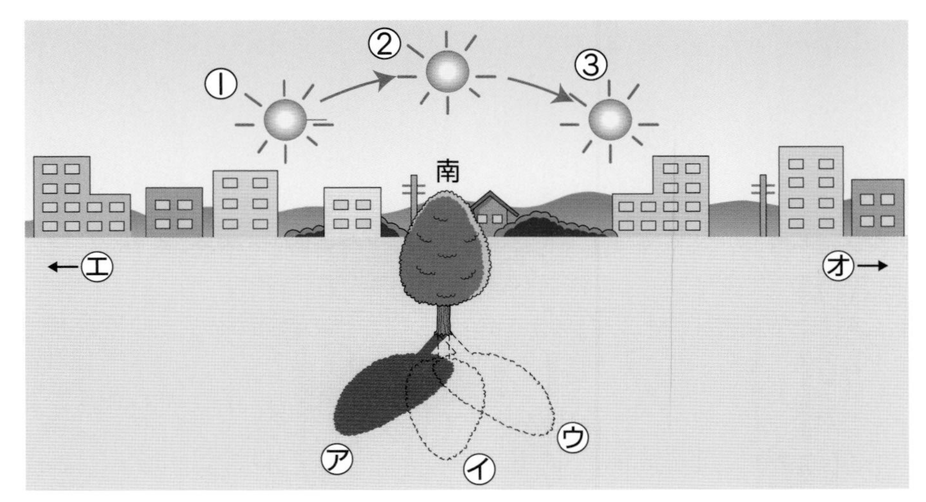

(1) 東西南北の方位を調べるときに使うものは何ですか。 (　　　)

(2) 太陽は①→②→③の向きに動きました。このとき、かげ㋐〜㋒はどのように動きましたか。動いたじゅんに、記号を書きましょう。 (　　→　　→　　)

(3) ㋓、㋔の方位を書きましょう。 ㋓(　　) ㋔(　　)

(4) かげの向きと太陽の向きのかんけいについて、正しいものには○を、まちがっているものには×をつけましょう。

ア(　　)かげは太陽と反対の向きにできる。

イ(　　)かげは太陽と同じ向きにできる。

ウ(　　)太陽は東の方からのぼって、南の空を通り、西の方へしずんでいく。

エ(　　)かげは東の方から西の方へ向きがかわる。

6. 太陽と地面

②日なたと日かげ

学習日　月　日

めあて
日なたと日かげの地面の様子はどうちがうのか、かくにんしよう。

教科書 100～104、181ページ　答え 21ページ

下の(　)にあてはまる言葉を書くか、あてはまるものを○でかこもう。

1 朝と昼に、日なたと日かげで地面の温度を調べよう。

教科書 100～103、181ページ

▶温度計の使い方

- はかりたいものが温度計の(①　　　　)にふれるようにする。
- えきが動かなくなってからえきの(②　　　　)の目もりを読む。

▶温度計の目もりの読み方

- えきの先の高さと(③　　　　)の高さを合わせる。
- 温度計と目線が(④　　　　)になるようにする。

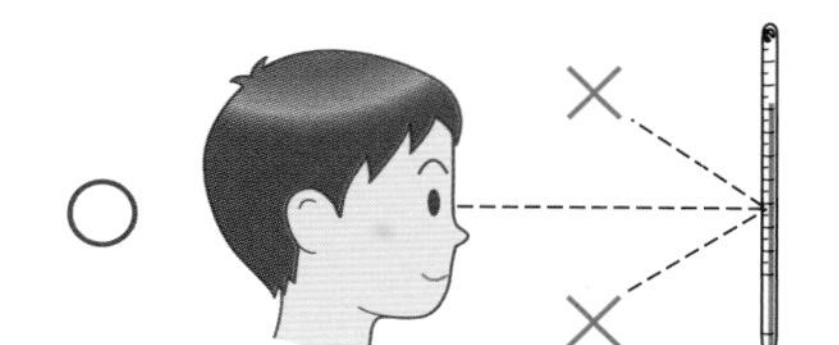

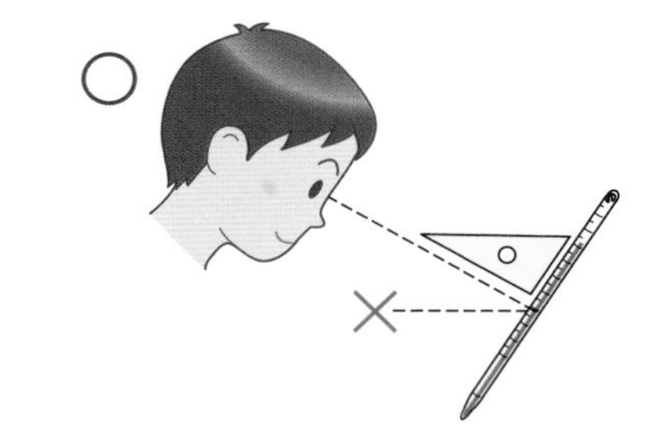

▶午前10時ごろと正午ごろに、日なたと日かげの地面の温度をはかった。

午前10時		正午	
日なたの地面	日かげの地面	日なたの地面	日かげの地面
16℃	14℃	20℃	15℃

正午には、午前10時と同じ場所で調べるんだよ。

- どちらの時こくでも、(⑤　日なた・日かげ　)の地面のほうが(⑥　日なた・日かげ　)の地面よりも温度が高い。
- (⑦　日なた・日かげ　)の地面は、朝よりも昼のほうが温度が高いが、(⑧　日なた・日かげ　)の地面は、朝も昼もあまり温度がかわらない。

①日なたの地面が日かげの地面よりもあたたかいのは、太陽の光によって地面があたためられるからである。

地面にせっしている空気は、あたためられた地面からねつがつたわり温度が上がります。

6. 太陽(たいよう)と地面(じめん)

②日なたと日かげ

1 温度計(おんどけい)を使って、地面の温度をはかります。

①

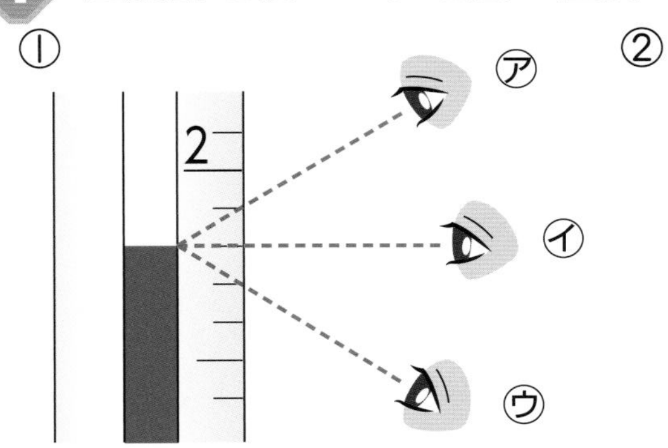

②

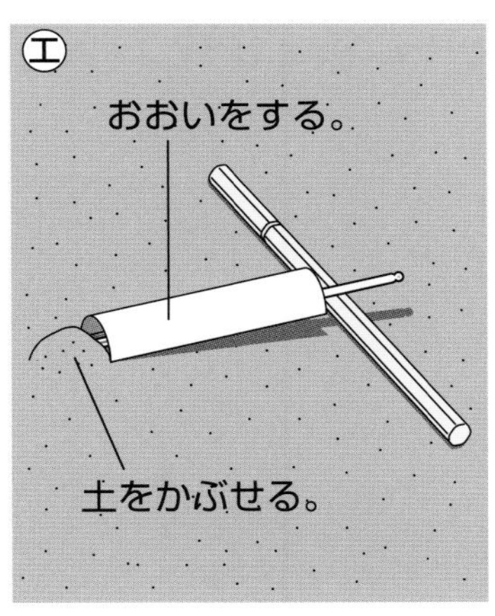

(1) 温度計の目もりを読むときの目のいちとして正しいものは、①の㋐〜㋒のどれですか。 (　　)

(2) 日なたの地面の温度のはかり方として正しいのは、②の㊓、㊔のどちらですか。 (　　)

2 よく晴れた日の午前10時ごろと正午ごろに、日なたと日かげの地面の温度を調(しら)べ、あたたかさをくらべました。

午前10時		正午	
㋐の地面	㋑の地面	㋐の地面	㋑の地面
①	②	③	④

(1) ①〜④の温度計の目もりを読み、温度を書きましょう。

①(　　　) ②(　　　) ③(　　　) ④(　　　)

(2) 日なたのきろくは、㋐、㋑のどちらですか。 (　　)

(3) 次(つぎ)の文で正しいものには○、まちがっているものには×をつけましょう。

ア(　　)正午ごろには、午前10時ごろとはちがう場所(ばしょ)で、地面の温度をはかる。

イ(　　)正午ごろには、午前10時ごろと同じ場所で、地面の温度をはかる。

ウ(　　)日なたのほうが日かげより、地面の温度が高い。

エ(　　)日かげのほうが日なたより、地面の温度が高い。

ヒント **1** (1)温度計の目もりを読むときは、温度計と目線が直角になるようにします。

6.太陽と地面

教科書 92〜105、180〜182ページ　答え 22ページ

よく出る

1 午前10時ごろ、正午ごろ、午後2時ごろのかげの向きと太陽の向きを調べました。

1つ5点(30点)

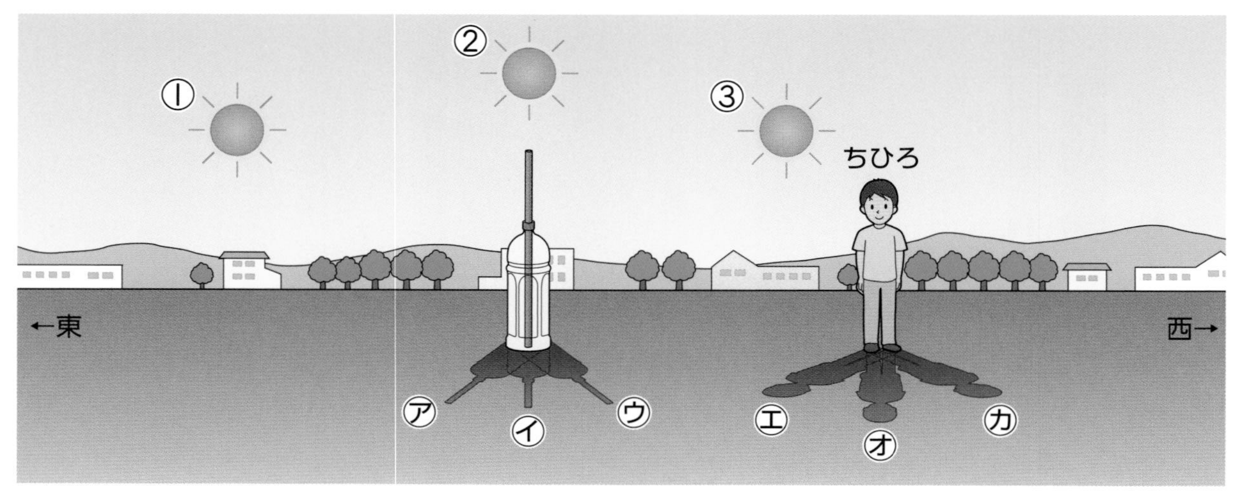

(1) 太陽の向きを調べるとき、何を通して太陽を見ますか。(　　　　)

(2) 太陽はどのように動きますか。番号を正しいじゅんにならべたものに、○をつけましょう。

ア(　　)①→②→③
イ(　　)②→①→③
ウ(　　)③→②→①

(3) 太陽が①〜③のいちにあるとき、ペットボトルに立てたぼうのかげはア〜ウのどれですか。①(　　)　②(　　)　③(　　)

(4) 正午ごろのちひろさんのかげはエ〜カのどれですか。(　　)

よく出る

2 下の道具を使って、方位を調べました。　技能

1つ5点(15点)

(1) この道具を何といいますか。

(　　　　)

(2) 色のついたはりは、東、西、南、北のどの方位をさしますか。(　　)

(3) 文字ばんの合わせ方で正しいのは、ア、イのどちらですか。(　　)

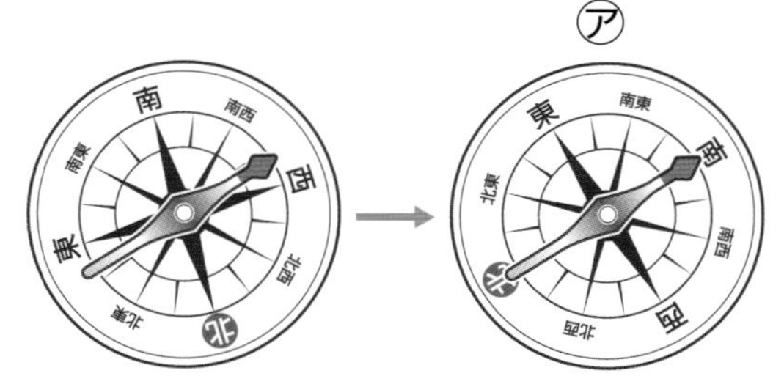

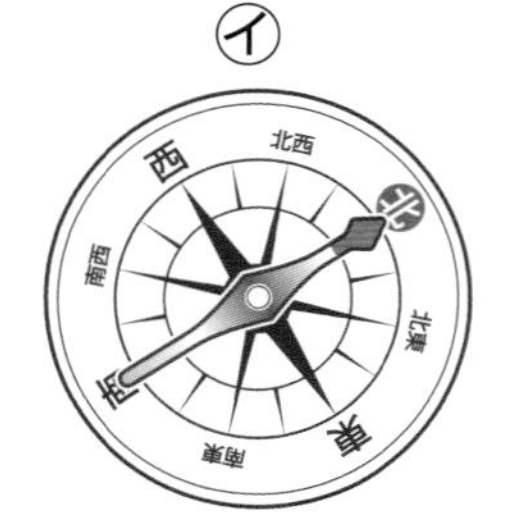

3 温度計を使って、温度をはかりました。

技能　1つ7点(35点)

(1) 温度計の㋐の部分を何といいますか。

(　　　　　　　　)

(2) 目もりを読むときの目のいちとして正しいのは、㋑～㋓のどれですか。

(　　　)

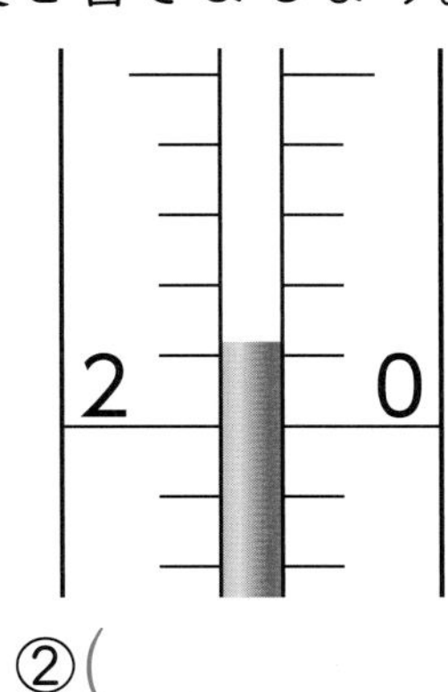

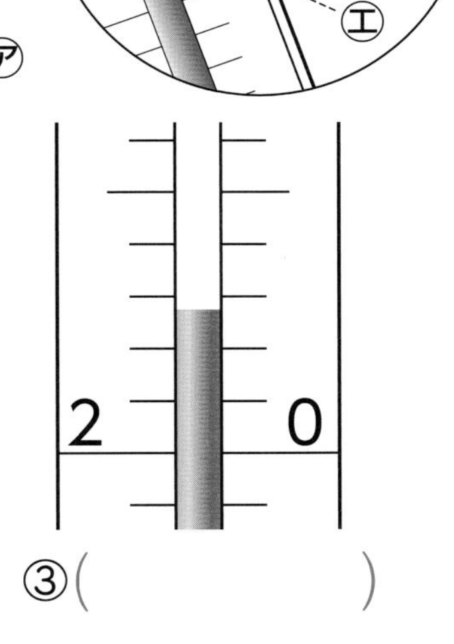

(3) ①～③の温度計ではかった温度を書きましょう。

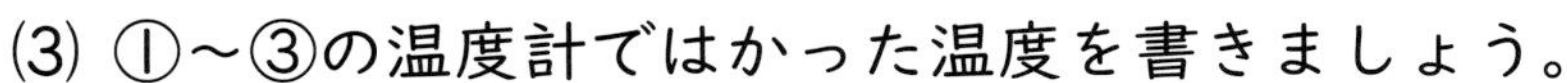

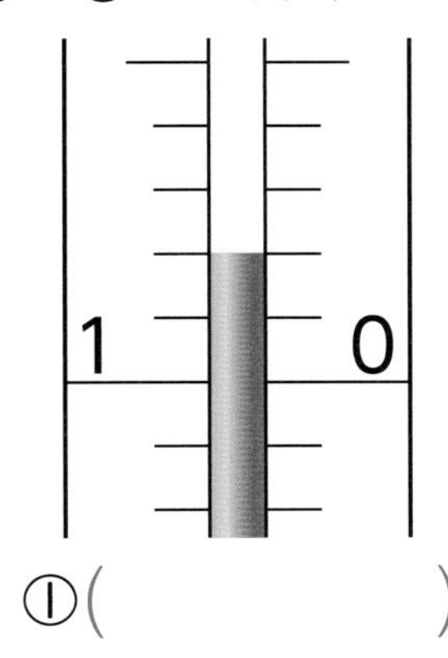

2　0

2　0

①(　　　　　)　②(　　　　　)　③(　　　　　)

できたらスゴイ！

4 午前10時ごろと正午ごろに、日なたと日かげの地面の温度をはかり、ぼうグラフで表しました。

思考・表現　1つ5点(20点)

(1) 午前10時ごろと正午ごろの日なたの温度は、㋐～㋓のどれですか。

午前10時ごろ(　　　)

正午ごろ(　　　)

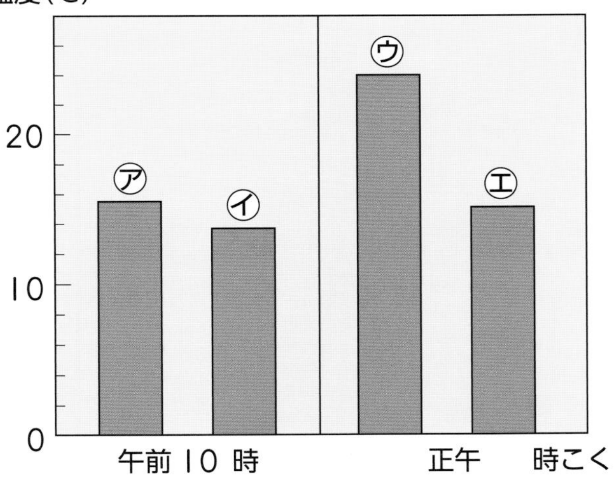

(2) 地面の温度の上がり方について、正しいものに○をつけましょう。

ア(　　)日なたのほうが、温度の上がり方が大きい。

イ(　　)日かげのほうが、温度の上がり方が大きい。

ウ(　　)日なたと日かげの温度の上がり方は、ほとんど同じである。

(3) 記述 日なたの地面は、どのようにしてあたためられますか。「太陽」という言葉を使ってせつめいしましょう。

(　　　　　　　　　　　　　　　　　　　　　　　　　　　　)

ふりかえり　3がわからないときは、40ページの1にもどってかくにんしましょう。

7. 光

①光の進み方

3分でまとめ

学習日　月　日

めあて
日光をかがみではね返したときの光の進み方をかくにんしよう。

教科書 107〜110ページ　答え 23ページ

下の(　)にあてはまる言葉を書くか、あてはまるものを○でかこもう。

1 日光をかがみではね返して、光の進み方を調べよう。

教科書 106〜110ページ

▶かがみを使うと、太陽の光を(①　　　　　)ことができる。

▶かがみではね返した光を人の(②　　　　　)に当ててはいけない。

▶黒い紙を使って光の進み方を調べる。
- かがみではね返した(③　　　　　)をまとに当てる。
- かがみとまとの間に(④　黒い紙・白い紙　)を入れて、光がどのように進むかを調べる。

▶光を地面にはわせて、光の進み方を調べる。
- まとをだんボール紙にはりつけて、(⑤　　　　　)におく。
- かがみではね返した光を地面にはわせてまとに当て、(⑥　　　　　)がどのように進むかを調べる。

▶林などで見られる木もれ日や、ブラインドのすき間からさしこんだ日光の様子から、日光が(⑦　　　　　　　)に進むことがわかる。

ここが、だいじ！
①かがみではね返した光は、まっすぐに進む。

ぴたトリビア
黒いものより、白いもののほうが光をはね返します。

7. 光
①光の進み方

1 かがみで日光をはね返し、はね返した光の進み方を調べます。

(1) かがみではね返した光はまとに向かって、どのように進みますか。正しいほうに○をつけましょう。

㋐

㋑

(2) かがみではね返した光を地面にはわせたとき、光の進み方として正しいほうに○をつけましょう。

㋐

㋑

(3) (1)、(2)より、光はどのように進むといえますか。正しいものに○をつけましょう。

ア(　　)曲がりながら進む。
イ(　　)まっすぐに進む。
ウ(　　)とちゅうで消えたりしながら進む。

2 光がまっすぐに進んで見えるげんしょうとして、正しいものを3つえらび、○をつけましょう。

ア(　　)光は黒い紙などをよけて進む。
イ(　　)林などで見られる木もれ日
ウ(　　)ブラインドからさしこむ日光
エ(　　)車のライトの光

ヒント 1 光はかならずまっすぐ進みます。

学習日　　月　　日

7. 光

②光を重ねる・集める

◎めあて
光を重ねたり、集めたりしたときの様子をかくにんしよう。

教科書 111～118ページ　答え 24ページ

下の(　)にあてはまる言葉を書くか、あてはまるものを○でかこもう。

1 光を重ねて当てて、明るくなったところのあたたかさを調べる。

教科書 111～114ページ

▶まと4つを日かげにならべて、光を当てる前の温度をはかる。

▶まとに光を当てるかがみの数を、0まい、1まい、2まい、3まいにして、光を3分間当てたあとの温度をはかる。

かがみの数と温度

かがみの数	光を当てる前の温度	光を当てたあとの温度
0まい	13℃	13℃
1まい	13℃	19℃
2まい	13℃	28℃
3まい	13℃	40℃

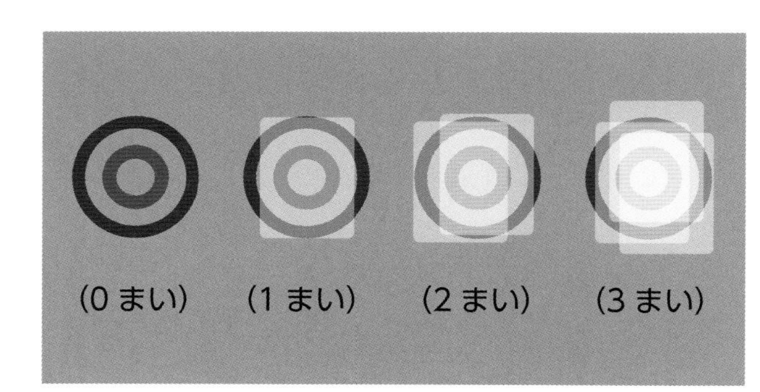

▶かがみではね返した光をたくさん重ねていくと、温度がだんだん(① 高く・ひくく)なる。

2 虫めがねで日光を集めて当てて、明るさやあたたかさを調べよう。

教科書 114～116ページ

▶虫めがねを黒い紙から遠ざけていき、光を当てたところの大きさと(①　　　　)を調べる。

▶虫めがねで、黒い紙に光を当てたところが(②　　　　)なるようにする。

▶虫めがねを紙から遠ざける。

- 虫めがねを紙からはなす
  →光を当てたところが(③ 大きく・小さく)なり、(④ 明るく・暗く)なる。
- 虫めがねをさらに紙からはなす
  →光を当てたところがより(⑤ 大きく・小さく)なり、より(⑥ 明るく・暗く)なる。

▶虫めがねで日光を集めて当てると、光を当てたところを(⑦ 大きく・小さく)するほど、明るくなる。

▶虫めがねで光を当てたところをいちばん(⑧ 大きく・小さく)したときには、紙がこげるくらいあつくなる。

ここがだいじ!
①光を重ねて当てると、光を重ねるほど、よりあたたかくなる。
②虫めがねで光を当てたところを小さくするほど、より明るくなる。

白いものより、黒いもののほうが光をよくきゅうしゅうします。

学習日　月　日

7.光

②光を重ねる・集める

教科書 111～118ページ　答え 24ページ

1 3まいのかがみで日光をはね返して、はね返した光をかべに当てました。

(1) ㋐～㋒の部分には、何まいのかがみではね返した光が重なっていますか。

㋐(　　　　)
㋑(　　　　)
㋒(　　　　)

(2) いちばん明るくなるのは、㋐～㋒のどこですか。

(　　)

(3) いちばん温度が高くなるのは、㋐～㋒のどこですか。

(　　)

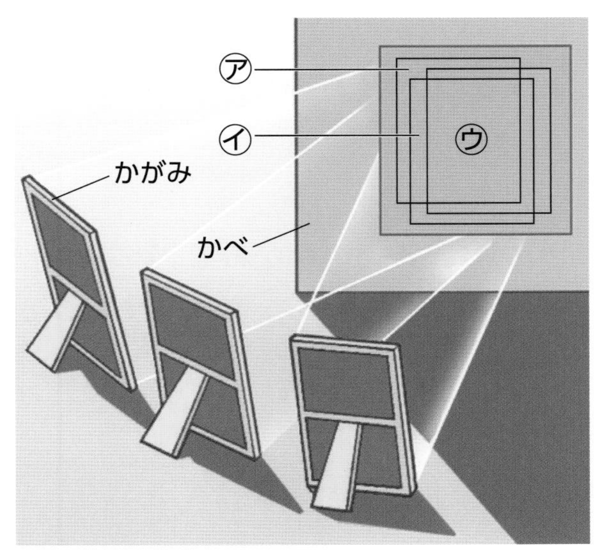

2 虫めがねを使って、日光を集めます。

(1) 虫めがねの使い方として、正しいものを2つえらび、○をつけましょう。

ア(　)虫めがねを使うと、太陽を大きく見ることができる。
イ(　)虫めがねで太陽をぜったいに見てはいけない。
ウ(　)虫めがねで集めた光を手に当てると、あたたまることができる。
エ(　)虫めがねで集めた光を、人の体に当ててはいけない。

(2) 黒い紙の光が集まっている部分を右の図よりも小さくするには、虫めがねを㋐、㋑のどちらの向きに動かしますか。

(　　)

(3) 黒い紙の光が集まっている部分の明るさとあたたかさについて、正しいものに○をつけましょう。

ア(　)まわりよりも明るく、あたたかい。
イ(　)まわりよりも明るく、つめたい。
ウ(　)まわりよりも暗く、あたたかい。
エ(　)まわりよりも暗く、つめたい。

ヒント ❶ 光を重ねて当てると明るくなり、温度は高くなります。

7. 光

教科書 106〜119ページ　答え 25ページ

1 かがみを３まい使って日光をはね返し、はね返した光をかべに当てます。

1つ5点（10点）

(1) かがみがはね返した光は、どのように進みますか。

（　　　　　　　　　　）

(2) あと１まいのかがみを㋐〜㋓のどこにおくと、はね返した光をかべに当てることができますか。

（　　　）

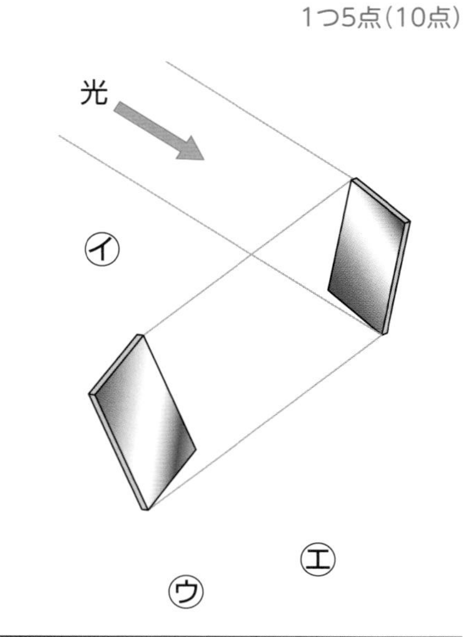

2 ３まいのかがみで日光をはね返し、はね返した光をかべに当てました。

1つ5点、(2)はぜんぶできて5点（30点）

㋐
㋑ ㋒ ㋓ ㋔
㋕ ㋖

(1) ㋒の部分には、何まいのかがみではね返した光が重なっていますか。

（　　　　　　　）

(2) ㋐〜㋖で、㋒と同じ明るさのところをぜんぶ書きましょう。（　　　　　　　）

(3) ㋐〜㋖で、いちばん明るいところはどこですか。

（　　　　　　　）

(4) ㋐と㋓の部分の温度をはかると、右の①、②のようになりました。温度は何℃ですか。

技能

①（　　　　　）　②（　　　　　）

(5) ㋓の部分の温度をはかったのは、①、②のどちらですか。（　　　　　　　）

①
40
30
20

②

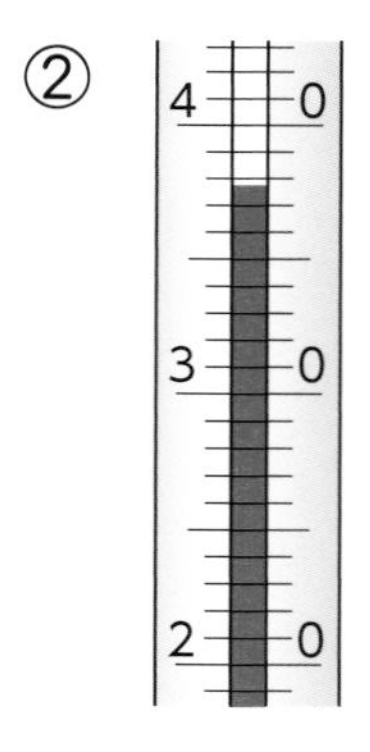

よく出る

3 かがみで日光をはね返したり、虫めがねで日光を集めたりしたときの様子をまとめます。

1つ5点（30点）

(1) 次の文で、正しいものには○、まちがっているものには×をつけましょう。

ア（　　）はね返した光を日かげのかべに当てても、まわりと明るさはかわらない。

イ（　　）はね返した光が当たったところは、まわりよりあたたかくなる。

ウ（　　）はね返した光は、広がって進む。

エ（　　）かがみの向きをかえても、はね返った光の向きはかわらない。

(2) 虫めがねで日光を集めて、光が集まっている部分を次の①、②のようにするためには、虫めがねを㋐、㋑どちらの向きに動かしますか。

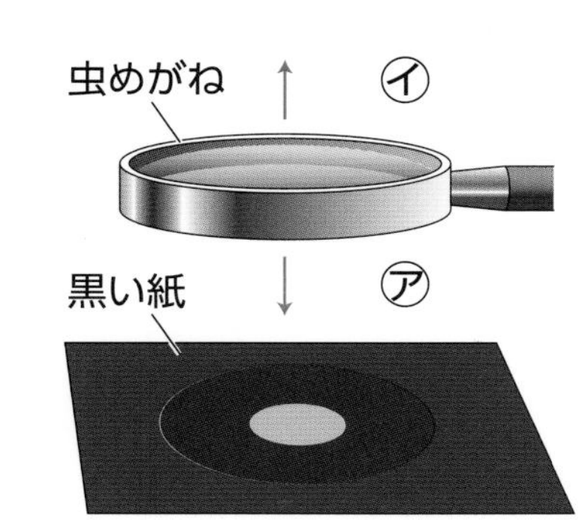

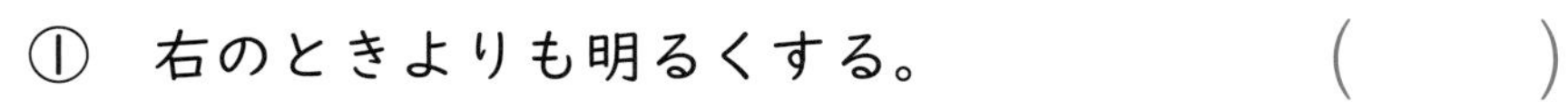

①　右のときよりも明るくする。（　　）

②　右のときよりもあたたかくする。（　　）

できたらスゴイ！

4 虫めがねで日光を集め、集めた光を黒い紙に当てます。

1つ5点、(4)はぜんぶできて5点（30点）

(1) 虫めがねで太陽を見てはいけない理由を、せつめいしましょう。

（　　　　　　　　　　　　　　　　　　　　）

(2) 光が集まっている部分の温度について、正しいものに○をつけましょう。

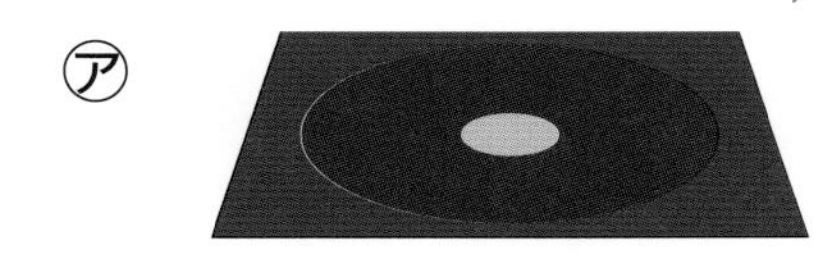

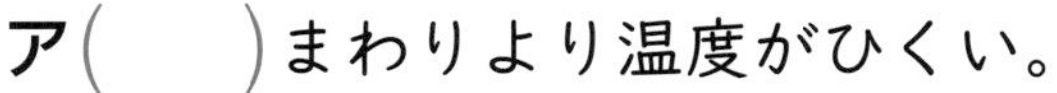

ア（　　）まわりより温度がひくい。

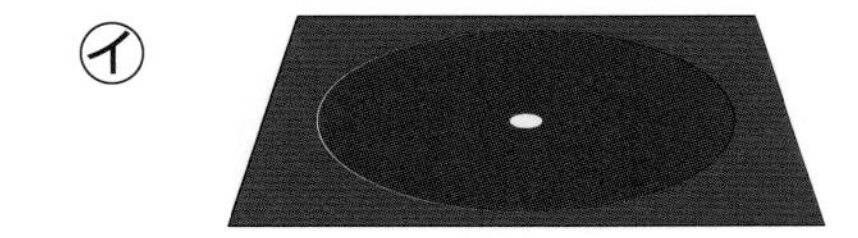

イ（　　）まわりより温度が高い。

ウ（　　）まわりの温度と同じ。

(3) 虫めがねを紙の近くから少しずつはなしていきます。虫めがねと紙とのきょりがいちばん遠いのは、㋐〜㋓のどのときですか。（　　）

(4) 光が集まっている部分が明るいものからじゅんに、㋐〜㋓をならべましょう。

（　　→　　→　　→　　）

(5) 光がいちばんたくさん集まっているのは、㋐〜㋓のどれですか。（　　）

(6) 記述 (5)で答えたいちで、虫めがねをしばらく動かさないでおくと、黒い紙はどうなりますか。

思考・表現

（　　　　　　　　　　　　　　　　　　　　）

ふりかえり　3がわからないときは、46ページの2にもどってかくにんしよう。

3分でまとめ

8. 音

①音が出ているとき
②音がつたわるとき

学習日　月　日

めあて
音が出ているものの様子(ようす)や、音のつたわり方をかくにんしよう。

教科書 121〜128ページ　答え 26ページ

下の(　)にあてはまる言葉(ことば)を書くか、あてはまるものを○でかこもう。

1 音が出ているもののふるえ方を調(しら)べよう。　教科書 120〜124ページ

▶がっきを使(つか)うとき、がっきをうって音を(① 出し・止め)、がっきを手でさわって音を(② 出す・止める)。

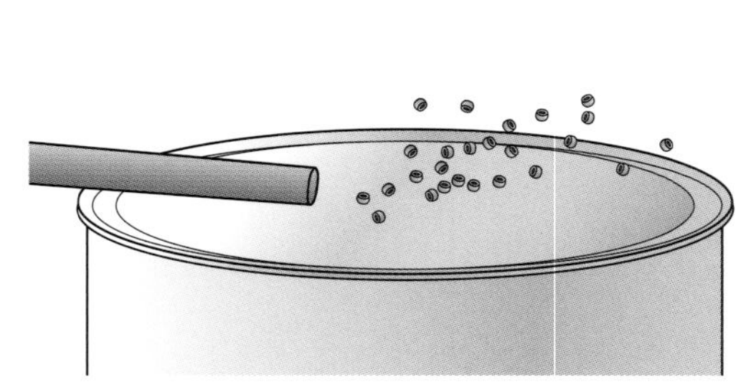

▶木のぼうでかんを弱くたたいて(③ 小さい・大きい)音を出すと、ビーズは(④ 小さく・大きく)動(うご)く。

▶木のぼうでかんを強くたたいて(⑤ 小さい・大きい)音を出すと、ビーズは(⑥ 小さく・大きく)動く。

2 糸電話で音がつたわるときの、紙コップのふるえ方を調べよう。　教科書 126〜128ページ

▶糸電話は、音を(①　　　)る。

▶話すほうの紙コップに口をつけて声を出し、聞くほうの紙コップのビーズを見るとビーズは動いて(② いない・いる)から、ふるえはつたわったと(③ いえない・いえる)。

▶音がものをつたわるとき、ものは(④　　　)いて、大きい音がつたわるときは、音をつたえるもののふるえが(⑤ 小さく・大きく)なる。

①小さい音を出したときは、音が出ているもののふるえが小さく、大きい音を出したときは、ふるえが大きくなる。
②糸電話では、音がつたわるとき、話すほうの紙コップのふるえが聞くほうの紙コップにつたわる。

ふだんは空気が音(声)をつたえますが、うちゅうでは空気がないから音がつたわりません。

学習日　月　日

8. 音

①音が出ているとき
②音がつたわるとき

教科書 121～128ページ　答え 26ページ

1 かんを使って、音が出ているものの様子を調べました。

⑴ 音が出ているかんを、手でそっとふれると、どんな感じがしますか。正しいほうに○をつけましょう。

ア（　　）ふるえている。
イ（　　）止まっている。

⑵ 音が出ているかんを、指でしっかりとつかみました。音はどうなりますか。（　　　　　　）

⑶ かんのたたき方をかえて、音の大きさをかえてみたところ、下の表のようになりました。①、②に入るものを**ア**～**ウ**の中からえらび、記号を書きましょう。

ア　止まっている。
イ　ふるえが小さい。
ウ　ふるえが大きい。

音の大きさ	かんのふるえ
大きい音	①
小さい音	②

①（　　）　②（　　）

⑷ 小さい音を出すときは、かんをたたく強さをどのようにかえればよいでしょうか。正しいほうに○をつけましょう。

ア（　　）強くかんをたたく。
イ（　　）弱くかんをたたく。

2 糸電話を使って、音をつたえるものの様子を調べました。

⑴ 声を出すと、話すほうの紙コップのそこはどうなっていますか。

（　　　　　　）

⑵ ⑴のとき、聞くほうの紙コップのそこはどうなっていますか。

（　　　　　　）

⑶ 紙コップのそこにビーズをのせ、大きな声を出したときビーズの動きはどうなりましたか。正しいほうに○をつけましょう。

ア（　　）動きは大きくなった。
イ（　　）動きは小さくなった。

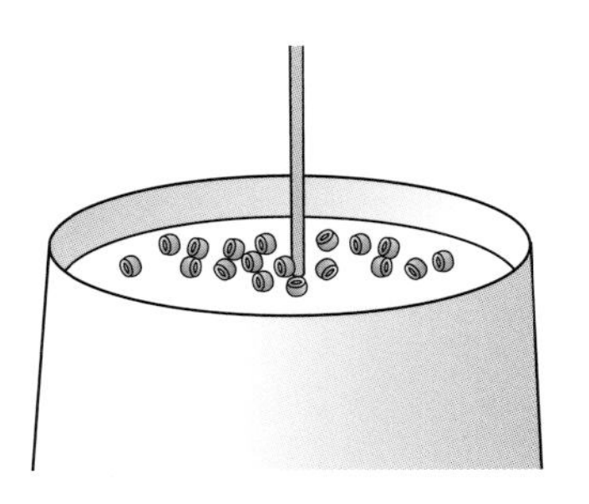

ヒント 2 ⑶音が大きいほど、ふるえは大きくなります。

8. 音

時間 30 分
／100
合格 70 点

教科書 120～131ページ　答え 27ページ

よく出る

1 いろいろながっきを使(つか)って、音が出ているものの様子(ようす)を調(しら)べました。

1つ6点(24点)

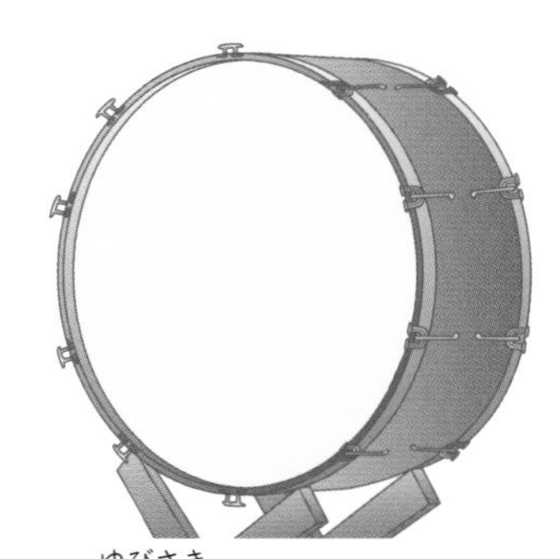
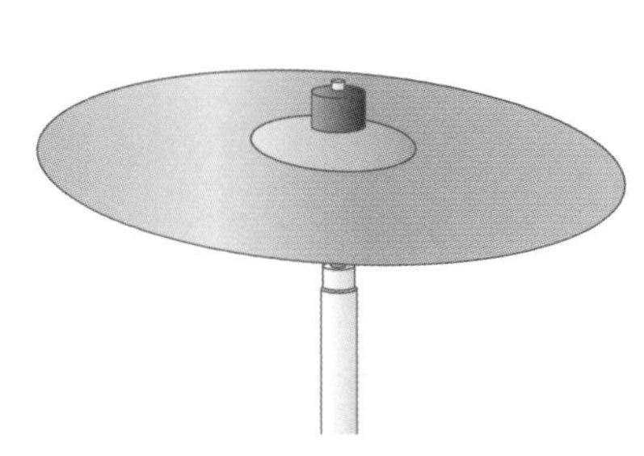

(1) シンバルをたたいて音を出し、指先(ゆびさき)でそっとふれてみました。シンバルはどのような様子ですか。
(　　　　　　)

(2) 小だいこ、大だいこ、シンバルのうち、小だいこと大だいこの音だけが聞こえたとき、それぞれのがっきはふるえていますか、ふるえていませんか。

小だいこ(　　　　　)　大だいこ(　　　　　)
シンバル(　　　　　)

2 小だいこ、大だいこ、シンバルを使って、音の大きさをかえたときの音が出ているものの様子を調べました。

(1)、(2)は1つ6点、(3)はぜんぶできて10点(34点)

(1) 大だいこをたたいて音を出して指先でそっとふれました。音が聞こえなくなったあと、もう1回たたいて音を出して指先でそっとふれたところ、ふるえが小さいと感(かん)じました。2回目にたたいたときに聞こえた音は、1回目の音より大きいですか、小さいですか。
(　　　　　　)

(2) それぞれのがっきについて、2回音を出して、音の大きさをくらべました。小だいこは1回目より音が大きく、シンバルと大だいこは1回目より音が小さくなりました。それぞれのがっきのふるえは、1回目とくらべて大きいですか、小さいですか。

小だいこ(　　　　　)　大だいこ(　　　　　)
シンバル(　　　　　)

(3) 音の大きさと音が出ているものの様子について、(　　)にあてはまる言葉(ことば)を書きましょう。

小さい音はふるえが(　　　　　　)。一方、大きい音はふるえが(　　　　　　)。

3 身（み）のまわりのものを使って、音がつたわるときの様子を調べました。 1つ6点（18点）

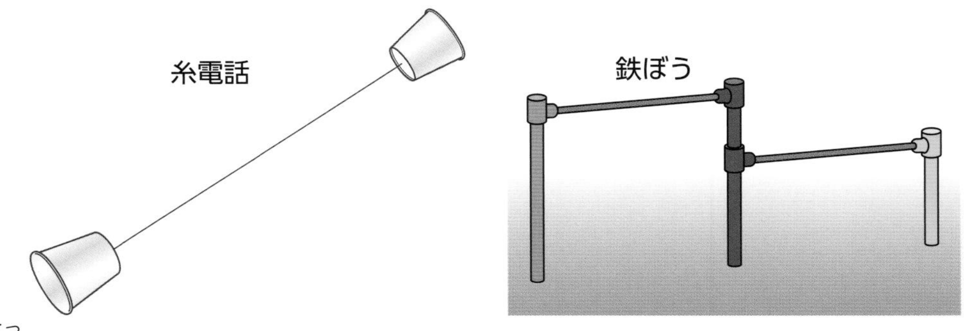

(1) 鉄（てつ）ぼうをたたき、たたいたところからはなれたところに耳をつけると、音が聞こえました。このとき、鉄ぼうはふるえていますか、ふるえていませんか。

（　　　　　　　　）

(2) 糸電話で話しているときに糸にそっとふれると、糸はどのような様子ですか。

（　　　　　　　　）

(3) 糸電話で話しているときに、糸をつまみました。音はどうなりますか。

（　　　　　　　　）

できたらスゴイ！

4 がっきを使ってえんそうをしました。正しいものには○を、正しくないものには×をつけましょう。

思考・表現 1つ6点（24点）

たいこの音をだんだん大きくしたいから、たたく強さをだんだん弱くしたよ。

①（　　）

はじめの音より2回目の音のほうが大きかったよ。はじめの音のほうが、ふるえが小さいということだね。

②（　　）

シンバルはかたいから、音が出ている間もふるえていないね。

③（　　）

トライアングルの音をすぐに止めたいから、指先でつまんだよ。

④（　　）

ふりかえり 1がわからないときは、50ページの1にもどってかくにんしましょう。

9. ものの重さ

①形をかえたものの重さ

めあて
ものの形がちがうと重さはどうなるのか、かくにんしよう。

教科書 133～136、182ページ　答え 28ページ

下の（　）にあてはまる言葉を書くか、あてはまるものを○でかこもう。

1 ものの形をかえて、重さを調べよう。

教科書 132～136、182ページ

▶キッチンスケールの使い方

- はかりを（①　　　　　）ところにおいて、電げんを入れる。
- 紙をしいたり、ようきに入れたりして重さをはかるときは、紙やようきを（②　のせてから・のせる前に　）、ゼロひょうじボタンをおして、ひょうじを「（③　　　　　）」にする。
- 調べるものをしずかにのせて、ひょうじを読む。

▶はかりを使うと、ものの（④　　　　　）を数字で表すことができる。

▶重さは、（⑤　　　　　）（記号g）や（⑥　　　　　）（記号kg）というたんいで表す。

▶ねんどで重さを調べる

- 形をかえる前の四角い形のねんどは64gであった。
- 形をかえたあとのねんどの重さは表のようになる。

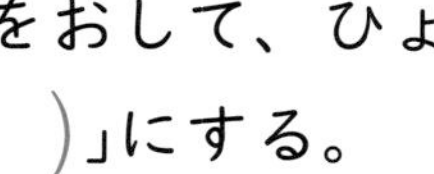
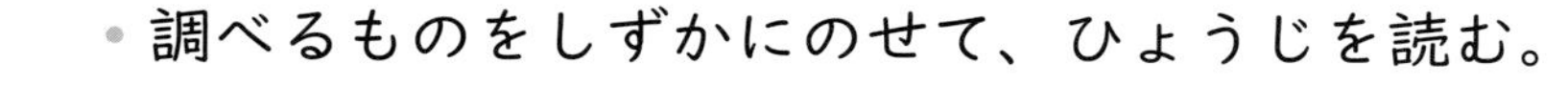

形をかえる前

四角い形

形をかえたあと

平らな形

細長い形

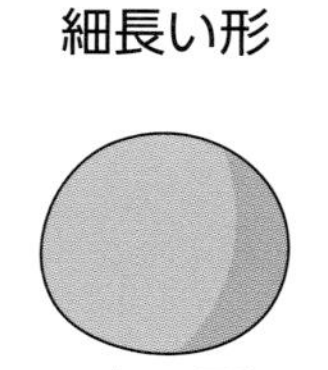

丸い形

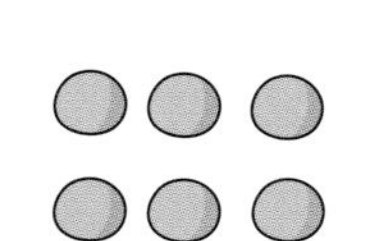

いくつかに分ける

かえる前		かえたあと	
形	重さ	形	重さ
（四角い形）	64g	（平らな形）	64g
		（細長い形）	64g
		（丸い形）	64g
		（いくつかに分けた形）	64g

- ねんどの形をかえたとき、ねんどの重さは（⑦　かわる・かわらない　）。
- ねんどをいくつかに分けたとき、全体の重さは（⑧　かわる・かわらない　）。
- ものは、形をかえたとき、重さは（⑨　かわる・かわらない　）。

▶新聞紙で重さを調べる

- ねんどと同じようにして、新聞紙の形をかえる前とかえたあとの重さを調べる。

▶形をかえても、ものの重さは（⑩　かわる・かわらない　）。

①形をかえても、ものの重さはかわらない。

体重計にのるとき、立ったりすわったり、のり方をかえても、体重計がしめすあたいはかわりません。

9. ものの重さ

①形をかえたものの重さ

1 はかりを使って、ねんどの重さをはかります。

(1) 右のはかりを何といいますか。

(　　　　　　　　)

(2) このはかりはどのようなところにおいて使いますか。

(　　　　　　　　)

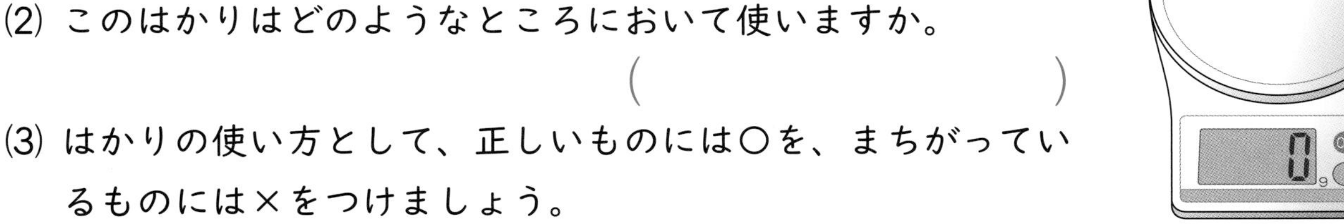

(3) はかりの使い方として、正しいものには○を、まちがっているものには×をつけましょう。

ア(　　)紙をのせる前に、ゼロひょうじボタンをおして、ひょうじを「0」にする。

イ(　　)紙をのせてから、ゼロひょうじボタンをおして、ひょうじを「0」にする。

ウ(　　)決められた重さよりも重いとわかっているものはのせない。

エ(　　)決められた重さよりも軽いとわかっているものはのせない。

(4) 重さのたんいには 1g や 1kg があります。1kg は何gですか。

(　　　　)

2 四角いねんどの重さをはかると 600g でした。このねんどの形をかえて、重さをはかります。

(1) ㋐～㋒のねんどの重さはどうなりますか。下の①～③からえらび、番号で書きましょう。

㋐(　　)

㋑(　　)

㋒(　　)

① 600g

② 600gより重い。

③ 600gより軽い。

(2) このねんどを5つに分けると、全体の重さはどうなりますか。(1)の①～③からえらび、番号で書きましょう。

(　　)

ねんど

600g

㋐　㋑　㋒

ヒント 2 ものの形がかわっても、重さはかわりません。

9. ものの重さ

②体積が同じものの重さ

学習日　月　日

めあて
もののしゅるいがちがうと重さはどうなるのか、かくにんしよう。

教科書 137〜140ページ　答え 29ページ

下の(　)にあてはまる言葉を書くか、あてはまるものを○でかこもう。

1 体積が同じで、しゅるいがちがうものの重さを調べよう。 教科書 137〜140ページ

- てんびんは、ものの(①　　　　)をくらべる道具である。
- てんびんの左右の皿にものをのせると、重いほうが(② 下がって・上がって)かたむく。
- 左右の皿にのせたものの重さが同じときは、はりが左右に同じようにふれ、やがて(③　　　　)をさしてとまる。このとき、「(④　　　　)」という。

皿　はり　皿

▶ものの大きさのことを(⑤　　　　)という。

▶同じ体積の木と鉄を手に持つと、(⑥　　　　)のほうが重く感じる。

▶同じ体積の木と鉄の重さをキッチンスケールではかると、木は(⑦ 12g・188g)、鉄は(⑧ 12g・188g)である。

▶同じ体積で、しゅるいがちがう鉄、アルミニウム、ゴム、木、プラスチックの重さをくらべると、下のようになる。

鉄　アルミニウム　ゴム　プラスチック　木

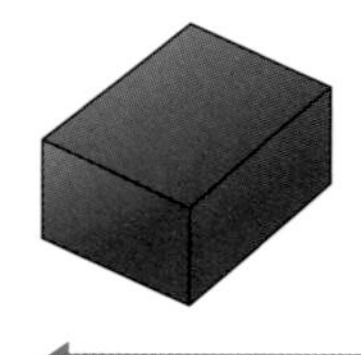
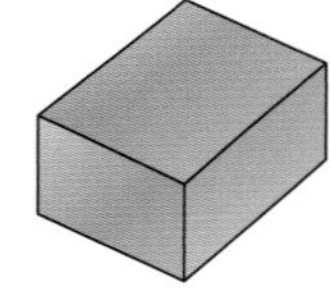
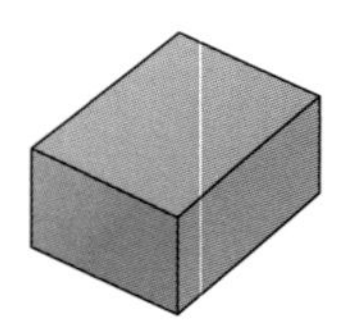
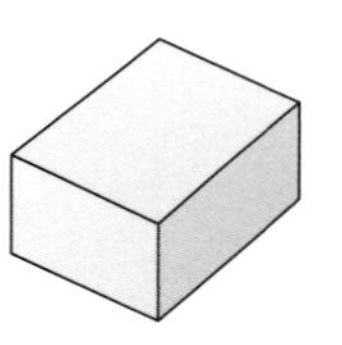

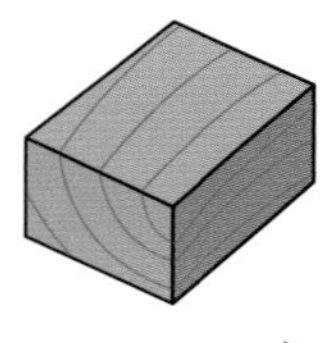

(⑨　　　　)　　(⑩　　　　)

▶体積が同じときのものの重さは、もののしゅるいによって(⑪ ちがう・かわらない)。

左の⑨・⑩には「重い」「軽い」のどちらかを書きましょう。

ここが、だいじ！
①ものの大きさのことを体積という。
②体積が同じでも、しゅるいがちがうと、ものの重さはちがう。

同じ体積でも、ものによって重さがちがうことをりようして、ものを見分けることができます。

学習日　　月　　日

9. ものの重さ

②体積が同じものの重さ

教科書 137～140ページ　答え 29ページ

1 たて、横、高さが同じ鉄、ゴム、木の重さをキッチンスケールで調べました。

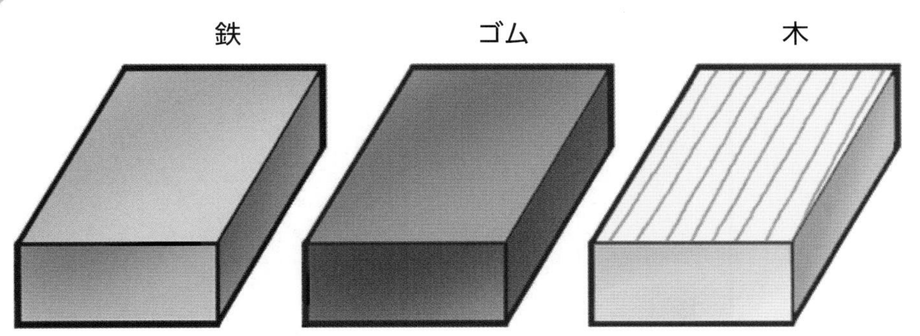

調べたもの	重さ
①	300g
②	20g
③	65g

(1) 鉄、ゴム、木の体積はどのようになっていますか。正しいほうに○をつけましょう。

ア(　　)体積は同じである。　　**イ**(　　)体積は3つともちがう。

(2) 表の①～③には、鉄、ゴム、木のどれが入りますか。

①(　　　)　②(　　　)　③(　　　)

(3) 鉄と体積が同じアルミニウムの重さを調べました。正しいものに○をつけましょう。

ア(　　)鉄と同じ重さになる。

イ(　　)鉄よりも軽くなる。

ウ(　　)鉄より重くなる。

2 てんびんを使って、同じ体積のねんど、木、鉄の重さをくらべました。

(1) ねんどと木では、どちらのほうが重いですか。

(　　　　)

(2) 鉄とねんどでは、どちらのほうが重いですか。

(　　　　)

(3) 鉄と木では、どちらのほうが重いですか。

(　　　　)

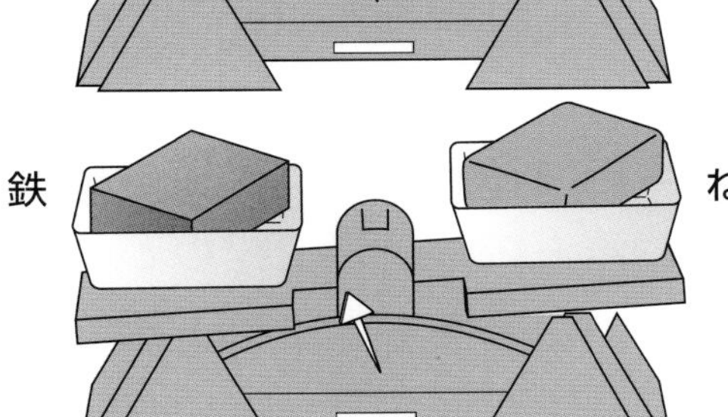

ヒント ❶ しゅるいがちがうと、同じ体積でも重さはちがいます。

9. ものの重さ

時間 30 分

/100

合格 70 点

教科書 132～143、182ページ　答え 30ページ

よく出る

1 ねんどの形をかえたり、分けたりして、重さを調べます。

1つ7点、(3)はぜんぶできて8点(22点)

(1) 1kgは何gですか。

(　　　　　)

(2) 元のねんどの重さをはかると、ひょうじは500になりました。ねんどの重さは何gですか。

(　　　　　)

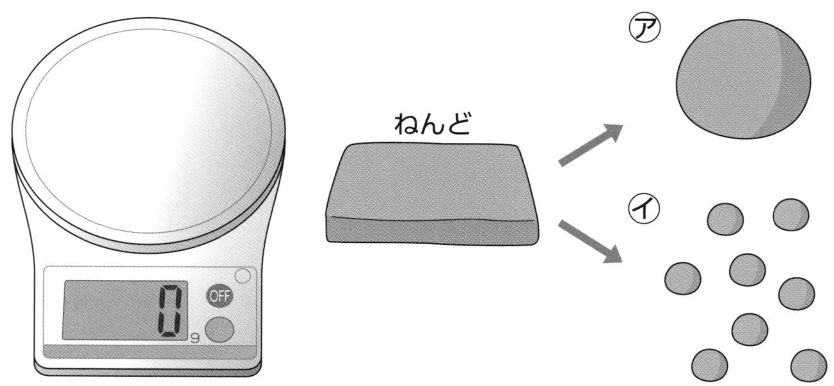

(3) 元のねんどを㋐のように丸くしたり、㋑のようにいくつかに分けたりして重さを調べました。正しいものを、次の①～③からえらび、番号を書きましょう。

㋐(　　　)　㋑(　　　)

① 元のねんどよりも重くなる。
② 元のねんどよりも軽くなる。
③ 元のねんどと同じ重さになる。

よく出る

2 同じ体積の鉄、アルミニウム、プラスチックの重さを調べます。

1つ7点、(3)はぜんぶできて8点(22点)

(1) 体積とは、ものの何のことですか。

(　　　　　)

(2) 手で持ったとき、いちばん軽く感じるものは、㋐～㋒のどれですか。記号を書きましょう。

(　　　)

(3) はかりを使って、重さをはかりました。重いじゅんに記号をならべましょう。

(　　→　　→　　)

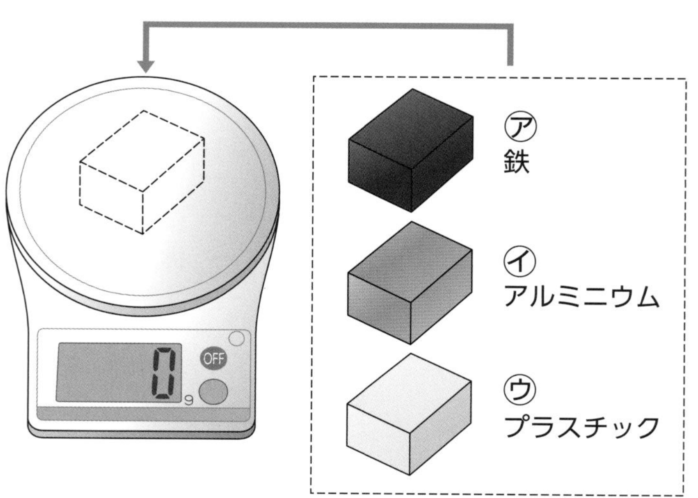

この本の終わりにある「冬のチャレンジテスト」をやってみよう！

3 同じ体積の５しゅるいのものの重さを調べました。

(1)はぜんぶできて10点、(2)は1つ7点(24点)

鉄
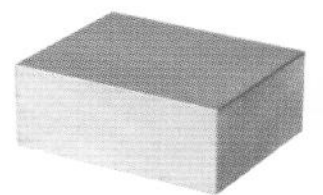
アルミニウム

ゴム

木

プラスチック

もののしゅるい	重さ(g)
鉄	312
アルミニウム	107
ゴム	65
木	18
プラスチック	38

(1) ５しゅるいのものについて、軽いものからじゅんにならべましょう。

(　　　　) → (　　　　)
→ (　　　　) → (　　　　)
→ (　　　　)

(2) (1)と同じ体積の金ぞくが２つありました。**ア**は355g、**イ**は312gでした。**ア**、**イ**にあてはまるのは、下の①～③のどれですか。記号で答えましょう。

①鉄　　②アルミニウム　　③鉄でもアルミニウムでもない

ア(　　)　**イ**(　　)

できたらスゴイ！

4 ものの形や体積と重さについて、正しいものには○を、正しくないものには×をつけましょう。

1つ8点(32点)

１つ10gのブロックが３つ集(あつ)まったら、30gになるよね。

①(　　)

アルミニウムはくを丸めると、軽くなるね。

②(　　)

２つの金ぞくのブロックがあるよ。体積は同じなので、重さが同じなら、同じしゅるいの金ぞくだとわかるね。

③(　　)

わたより鉄のほうが重く見えるから、５gの鉄のおもりと５gのわたでは、鉄のほうが重いのかな。

④(　　)

ふりかえり　1がわからないときは、54ページの1にもどってかくにんしましょう。

学習日　　月　　日

10. 電気の通り道

①明かりがつくつなぎ方

めあて
電気で明かりがつくときのつなぎ方をかくにんしよう。

教科書 145〜149ページ　答え 31ページ

下の(　)にあてはまる言葉を書くか、あてはまるものを○でかこもう。

1 豆電球とかん電池をつないで、明かりをつけよう。

教科書 144〜149ページ

▶ かいちゅう電とうは、電球と(⑥　　　)によって、明かりをつけている。

▶ かん電池の出っぱりのあるほうを(⑦　　　)、平らなほうを(⑧　　　)という。

▶ かん電池の＋きょく、豆電球、かん電池の(⑨　＋きょく・－きょく　)を、１つのわのように(⑩　　　)でつなぐと、豆電球の明かりがつく。

▶ このようにつないでできた電気の通り道を(⑪　　　)という。

▶ 豆電球の中には(⑫　　　)の通り道がある。

▶ できた回路に(⑬　　　)が通っていると、豆電球に明かりがつく。

(①　　　)
豆電球
赤
黒
(②　　　)
(③　　　)
＋
－
(④　　　)
(⑤　　　)

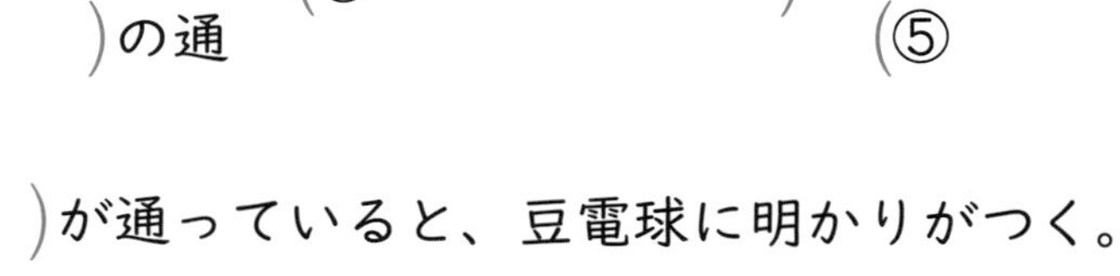

・回路が(⑭　　　)いると、電気は通らない。

豆電球の中の(⑮　　　)が切れていると、電気が通らない。

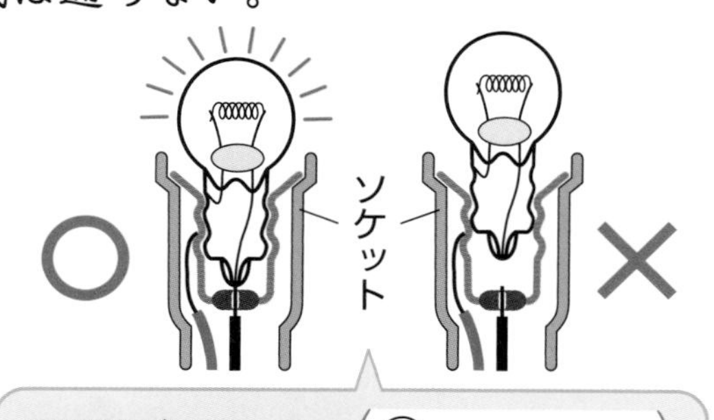

豆電球がゆるんで、(⑯　　　)があると、電気が通らない。

①かん電池の＋きょく、豆電球、かん電池の－きょくをどう線で１つのわのようにつなぐと、回路ができる。

豆電球とかん電池をつないだ回路は、どう線が長くなっても電気の通り道ができているので明かりがつきます。

10. 電気の通り道

①明かりがつくつなぎ方

教科書 145〜149ページ 答え 31ページ

1 豆電球とかん電池を使って、明かりをつけます。

(1) ㋐、㋑を何といいますか。

㋐(　　　　　　　)

㋑(　　　　　　　)

(2) かん電池の㋒、㋓の部分を何といいますか。

㋒(　　　　　　　)

㋓(　　　　　　　)

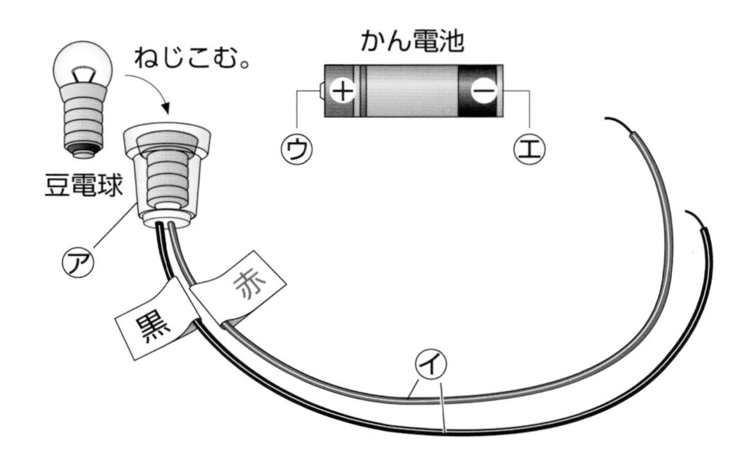

2 豆電球とかん電池をどう線でつなぎ、明かりがつくかどうか調べます。

(1) 豆電球に明かりがつくものには○、明かりがつかないものには×をつけましょう。

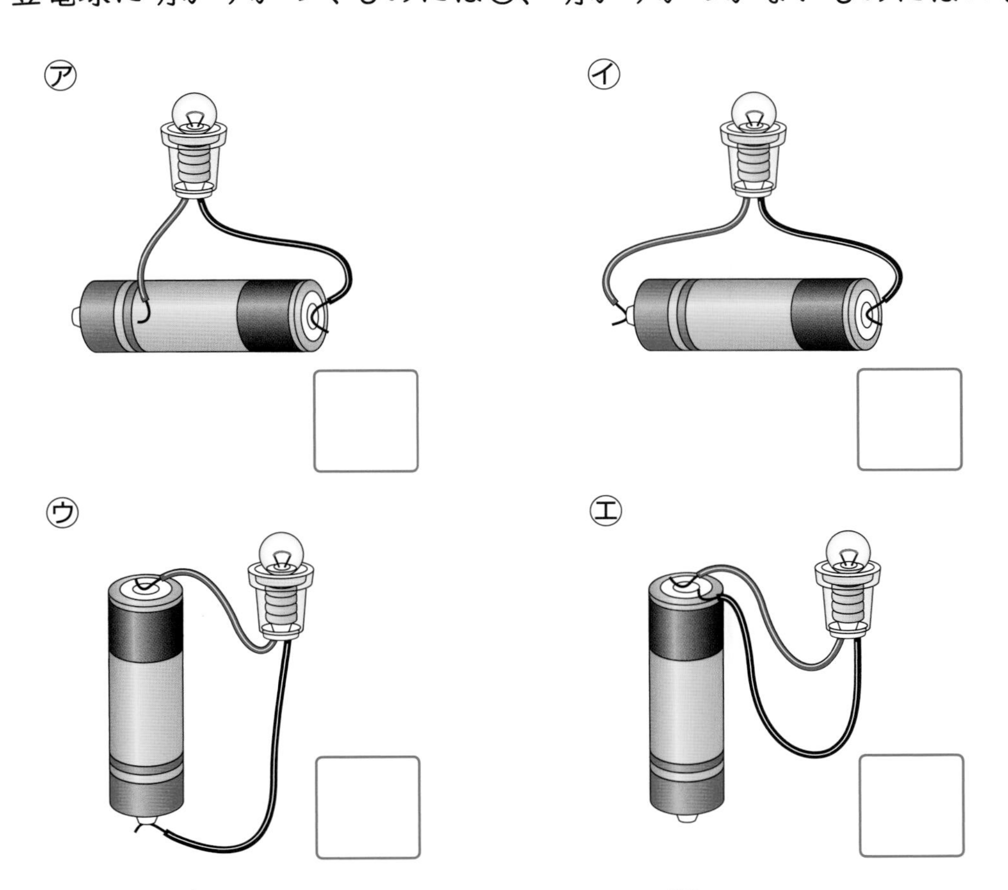

(2) かん電池の＋きょく、豆電球、かん電池の－きょくを、１つのわのようにどう線でつないだものを何といいますか。(　　　　　　　)

ヒント ❷ (1)どう線がかん電池のどこにつながっているかに注目しよう。

ぴったり1 じゅんび

10. 電気の通り道

②電気を通すもの・通さないもの

学習日　月　日

めあて
電気を通すものと、電気を通さないものをかくにんしよう。

教科書 150〜156ページ　答え 32ページ

下の(　)にあてはまる言葉を書くか、あてはまるものを○でかこもう。

1 回路のとちゅうにものをつないで、何が電気を通すか調べよう。 教科書 150〜153ページ

▶豆電球とかん電池をどう線でつないだ回路のとちゅうに、いろいろなものをつないで、電気を通すかどうかを調べる。

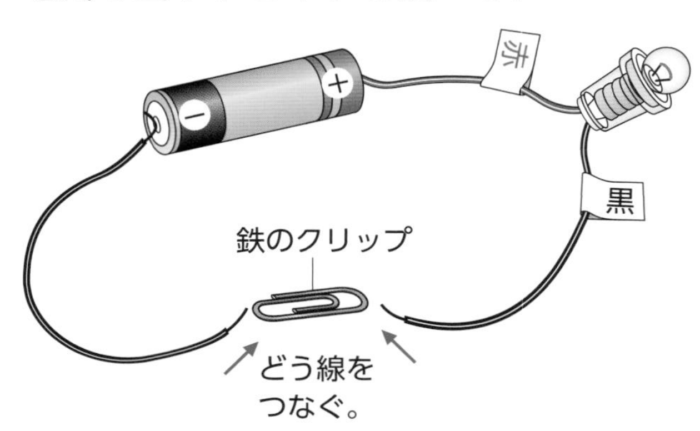

調べるもの	けっか
鉄のクリップ	(① 通す・通さない)
プラスチックのクリップ	(② 通す・通さない)
アルミニウムはく	(③ 通す・通さない)
わりばし	(④ 通す・通さない)
十円玉	(⑤ 通す・通さない)

▶鉄、アルミニウム、どうは、(⑥　　　　　)という。

▶(⑦ 金ぞく・プラスチック・紙)でできているものは、電気を通す。

2 かんの表面をけずって、電気を通すか調べよう。 教科書 154〜155ページ

▶スチールかんを回路のとちゅうにつないでも、電気を(① 通す・通さない)が、スチールかんの表面をけずった部分は電気を(② 通す・通さない)。

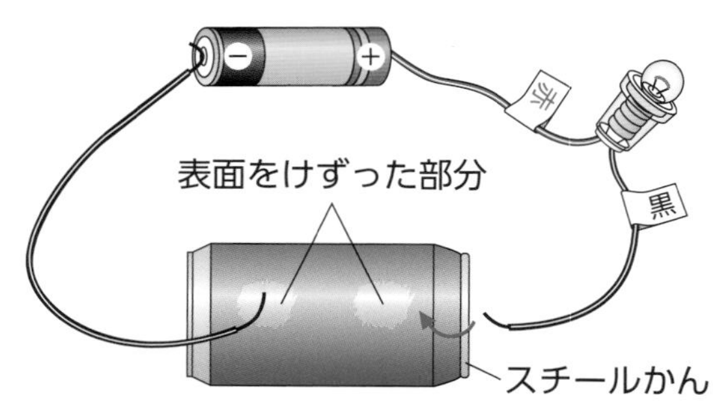

かんの表面にぬられているものは、電気を通さないんだね。

▶かんの表面をけずって金ぞくを出した部分を、回路のとちゅうにつなぐと、豆電球の明かりが(③ つく・つかない)。

ここがだいじ!
①金ぞくは電気を通すが、プラスチックや紙は電気を通さない。
②かんの表面をけずって金ぞくを出すと、電気を通すようになる。

電気を通しやすい金ぞくベスト3は、銀、どう、金です。

10. 電気の通り道

②電気を通すもの・通さないもの

教科書 150〜156ページ 答え 32ページ

1 豆電球(まめでんきゅう)とかん電池をどう線でつないだ回路(かいろ)のとちゅうに、いろいろなものをつないで、豆電球に明かりがつくかどうかを調(しら)べました。明かりがつくものには○を、明かりがつかないものには×をつけましょう。

㋐ 目玉クリップ　㋑ 消(け)しゴム　㋒ ガラスのコップ　㋓ 鉄(てつ)くぎ

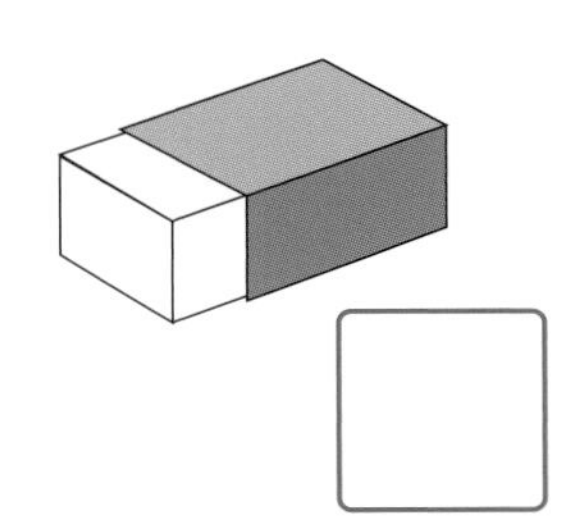

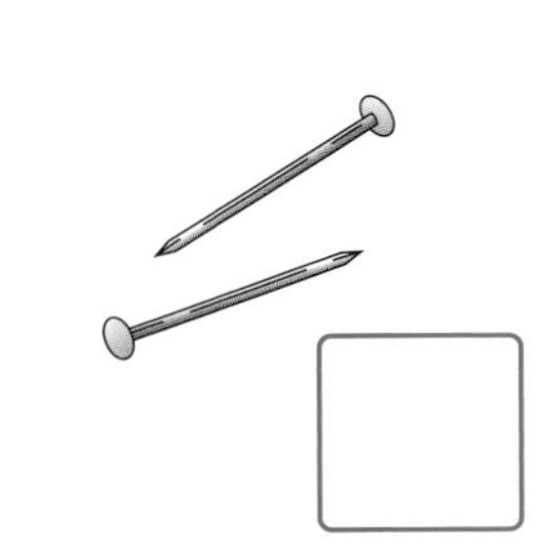

㋔ ビニルテープ　㋕ 紙　㋖ アルミニウムはく　㋗ 竹のものさし

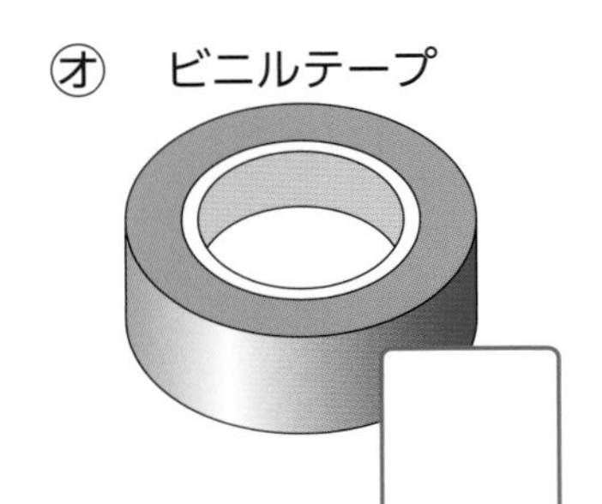
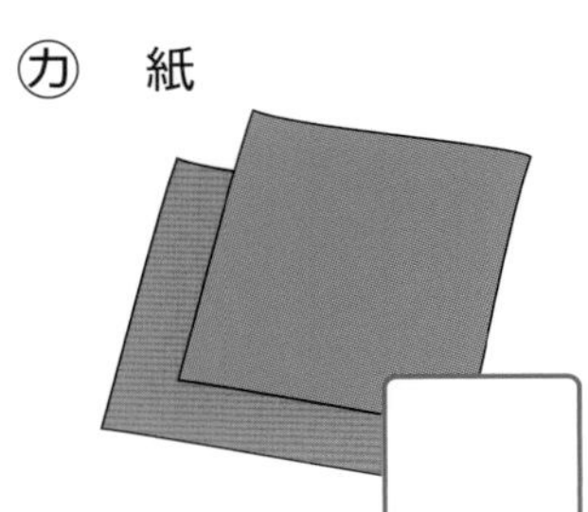

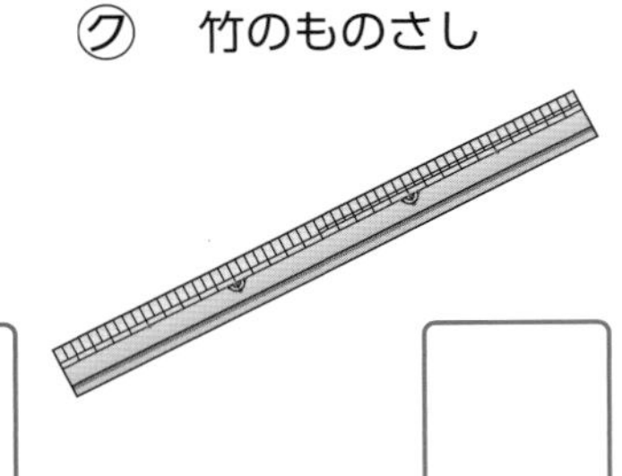

2 回路のとちゅうに、下の図のようにアルミかんをつなぎます。㋐はそのまま、㋑はかんの表面(ひょうめん)をけずって、金ぞくを出した部分(ぶぶん)にどう線をつなぎました。

(1) じっけんのけっかについて、正しいものに○をつけましょう。

ア(　　)どちらも明かりがつく。
イ(　　)㋐だけ明かりがつく。
ウ(　　)㋑だけ明かりがつく。
エ(　　)どちらも明かりがつかない。

(2) アルミかんの表面にぬられているものは、電気を通しますか。

(　　　　　　)

(3) どう線をおおっているビニルは、電気を通しますか。

(　　　　　　)

㋐

㋑

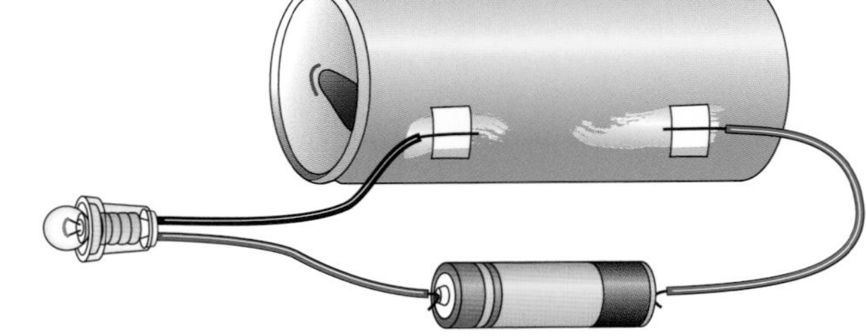

ヒント **1** 金ぞくでできるものは、電気を通します。

10. 電気の通り道

時間 30 分

/100

合格 70 点

教科書 144〜157ページ　答え 33ページ

よく出る

1 豆電球の明かりがつくものには○を、明かりがつかないものには×をつけましょう。

1つ5点(30点)

㋐

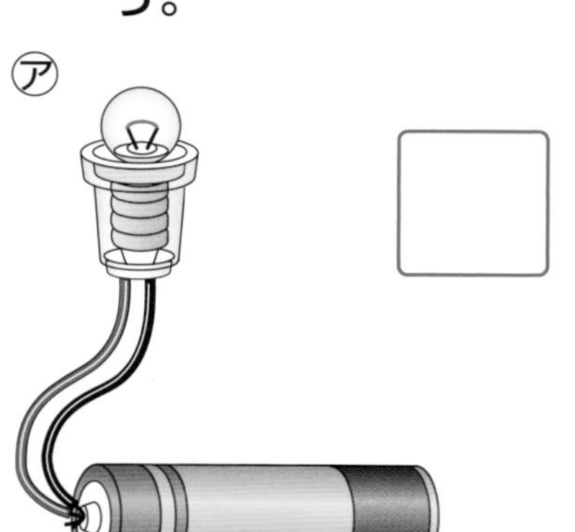

㋑

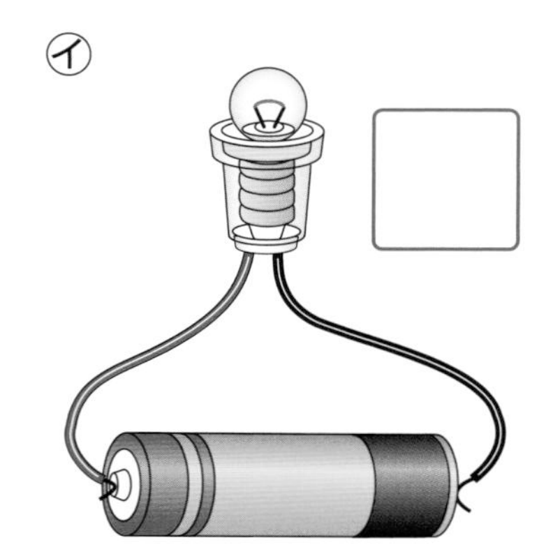

㋒

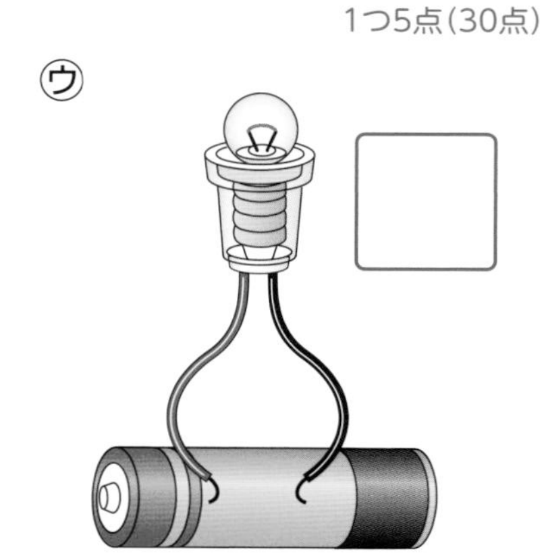

㋓

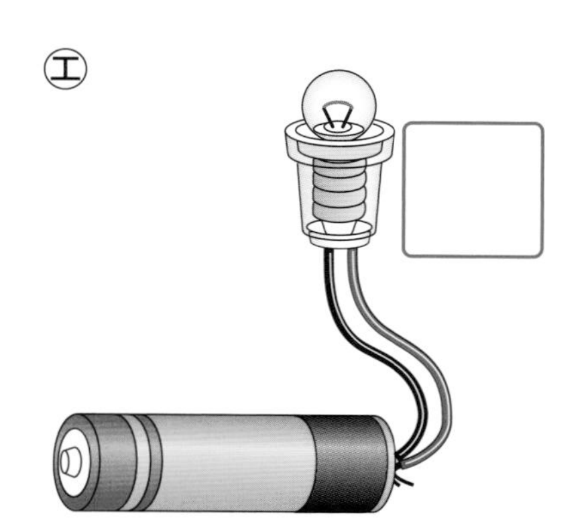

㋔

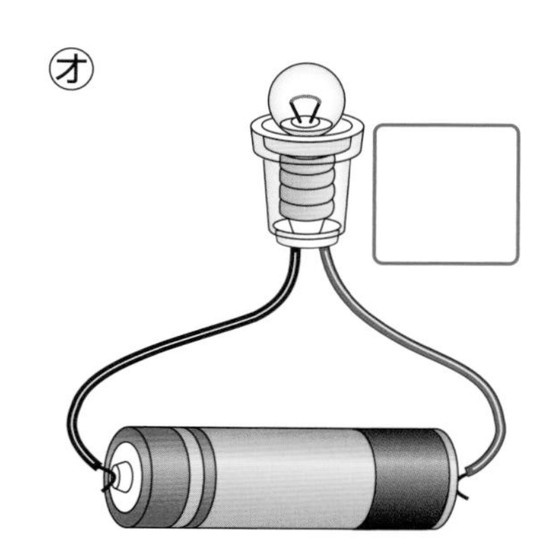

㋕

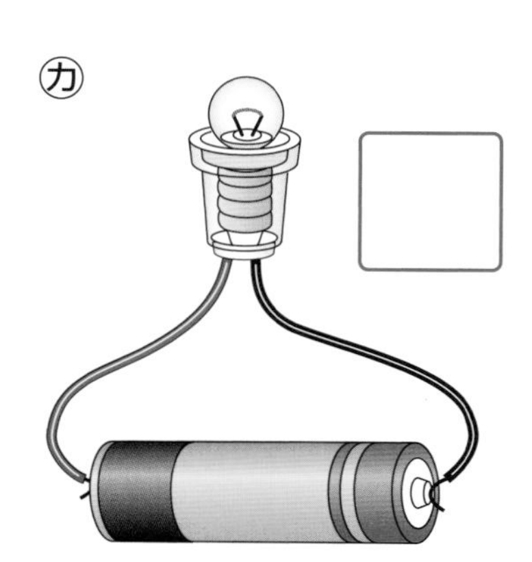

2 切るところが鉄、持つところがプラスチックのはさみに、どう線のあの部分をつないで、豆電球の明かりをつけます。

1つ15点(30点)

(1) あをはさみの㋐、㋑どちらにつなぐと、豆電球の明かりがつきますか。(　　)

(2) 記述 (1)のようになる理由を、[　　]の言葉を使ってせつめいしましょう。

思考・表現

(　　　　　　　　　　)

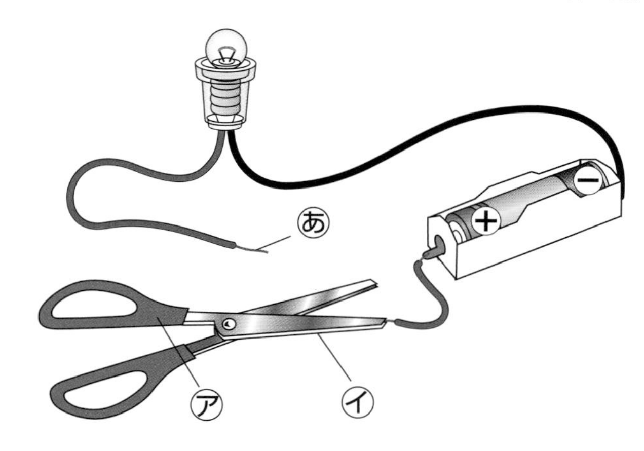

鉄	プラスチック	電気

3 回路のとちゅうにものをつないで、電気を通すかどうかを調べます。

1つ10点、(2)はぜんぶできて10点(20点)

(1) 作図 ねじ回しの持つところが電気を通すかどうかを調べるとき、どう線をどのようにつなぎますか。右の絵に書き入れましょう。 技能

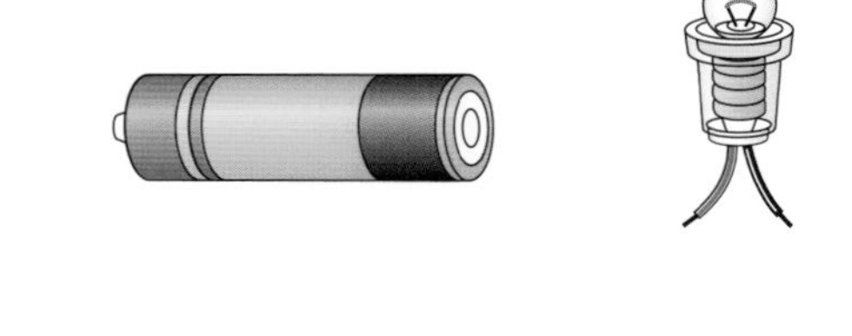

(2) 次の㋐～㋕を、ねじ回しのかわりに回路に入れます。明かりがつくものをぜんぶえらんで、○をつけましょう。

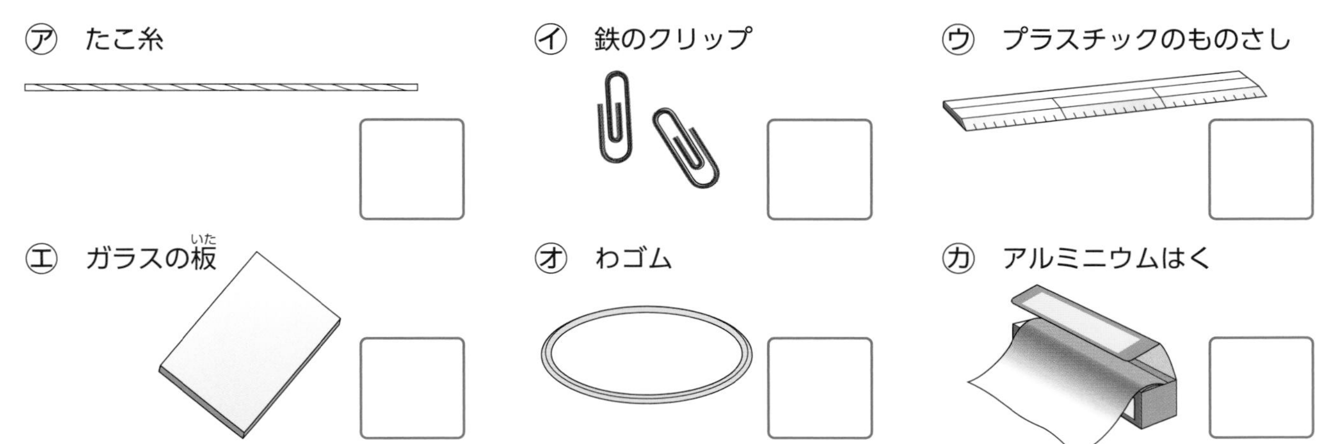

できたらスゴイ!

4 下の絵のように、アルミニウムはくにビニルテープをはったスイッチを回路につないで、豆電球の明かりのつき方を調べます。

1つ10点(20点)

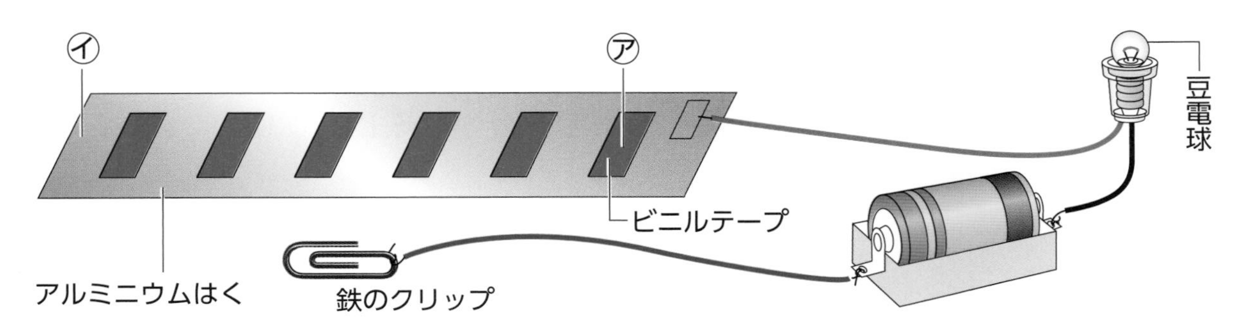

(1) 記述 鉄のクリップがビニルテープとアルミニウムはくにこうたいでふれるように、㋐から㋑までクリップをつけたまま動かすと、豆電球の明かりはどうなりますか。

(　　　　　　　　　　)

(2) 記述 (1)のようになる理由を、［　］の言葉を使ってせつめいしましょう。

(　　　　　　　　　　)

アルミニウムはく　ビニルテープ　電気　通す　通さない

ふりかえり 3がわからないときは、62ページの1にもどってかくにんしましょう。

学習日　　月　　日

11. じしゃく

①じしゃくにつくもの・つかないもの
②じしゃくと鉄(てつ)

めあて
じしゃくにつくものとじしゃくにつかないものをかくにんしよう。

教科書 159〜168ページ　答え 34ページ

下の(　)にあてはまる言葉(ことば)を書くか、あてはまるものを○でかこもう。

1 じしゃくをものに近づけて、つくかどうかを調(しら)べよう。 教科書 158〜163ページ

▶じしゃくをいろいろなものに近づけて、じしゃくにつくかどうかを調べる。

鉄のクリップ

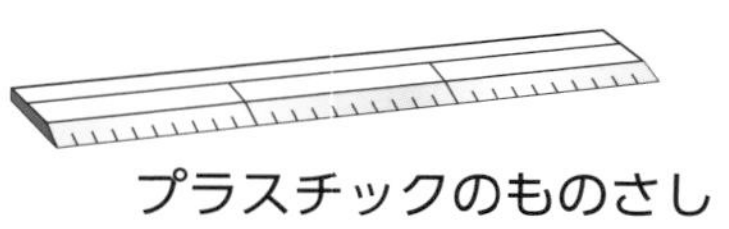
プラスチックのものさし

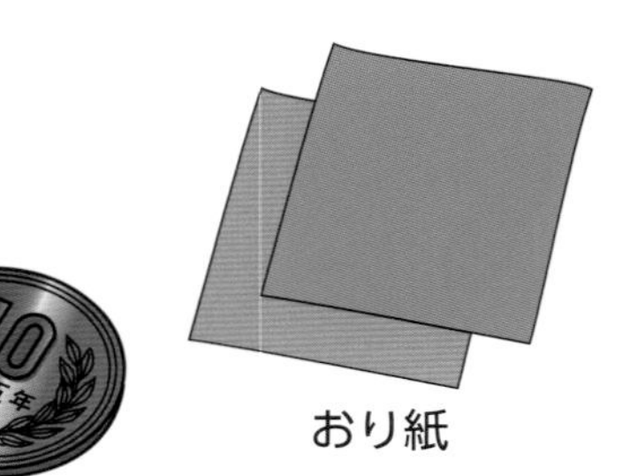
アルミニウムはく

十円玉
(どう)

おり紙

調べるもの	けっか
鉄のクリップ	(① つく・つかない)
プラスチックのものさし	(② つく・つかない)
アルミニウムはく	(③ つく・つかない)
おり紙	(④ つく・つかない)
十円玉	(⑤ つく・つかない)

▶(⑥　　)でできているものはじしゃくにつく。
▶プラスチックや紙でできているものは、じしゃくに(⑦ つく・つかない)。
▶アルミニウムやどうでできているものは、じしゃくに(⑧ つく・つかない)。

2 はなれていても、じしゃくは鉄を引きつけるだろうか。 教科書 164〜166ページ

▶じしゃくと鉄との間がはなれていても、じしゃくは鉄を(① 引きつける・引きつけない)。
▶糸につけた鉄のクリップに遠くからじしゃくを近づけると、じしゃくが鉄を引きつける力は(② 強くなる・弱くなる)。

3 じしゃくにつけると、鉄は、じしゃくになるだろうか。 教科書 167〜168ページ

▶鉄くぎをじしゃくのN(エヌ)きょくにしばらくつけてから、じしゃくからはなし、鉄のクリップに近づけると、鉄のクリップは引きつけられ(① る・ない)。
▶じしゃくについた鉄くぎは(②　　　　)になり、鉄を引きつける。

①鉄でできているものは、じしゃくにつく。
②はなれていても、じしゃくは、鉄を引きつける。
③じしゃくにつけると、鉄は、じしゃくになる。

すな場のすなの上にじしゃくをおいたときに、細かい黒いすな(さ鉄)がくっつくことがあります。

ぴったり2 練習

11. じしゃく

①じしゃくにつくもの・つかないもの
②じしゃくと鉄(てつ)

学習日　　月　　日

教科書 159〜168ページ　答え 34ページ

1 どんなものがじしゃくにつくかを調(しら)べます。じしゃくにつくものには○を、つかないものには×をつけましょう。

㋐ 鉄くぎ　㋑ アルミニウムはく　㋒ ガラスのコップ　㋓ 鉄のクリップ

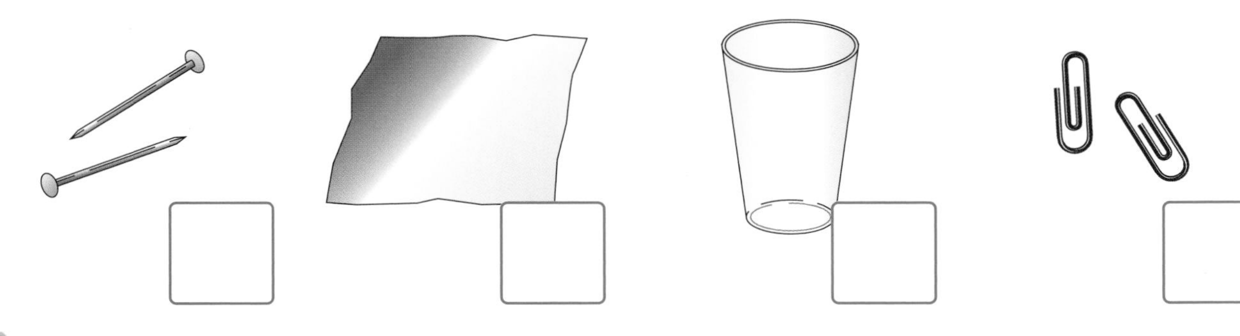

2 糸をつけた鉄のクリップに、遠くからじしゃくを近づけていきます。

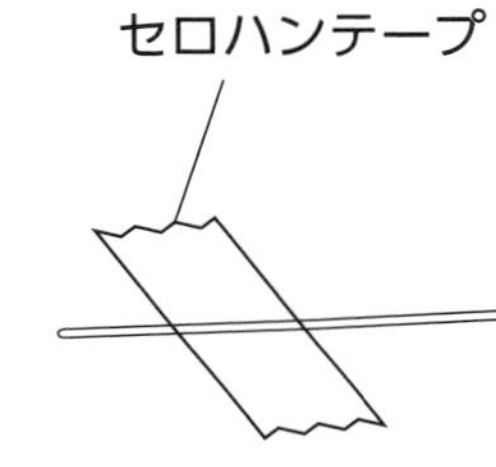

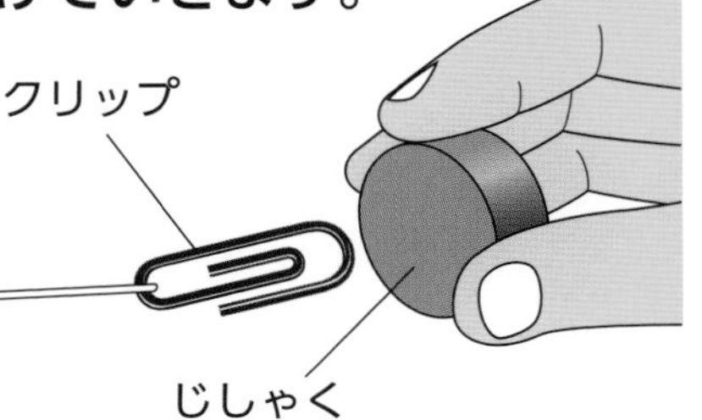

(1) じっけんのけっかについて、正しいものに○をつけましょう。
ア(　　)クリップは、じしゃくに引きつけられない。
イ(　　)じしゃくがクリップとはなれていると、クリップは引きつけられない。
ウ(　　)じしゃくがクリップとはなれていても、クリップは引きつけられる。

(2) じしゃくの力は、はなれていてもはたらきますか。　(　　　　　　)

3 じしゃくに、鉄のクリップをしばらくつけておきます。

(1) 鉄のクリップをじしゃくからはなすと、おたがいにくっついていた鉄のクリップはどうなりますか。正しいほうに○をつけましょう。
ア(　　)くっついたまま落(お)ちない。
イ(　　)鉄のクリップは落ちる。

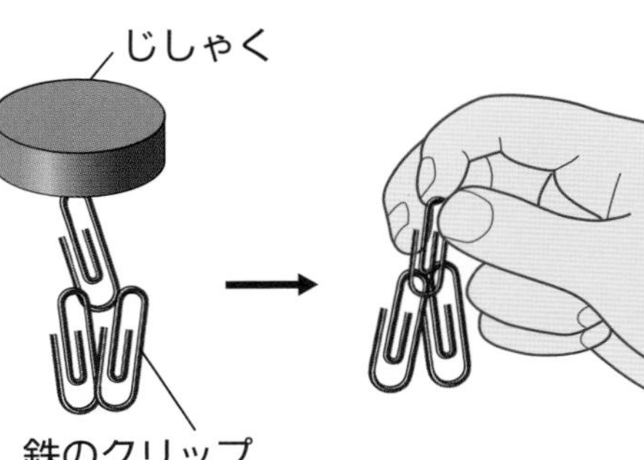

(2) 鉄のクリップにさ鉄を近づけました。正しいほうに○をつけましょう。
ア(　　)さ鉄は引きつけられる。
イ(　　)さ鉄は引きつけられない。

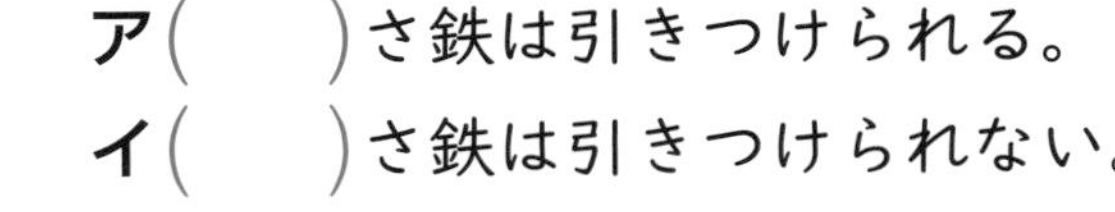

1 鉄でできているものは、じしゃくにつきます。

11. じしゃく

③じしゃくのきょく

学習日　　月　　日

めあて
じしゃくのきょくのせいしつをかくにんしよう。

教科書 169～171ページ　答え 35ページ

下の（　）にあてはまる言葉を書くか、あてはまるものを○でかこもう。

1 じしゃくのきょくどうしを近づけて、引きつけ合うかを調べる。 教科書 169～171ページ

▶ぼうじしゃくは、（① 真ん中・両はし　）に鉄がよくつく。

▶ぼうじしゃくのはしを（②　　　　）といい、（ ① ）には（③　　　　）と（④　　　　）がある。

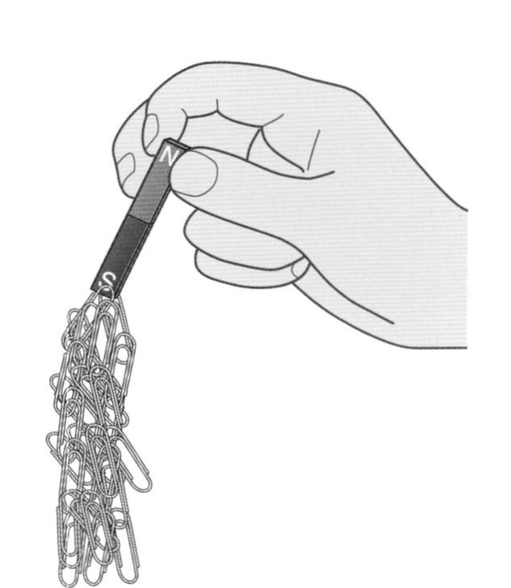

鉄をよく引きつける部分をさがして、じしゃくのきょくを見つけよう。

▶⑤～⑧に「引きつけ合う」または「しりぞけ合う」を書きましょう。

N　N
（⑤　　　　）

N　S
（⑥　　　　）

S　S
（⑦　　　　）

S　N
（⑧　　　　）

▶じしゃくを動きやすくすると、じしゃくのNきょくは（⑨　　）をさし、Sきょくは（⑩　　）をさす。

▶方位じしんは、はりが（⑪　　　　）でできていて、（ ⑪ ）の（⑫　　　）が北と南をさすことをりようして（⑬　　　）を調べる道具である。

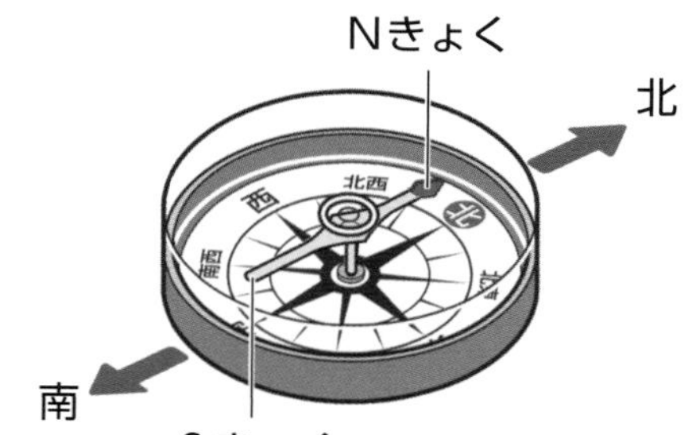

ここがだいじ！
①2つのじしゃくのきょくどうしを近づけると、ちがうきょくどうしは引きつけ合い、同じきょくどうしはしりぞけ合う。

じしゃくを切ると、一方のはしがNきょくに、もう一方のはしはSきょくになります。

11. じしゃく

③じしゃくのきょく

教科書 169～171ページ　答え 35ページ

1 ぼうじしゃくに鉄のゼムクリップを近づけて、よく引きつける部分を調べました。

(1) ゼムクリップはぼうじしゃくにどのようにつきますか。①～③の中から正しいものをえらび、記号を書きましょう。（　　）

①　②　③

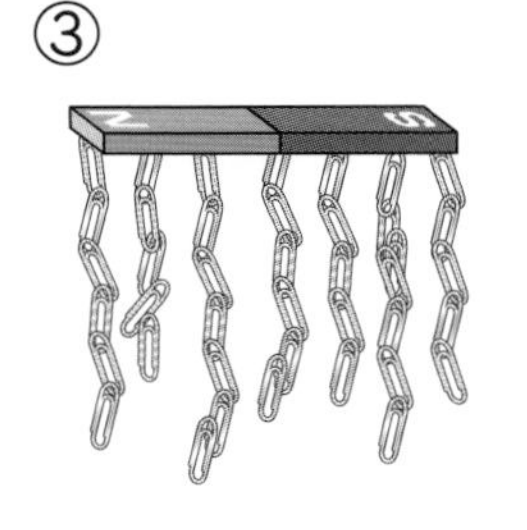

(2) ゼムクリップを強く引きつけているのは、ぼうじしゃくのどの部分ですか。正しいほうに○をつけましょう。

ア（　　）両はし　イ（　　）真ん中

(3) じしゃくがもっとも強く鉄を引きつけるところを何といいますか。

（　　　　　）

2 2つのじしゃくのきょくを近づけて、どうなるかを調べました。

(1) じしゃくが引きつけ合うものに○、しりぞけ合うものに×をつけましょう。

①（　）　②（　）　③（　）　④（　）

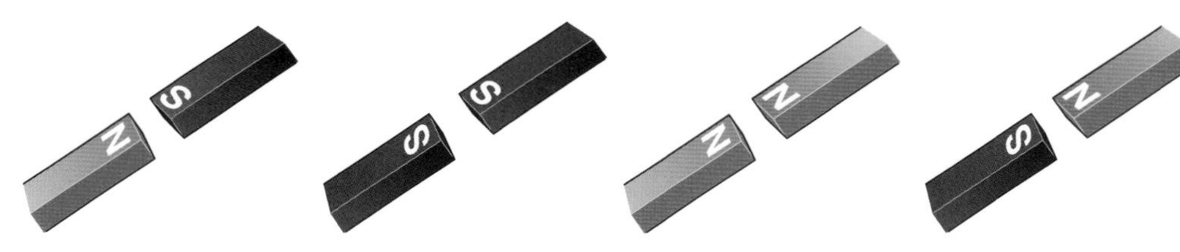

(2) 2つのじしゃくのきょくを近づけるとどうなりますか。（　）にあてはまる言葉を書きましょう。

- じしゃくの（　　　　）きょくどうしを近づけると引き合う。
- じしゃくの（　　　　）きょくどうしを近づけるとしりぞけ合う。

3 方位じしんはじしゃくのせいしつをりようしています。

①、②は何きょくか、書きましょう。

①（　　　　）

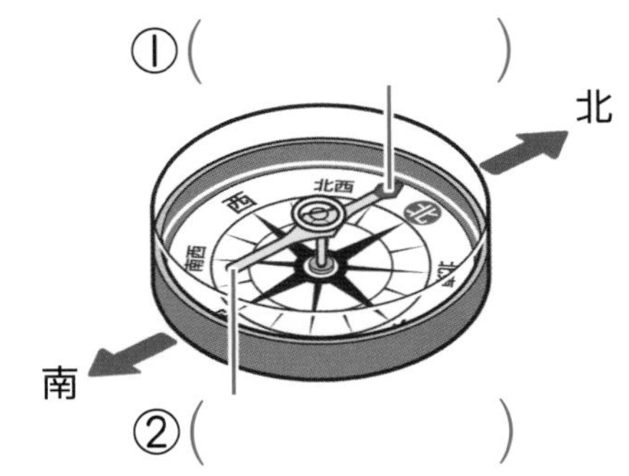

②（　　　　）

ヒント 2 じしゃくは、ちがうきょくどうしは引きつけ合い、同じきょくどうしはしりぞけ合います。

11. じしゃく

時間 30 分

／100

合格 70 点

教科書 158～173ページ　答え 36ページ

よく出る

1 次の㋐～㋗のもののせいしつを調べます。

(1)、(2)ともぜんぶできて15点(30点)

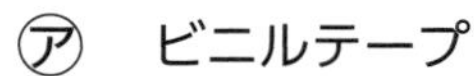
㋐ ビニルテープ

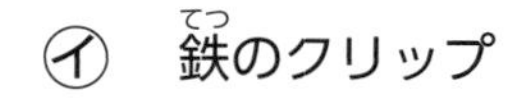
㋑ 鉄のクリップ

㋒ ガラスのコップ

㋓ 竹のものさし

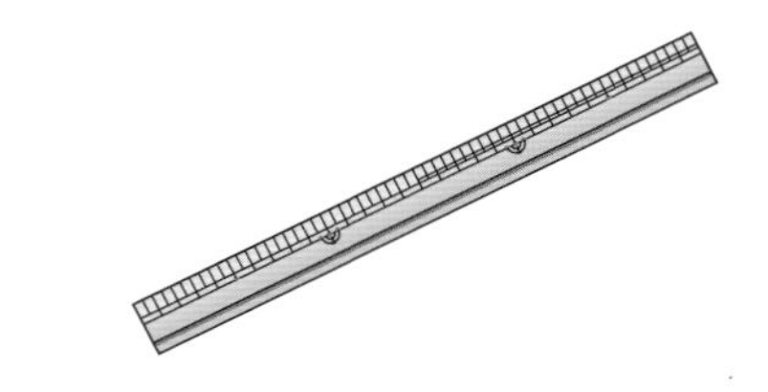

㋔ 十円玉

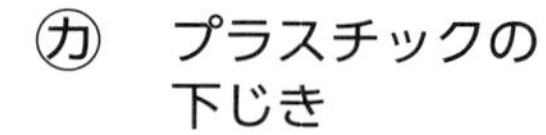
㋕ プラスチックの下じき

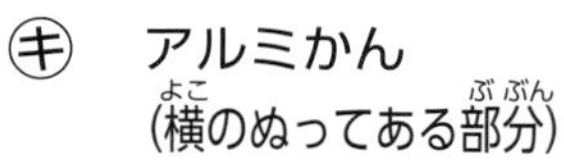
㋖ アルミかん(横のぬってある部分)

㋗ スチールかん(横のぬってある部分)

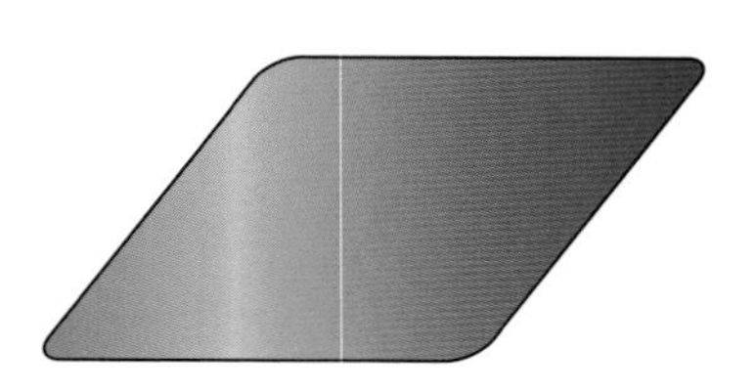
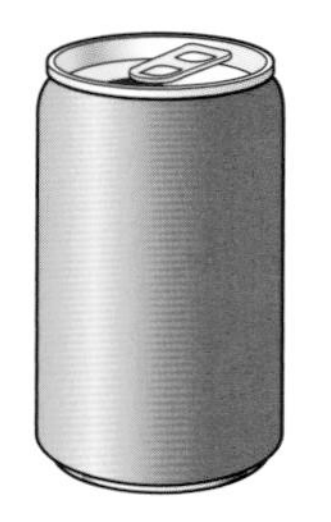

(1) 電気を通すものをぜんぶえらんで、記号を書きましょう。

(　　　　　　)

(2) じしゃくにつくものをぜんぶえらんで、記号を書きましょう。

(　　　　　　)

2 方位じしんの仕組みを調べました。

1つ5点(10点)

(1) 方位じしんのはりと文字ばんの文字を合わせるには、㋐、㋑のどちらの向きに回すほうがよいですか。

(　　)

(2) 記述 方位じしんの色のついたはりに、じしゃくのN(エヌ)きょくを近づけると、はりはどのように動きますか。

思考・表現

(　　　　　　　　　　　　)

方位じしん

3 じしゃくと鉄くぎの間にプラスチックの下じきを入れると、鉄くぎがじしゃくに引きつけられました。

1つ10点(20点)

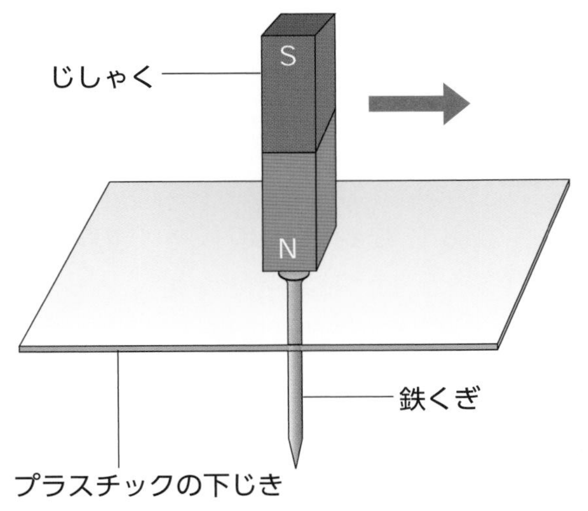

(1) 記述 このじっけんから、じしゃくにはどのようなせいしつがあることがわかりますか。 思考・表現

(　　　　　　　　　　)

(2) じしゃくをやじるしの方向(ほうこう)に動かしたときの鉄くぎの様子(ようす)として、正しいものに○をつけましょう。

ア(　　)そのままで動かない。

イ(　　)下に落(お)ちる。

ウ(　　)じしゃくといっしょに動く。

できたらスゴイ!

4 ぼうじしゃくに鉄くぎを近づけると、2本がつながったままで落ちませんでした。ぼうじしゃくから㋐のくぎをはなしても、㋑のくぎはつながったままでした。

1つ10点(40点)

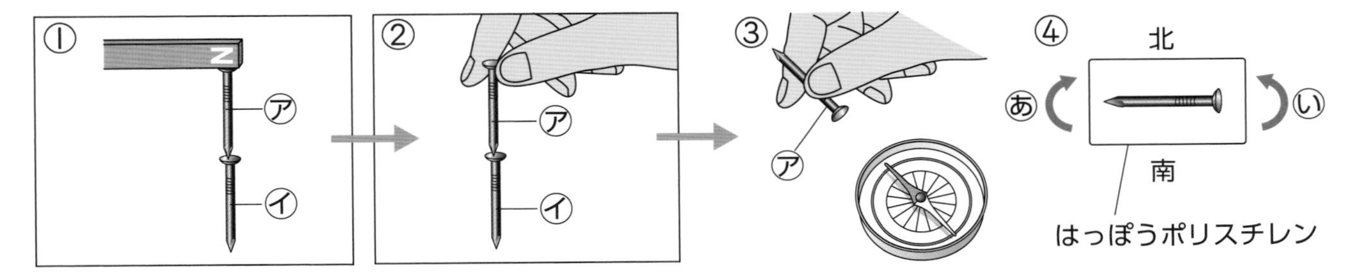

(1) 記述 上の②で、じしゃくからはなしても、㋐と㋑のくぎがつながったままなのはなぜですか。理由(りゆう)をせつめいしましょう。 思考・表現

(　　　　　　　　　　)

(2) ③のように、㋐のくぎの頭を方位じしんに近づけると、色のついたはりが近づきました。このとき、㋐のくぎの頭は何きょくになっていますか。

(　　　　)

(3) ④のように、㋐のくぎをはっぽうポリスチレンにのせ、水にうかべました。くぎはあといのどちらの向きに動きますか。記号を書きましょう。(　　)

(4) ぼうじしゃくの真(ま)ん中に、図の①と同じように鉄くぎを近づけました。このとき、正しいものに○をつけましょう。

ア(　　)①と同じように、2本のくぎがつながってじしゃくにつく。

イ(　　)1本のくぎだけじしゃくにつく。

ウ(　　)くぎは1本もじしゃくにつかない。

ふりかえり ❶がわからないときは、66ページの❶にもどってかくにんしてみよう。

★ 作って遊ぼう

学習日　　月　　日

めあて
学習したことがおもちゃ作りにりようできることをかくにんしよう。

教科書 174～177ページ　答え 37ページ

下の(　)にあてはまる言葉を書くか、あてはまるものを○でかこもう。

1 じしゃくのせいしつをりようしたおもちゃを作ろう。

教科書 176ページ

▶右のおもちゃは、じしゃくの(① 同じ・ちがう)きょくどうしはしりぞけ合うというせいしつをりようしている。

▶プリンカップにつけたじしゃくの上がわがNきょくのとき、わりばしにつけたじしゃくの下がわを(② N・S)きょくにすると、プリンカップが青いやじるしの向きに動く。

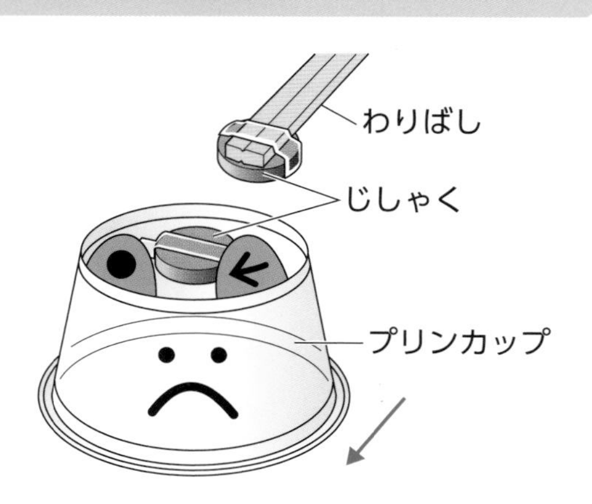

2 電気のせいしつをりようしたおもちゃを作ろう。

教科書 176ページ

▶ものには電気を通すものと通さないものがあり、金ぞくは電気を(① 通す・通さない)が、プラスチック、木などは電気を(② 通す・通さない)。

- 電気を通すもの
  鉄、アルミニウム、どう
- 電気を通さないもの
  プラスチック、木、ゴム、ビニル、ガラス、紙

▶右のおもちゃには、ものには電気を通すものと通さないものがあり、アルミニウムのような(③　　　　)は電気を通すというせいしつをりようしている。

▶右のおもちゃで、車のうらがわのクリップが(④ アルミニウムはく・ビニルテープ)の上にくると、電気が通って明かりがつく。

かんせい図・仕組み

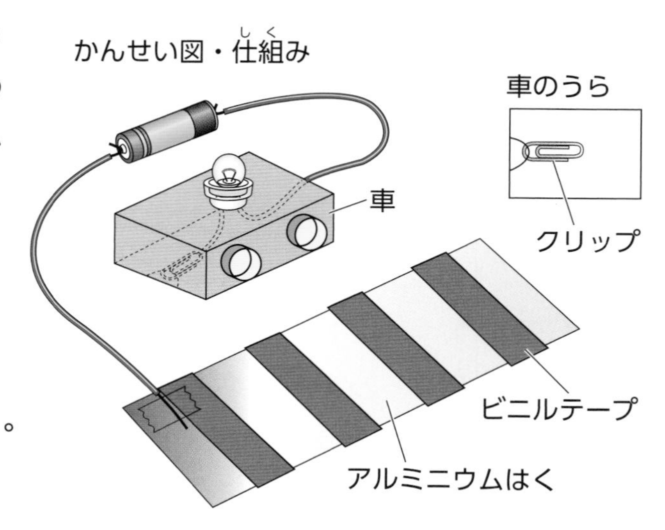

ここがだいじ!
①じしゃくの同じきょくどうしがしりぞけ合う力を使ったおもちゃを作る。
②電気を通すものと通さないものを使ったおもちゃを作る。

この本の終わりにある「春のチャレンジテスト」をやってみよう！
この本の終わりにある「学力しんだんテスト」をやってみよう！

(切り取り線)

夏のチャレンジテスト

教科書 8〜83ページ

月　日

名前

時間 40分

知識・技能	思考・判断・表現	ごうかく80点
/60	/40	/100

答え 38〜39ページ

知識・技能

1 生き物(もの)をかんさつしました。

1つ3点(15点)

(1) 生き物の様子(ようす)をきろくカードにまとめました。①〜④にあてはまる言葉(ことば)を書きましょう。

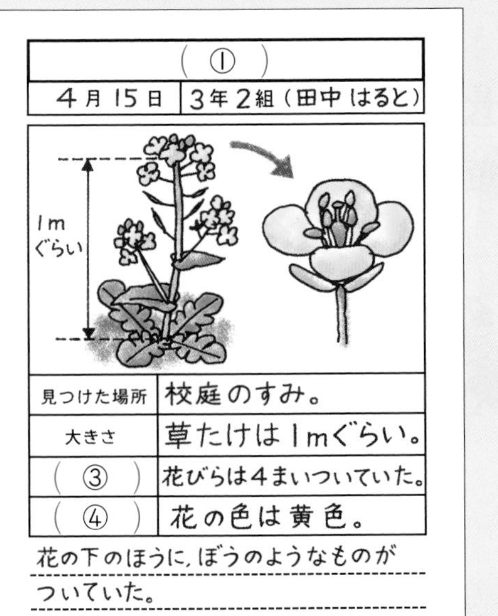

(①)	
4月15日	3年2組（田中 はると）
見つけた場所	校庭のすみ。
大きさ	草たけは1mぐらい。
(③)	花びらは4まいついていた。
(④)	花の色は黄色。

花の下のほうに、ぼうのようなものがついていた。

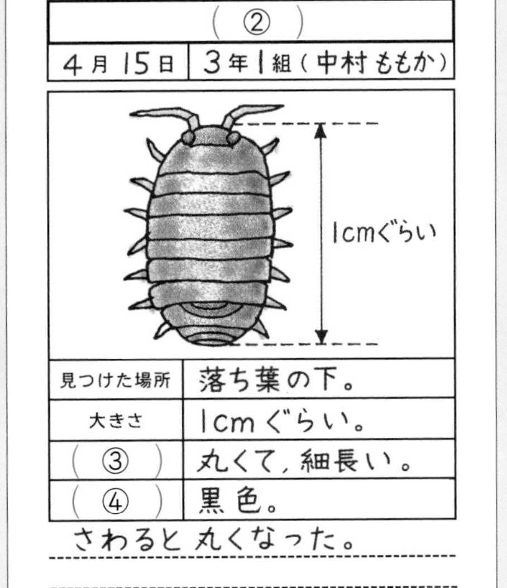

(②)	
4月15日	3年1組（中村 ももか）
見つけた場所	落ち葉の下。
大きさ	1cmぐらい。
(③)	丸くて、細長い。
(④)	黒色。

さわると丸くなった。

①(　　　)　②(　　　)

③(　　　)　④(　　　)

3 植物のたねをまきました。

1つ3点(27点)

(1) ㋐〜㋒のたねは、ホウセンカ、アサガオ、ヒマワリのどれですか。あてはまる名前を書きましょう。

㋐

㋑

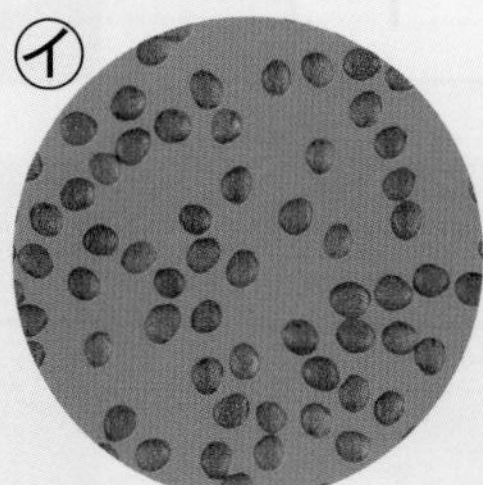

㋒

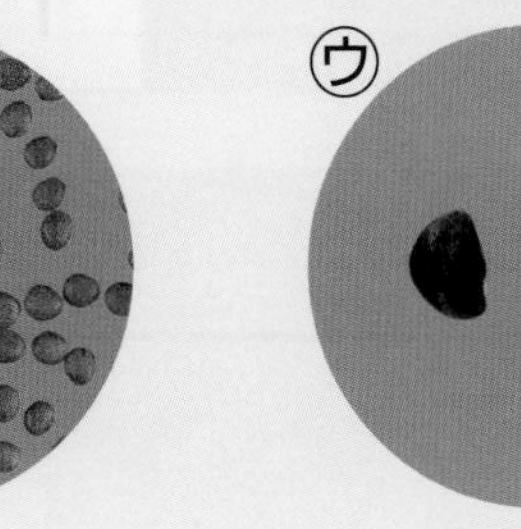

㋐(　　　)

㋑(　　　)

㋒(　　　)

(2) たねまきをしたあと、土がかわかないようにするために、どうすればよいですか。

(　　　)

(3) ①、②は、ホウセンカ、アサガオ、ヒマワリのど

(2) 生き物の大きさや形、色などはどれも同じですか、ちがいますか。

(　　　　　)

2 虫めがねを使(つか)いました。

1つ3点(6点)

(1) 見たいものが動(うご)かせないときの使い方は、㋐、㋑のどちらがよいですか。　(　　)

(2) 虫めがねで、ぜったいに見てはいけないものはどれですか。あてはまるものに○をつけましょう。

①(　　)動物(どうぶつ)
②(　　)植物(しょくぶつ)
③(　　)太陽(たいよう)

れかのめが出たあとのようすです。あてはまる名前を書きましょう。

①(　　　　　　　　)
②(　　　　　　　　)

(4) はじめに出てきた**ア**を何といいますか。

(　　　　　)

(5) **ア**のあとに出てきた**イ**を何といいますか。

(　　　　　)

(6) これから育(そだ)つにつれて数がふえるのは、**ア**、**イ**のどちらですか。

(　　)

うらにも問題があります。

(切り取り線)

冬のチャレンジテスト

教科書　72〜143ページ

月　　日

名前

時間 40分

知識・技能	思考・判断・表現	ごうかく80点
／62	／38	／100

答え 40〜41ページ

知識・技能

1 トンボのせい虫の体を調べました。

(1)、(2)は1つ2点、(3)は4点、(4)はぜんぶできて4点(18点)

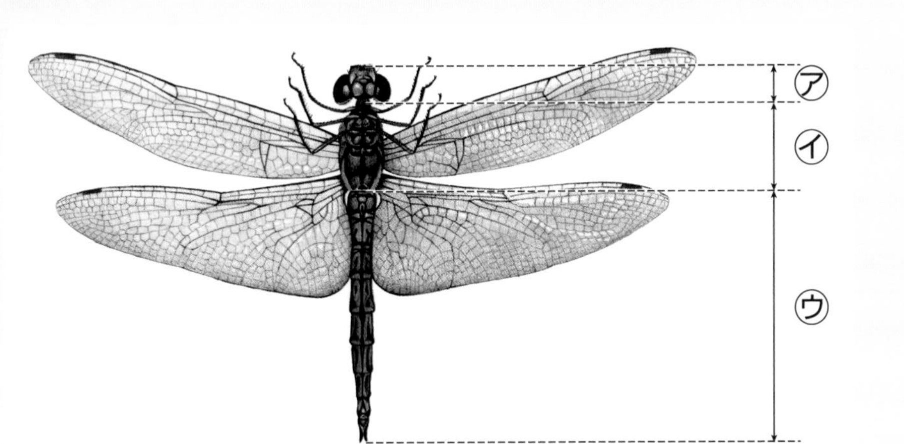

(1) ㋐〜㋒の部分を、それぞれ何といいますか。

㋐(　　　　) ㋑(　　　　) ㋒(　　　　)

(2) あしは、どこに何本ついていますか。

(　　　　)に(　　)本ついている。

(3) トンボのせい虫のような体のつくりの動物を何といいますか。

3 方位じしんの使い方を調べました。

1つ4点(8点)

(1) 方位じしんのはりの色がついたほうは、東西南北のどの方位をさして止まりますか。

(　　　)

(2) はりの動きが止まった後の文字ばんの合わせ方で、正しいものは㋐〜㋒のどれですか。

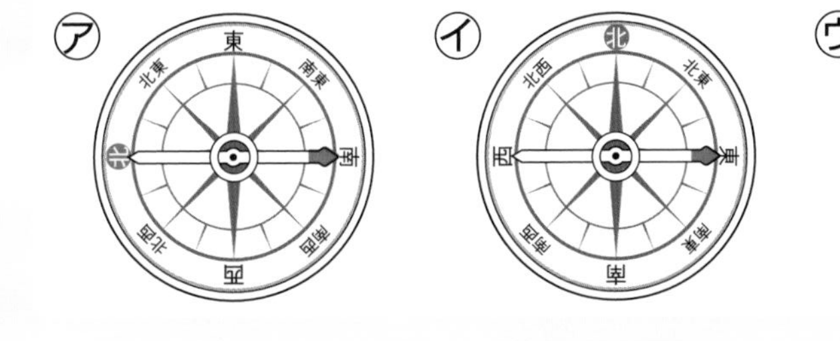

(　　　)

4 日なたと日かげの地面の温度を調べました。

1つ3点(12点)

(1) 温度計の目もりの読み方で、正しいほうに○をつ

(　　　　　　　)

(4) カブトムシは、チョウと同じじゅんに、たまごからせい虫に育ちました。トンボやバッタは、どのようなじゅんに育つのか書きましょう。

(　たまご　→　　　　　　→　　　　　　)

2 ホウセンカの育ち方をまとめました。

1つ4点(12点)

(1) (　)に入る言葉を書きましょう。

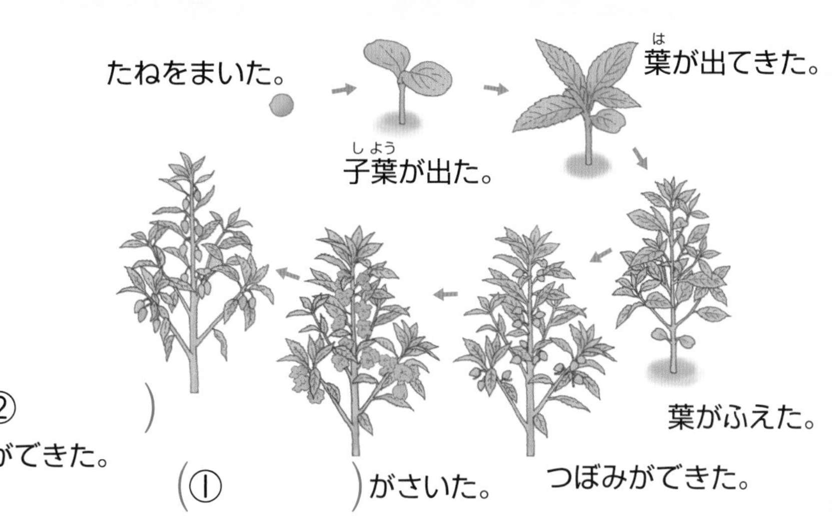

(2) (1)の②ができた後、ホウセンカはどうなりますか。

(　　　　　　　)

けましょう。

㋐

㋑

(2) ①、②の温度計の目もりを読んで、温度を書きましょう。

①(　　　　　)　②(　　　　　)

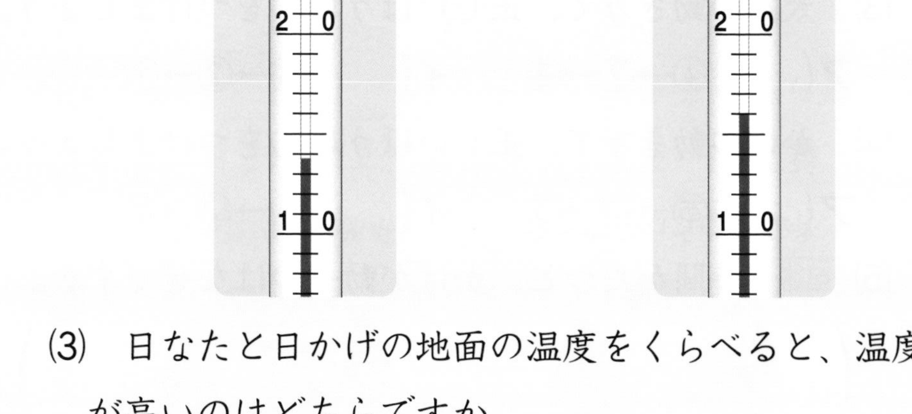

(3) 日なたと日かげの地面の温度をくらべると、温度が高いのはどちらですか。

(　　　　　　)

うらにも問題があります。

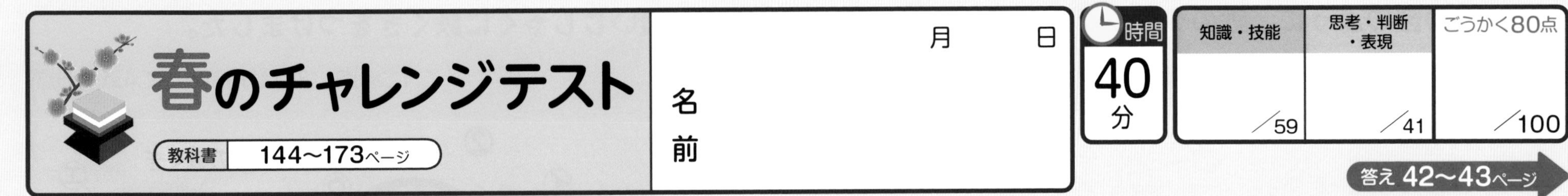

知識・技能

1 図のように、明かりをつけました。

(1)は1つ2点、(2)は4点(10点)

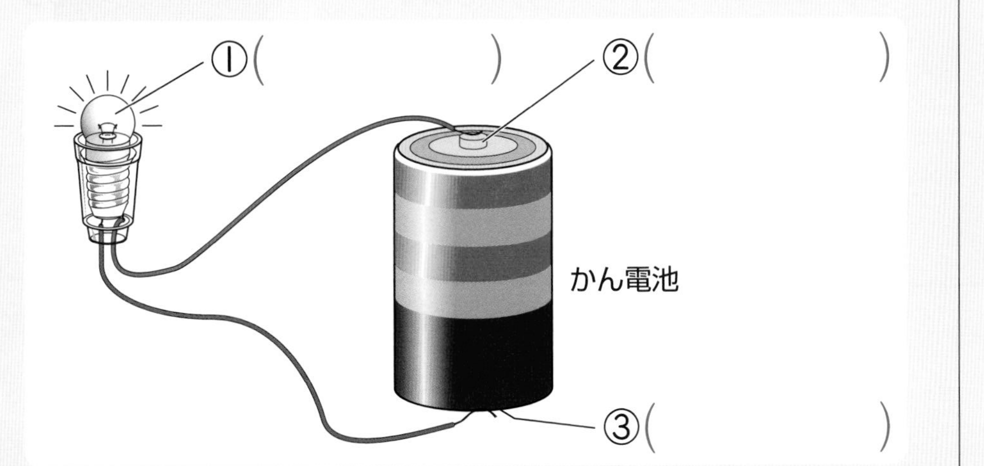

(1) (　)にそれぞれの名前を書きましょう。

(2) 1つの「わ」のようになった、電気の通り道のことを何といいますか。

(　　　　)

2 電気を通すものと通さないものを調(しら)べました。

3 じしゃくのせいしつを調べました。

1つ4点(20点)

(1) 鉄のゼムクリップのつき方で、正しいものはどれですか。□に○をつけましょう。

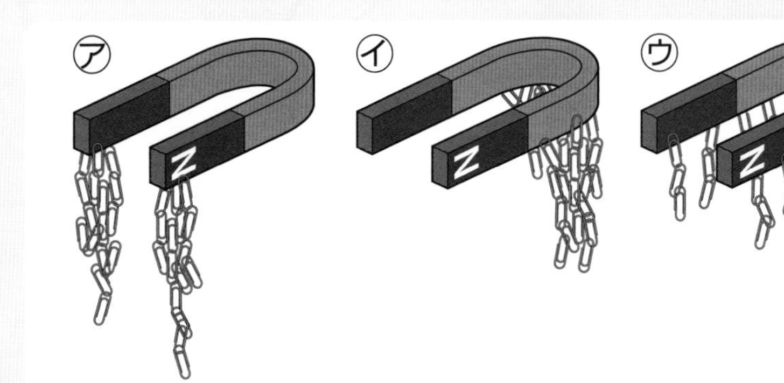

(2) 鉄がじしゃくによくつくところを何といいますか。

(　　　　)

(3) ㋐~㋕で、じしゃくにつくものはどれですか。2つえらんで、記号(きごう)を書きましょう。

(1)は1つ2点、(2)は4点(14点)

(1) 図の？のところにつないで、明かりがつくものに○、つかないものに×をつけましょう。

①(　　)鉄(てつ)のクリップ

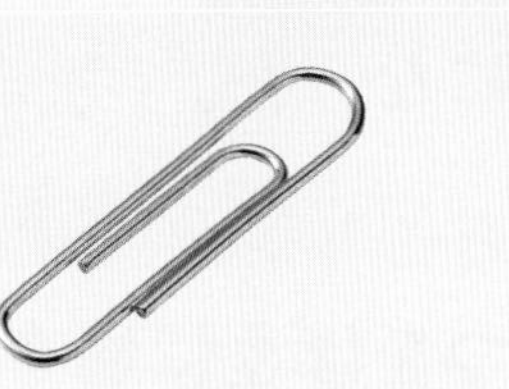

②(　　)10円玉　③(　　)ガラスのおはじき

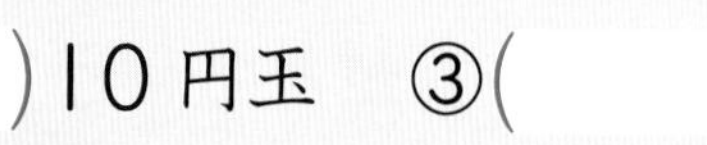
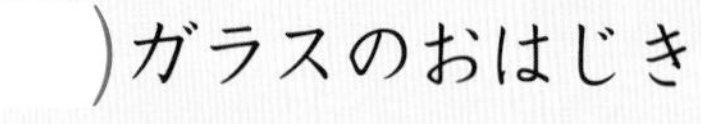

④(　　)紙　⑤(　　)アルミホイル

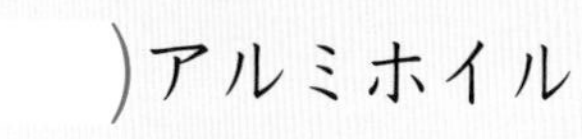

(2) (1)で明かりがついたものは、電気を通すせいしつがあります。これらをまとめて何といいますか。

(　　　　)

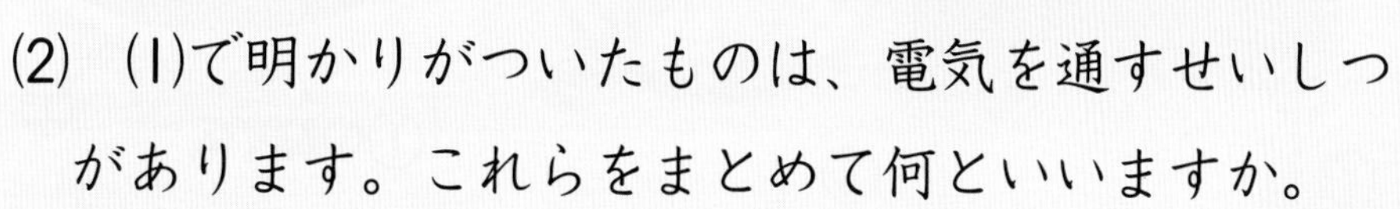

㋐ガラスのコップ

㋑鉄のスプーン

㋒10円玉(どう)

㋓わゴム

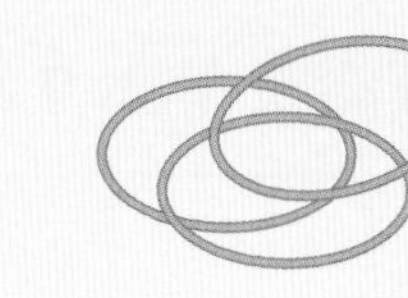
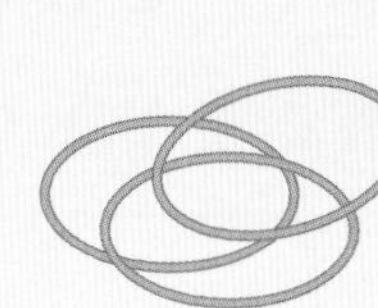

㋔鉄のくぎ

㋕ノート

(　　)と(　　)

(4) じしゃくにつくものは、何でできていますか。

(　　　　)

うらにも問題があります。

(切り取り線)

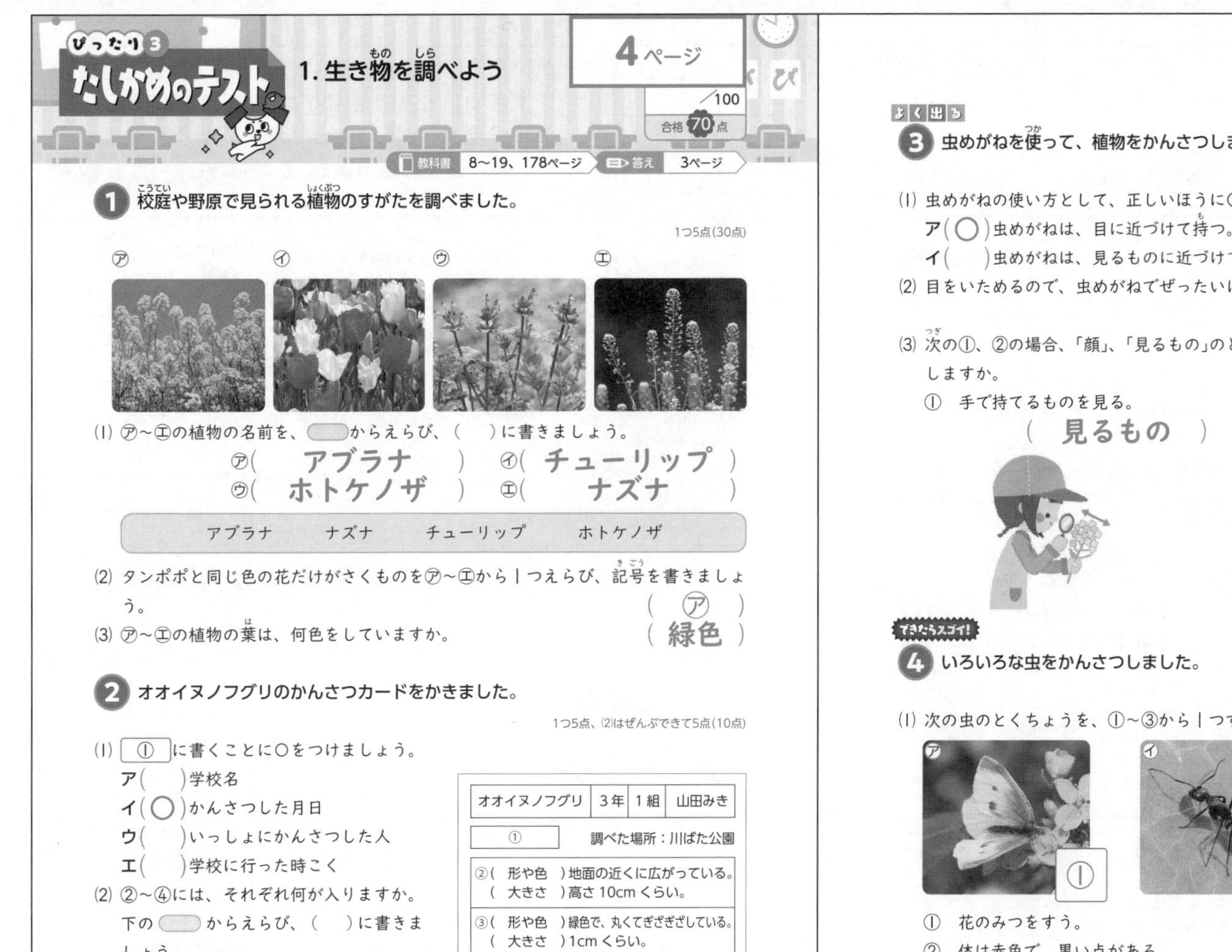

ぴったり3 たしかめのテスト

1. 生き物を調べよう

4ページ

/100 合格70点

教科書 8～19、178ページ　答え 3ページ

1 校庭や野原で見られる植物のすがたを調べました。　1つ5点(30点)

㋐ ㋑ ㋒ ㋓

(1) ㋐～㋓の植物の名前を、[　]からえらび、(　)に書きましょう。

㋐(アブラナ)　㋑(チューリップ)
㋒(ホトケノザ)　㋓(ナズナ)

[アブラナ　ナズナ　チューリップ　ホトケノザ]

(2) タンポポと同じ色の花だけがさくものを㋐～㋓から1つえらび、記号を書きましょう。　(㋐)

(3) ㋐～㋓の植物の葉は、何色をしていますか。　(緑色)

2 オオイヌノフグリのかんさつカードをかきました。　1つ5点、(2)はぜんぶできて5点(10点)

(1) [①]に書くことに〇をつけましょう。

ア(　)学校名
イ(〇)かんさつした月日
ウ(　)いっしょにかんさつした人
エ(　)学校に行った時こく

(2) ②～④には、それぞれ何が入りますか。下の[　]からえらび、(　)に書きましょう。

(② 全体)　(③ 葉)
(④ 花)

[花　全体　葉]

オオイヌノフグリ	3年	1組	山田みき
①	調べた場所：川ばた公園		
②(形や色)地面の近くに広がっている。 (大きさ)高さ10cmくらい。			
③(形や色)緑色で、丸くてぎざぎざしている。 (大きさ)1cmくらい。			
④(形や色)青い色 (大きさ)5mmくらい。			

5ページ

よく出る

3 虫めがねを使って、植物をかんさつしました。　技能　1つ5点(20点)

(1) 虫めがねの使い方として、正しいほうに〇をつけましょう。

ア(〇)虫めがねは、目に近づけて持つ。
イ(　)虫めがねは、見るものに近づけて持つ。

(2) 目をいためるので、虫めがねでぜったいに見てはいけないものは何ですか。　(太陽)

(3) 次の①、②の場合、「顔」、「見るもの」のどちらを動かして、はっきり見えるようにしますか。

① 手で持てるものを見る。　(見るもの)
② 手で持てないものを見る。　(顔)

できたらスゴイ!

4 いろいろな虫をかんさつしました。　1つ10点(40点)

(1) 次の虫のとくちょうを、①～③から1つずつえらび、□に記号を書きましょう。

㋐ ①

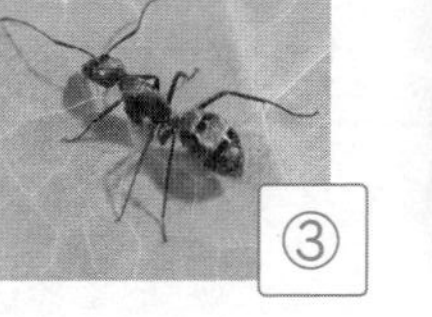
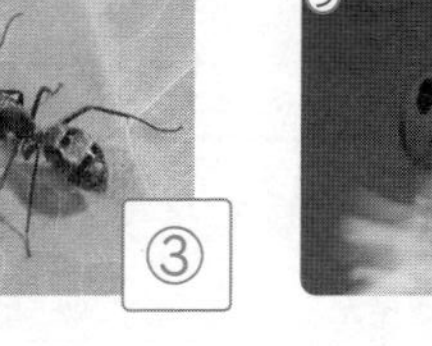
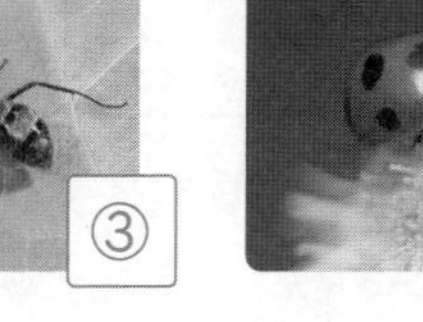
㋑ ③

㋒ ②

① 花のみつをすう。
② 体は赤色で、黒い点がある。
③ 口がきばのようになっている。

(2) 記述 ダンゴムシは、㋐～㋒の虫とはちがいがあります。「あしの数」という言葉を使って、そのちがいをせつめいしましょう。　思考・表現

(あしの数が6本ではない。)

ふりかえり　3がわからないときは、2ページの1にもどってかくにんしましょう。

4～5ページ てびき

1 (3)植物のしゅるいによって、花の色はちがいますが、葉の色はふつう緑色です。

2 (1)いつ調べたのかわかるように、月日を書いておきます。
(2)身のまわりの植物をさがして、全体のすがたや葉や花などの部分を調べます。

3 (1)虫めがねは目に近づけて持ちます。
(2)太陽の光はとても強いので、ちょくせつ見てはいけません。
(3)手で持てるものを見るときは、見るものを動かして、はっきり見えるところで止めます。手で持てないものを見るときは、虫めがねを目に近づけたまま顔を前後に動かして、はっきり見えるところで止めます。

4 (1)㋐はモンシロチョウ、㋑はクロオオアリ、㋒はナナホシテントウです。
(2)チョウやアリ、テントウムシは、あしが6本あります。ダンゴムシは6本より多くあります。

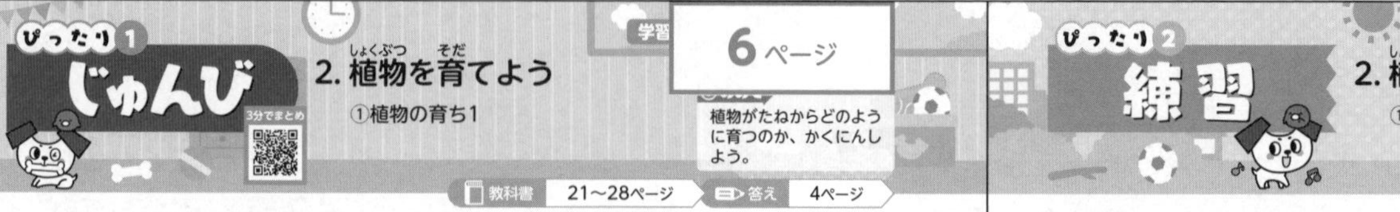

ぴったり1 じゅんび

2. 植物を育てよう

①植物の育ち1

学習 6ページ

植物がたねからどのように育つのか、かくにんしよう。

教科書 21~28ページ　答え 4ページ

下の(　)にあてはまる言葉を書くか、あてはまるものを○でかこもう。

1 子葉を出したホウセンカを調べよう。　教科書 20~26ページ

▶ホウセンカのたねのまき方

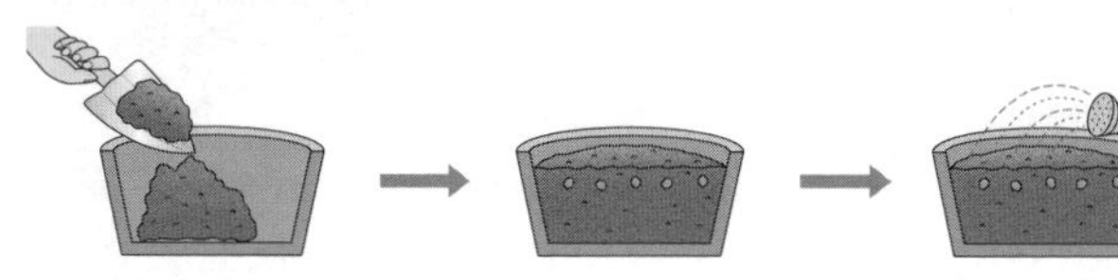

・(①ひりょう)をよくまぜた土をポットに入れる。　・たねを2、3つぶまき、上にうすく(② 土)をかける。　・土がかわかないように(③ 水)をかける。

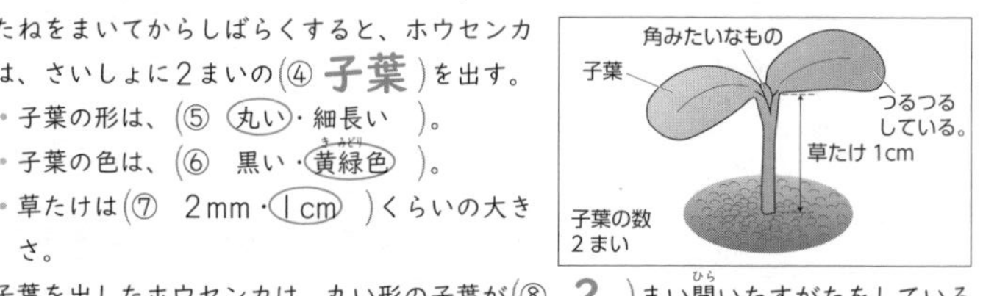

▶たねをまいてからしばらくすると、ホウセンカは、さいしょに2まいの(④ 子葉)を出す。

・子葉の形は、(⑤ (丸い)・細長い)。

・子葉の色は、(⑥ 黒い・(黄緑色))。

・草たけは(⑦ 2mm・(1cm))くらいの大きさ。

▶子葉を出したホウセンカは、丸い形の子葉が(⑧ 2)まい開いたすがたをしている。

2 葉を出したホウセンカを調べよう。　教科書 27~28ページ

▶ホウセンカは、子葉の間から、子葉とはちがう形の(① 葉)を出す。

・葉の形は、(② (細長く)・丸く)て、ぎざぎざしている。

・葉の色は、(③ 黒色・(黄緑色))をしている。

・草たけは(④ (のびている)・かわっていない)。

葉　ぎざぎざしている。　葉の数 4まい　草たけ 5cm　子葉の数 2まい

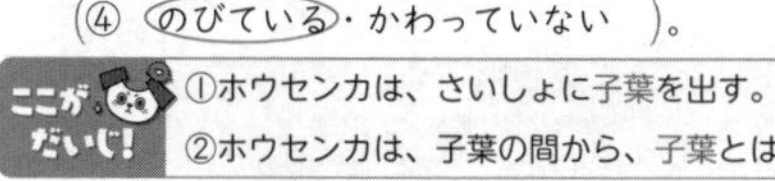

ここがだいじ!
①ホウセンカは、さいしょに子葉を出す。
②ホウセンカは、子葉の間から、子葉とはちがう形の葉を出す。

ぴたトリビア　植物によっては、子葉が1まいしかないものもあります。

ぴったり2 練習

2. 植物を育てよう

①植物の育ち1

学習 7ページ

教科書 21~28ページ　答え 4ページ

1 ホウセンカのたねをまきました。

(1) ホウセンカのたねは、どんな色をしていますか。正しいものに○をつけましょう。

ア(　)白い色　イ(　)黒い色　ウ(○)茶色い色

(2) ホウセンカのたねの大きさは、どのくらいですか。正しいものに○をつけましょう。

ア(○)2mm　イ(　)5mm　ウ(　)1cm

(3) ホウセンカのたねをまく土には、何をまぜておきますか。

(ひりょう)

(4) ホウセンカのたねのまき方として、正しいものに○をつけましょう。

㋐ 土の上にまく。　㋑ 上にうすく土をかける。　㋒ ビニルポットのそこにまく。

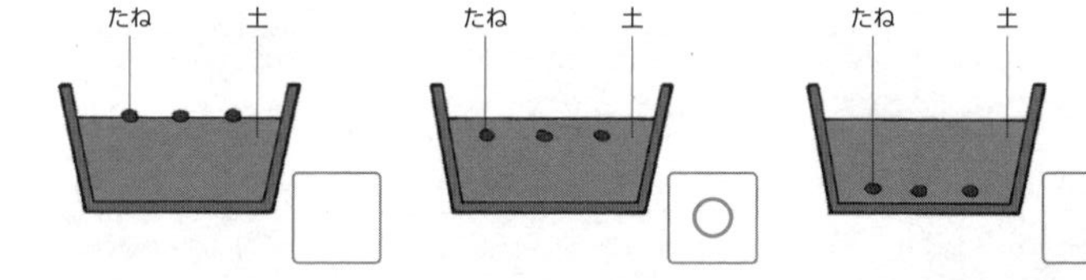

(5) たねをまいたあと、土がかわかないように何をかけますか。

(水)

2 ホウセンカがたねから育つ様子を調べました。

(1) ㋐、㋑をそれぞれ何といいますか。

㋐(子葉)　㋑(葉)

(2) はじめに出てくるのは、㋐、㋑のどちらですか。

(㋐)

(3) ㋐、㋑について、正しいものに○をつけましょう。

ア(　)㋐と㋑は、形は同じで大きさがちがう。

イ(　)㋐と㋑は、形はちがうが大きさは同じ。

ウ(○)㋐と㋑は、形も大きさもちがう。

ヒント ❷ (1)たねをまいてからはじめに出てくる葉を子葉といいます。

7ページ　てびき

❶ (1)(2)ホウセンカのたねは茶色く、2mmくらいの大きさです。植物のしゅるいによって、たねの色や形、大きさがちがいます。
(4)たねが水に流されたりしないように、たねの上にうすく土をかけます。
(5)水がたりないと、たねからめが出ないので、たねをまいたあとに、じゅうぶんに水をかけます。

❷ (1)(2)さいしょに出てくるものが2まいの子葉で、そのあと、子葉の間にあったものが育って葉になります。
(3)ホウセンカの子葉は丸い形をしていますが、そのあと出てくる葉は細長く、子葉よりも大きく育ちます。

おうちのかたへ
ふだん「双葉」「本葉」とよんでいるものは、理科では「子葉」「葉」になりますので注意してください。また、3年では「種子」「発芽」ではなく、「たね」「めが出ること」と書いています。なお、「種子」「発芽」は5年で学習します。

おうちのかたへ　2. 植物を育てよう
植物の育つ順序と、植物の体について学習します。
ここでは、種まきから葉が出るまでを扱います。
植物の育ちを、種、子葉、葉、茎などの用語(名称)を使って理解しているか、などがポイントです。

ぴったり1 じゅんび

2. 植物を育てよう

①植物の育ち2
②植物の体のつくり

学習 8ページ

植物の育つ様子や、植物の体のつくりをかくにんしよう。

教科書 28~31ページ　答え 5ページ

下の(　)にあてはまる言葉を書くか、あてはまるものを○でかこもう。

1 ホウセンカのなえを植えかえよう。　教科書 28ページ

▶植えかえの仕方

- ホウセンカの葉が(① 2~3・(6~7))まいのときに、ポットをはずして(② 土)ごと植えかえる。
- 人さし指と中指の間に(③ くき)をはさんでひっくり返す。
- 植えかえたら、たっぷりと(④ 水)をやる。

2 植物の体は、どのような部分からできているのだろうか。　教科書 29~31ページ

ホウセンカ　(① 葉)(② くき)(③ 根)

ハルジオン　(④ くき)(⑤ 葉)(⑥ 根)

どちらも葉、くき、根からできているね。

▶ホウセンカの体は、(⑦ くき)の部分がのびて、そこから新しい(⑧ 葉)が出る。また、土の中の見えない部分は、(⑨ 根)になっている。

▶葉は、(⑩ くき)についていて、くきの下に(⑪ 根)がある。

ここがだいじ！ ①植物の体は、どれも、葉、くき、根からできている。

ぴたトリビア 植物によっては、くきも土の中の見えない部分にある場合もあります。

8

ぴったり2 練習

2. 植物を育てよう

①植物の育ち2
②植物の体のつくり

学習 9ページ

教科書 29~31ページ　答え 5ページ

1 ホウセンカを、ポットから花だんに植えかえました。

(1) ホウセンカを植えかえるころとして、正しいものに○をつけましょう。

㋐　㋑　㋒

ア(　)㋐のころ　イ(　)㋑のころ　ウ(○)㋑と㋒の間のころ

(2) 植えかえの仕方について、正しいものを2つえらび、○をつけましょう。

ア(○)くきを人さし指と中指の間にはさんでひっくり返す。
イ(　)なえをポットからはずして、根をよくあらってから植えかえる。
ウ(○)なえをポットからはずして、土ごと植えかえる。
エ(　)植えかえたら、何もしない。

2 ホウセンカとハルジオンの体のつくりを調べました。

ホウセンカ　(① 葉)(② くき)(③ 根)

ハルジオン　㋐　㋑　㋒

(1) ホウセンカの体の①~③の部分の名前を、上の(　)に書きましょう。
(2) ホウセンカの②にあたるのは、ハルジオンでは、㋐~㋒のどれですか。(㋑)
(3) 植物の葉は、どこについていますか。(くき)

ヒント ❷(1)③は、土の中でのびています。

9

9ページ てびき

❶ (1)ホウセンカを大きく育てるためには、ホウセンカの葉が6~7まいになったころに、花だんやプランターに植えかえます。
(2)なえをポットから取り出すときは、人さし指と中指の間にくきをはさみ、なえをひっくり返して、土ごと取り出します。そして、根をいためないために、なえを土ごと、ほったあなに入れ、土をかけます。土をかけたら、水をたっぷりやります。

❷ (1)(3)植物の体で、くきについているのが葉、くきの下にあるのが根です。
(2)ハルジオンの体では、㋐が葉、㋑がくき、㋒が根です。

2. 植物を育てよう

10ページ

/100 合格70点

教科書 20〜33ページ 答え 6ページ

1 ポットにホウセンカのたねをまきました。

1つ5点(10点)

(1) ㋐〜㋒の中から、ホウセンカのたねに○をつけましょう。

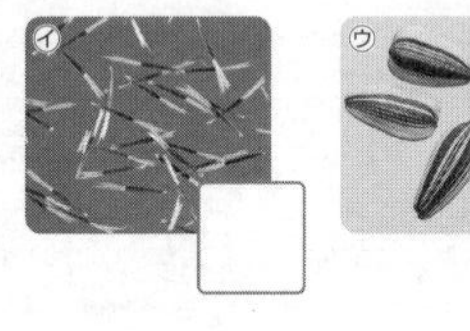
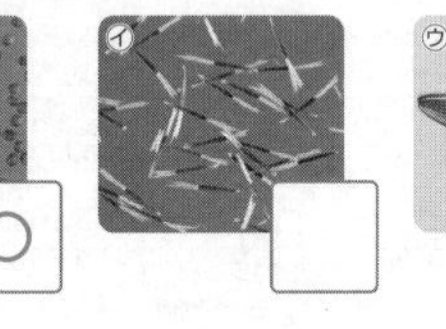

㋐ ○　㋑ 　㋒

(2) 土には、何をまぜますか。

(ひりょう)

2 めを出したホウセンカを調べました。

1つ5点、(2)はぜんぶできて5点(10点)

(1) 子葉は、㋐、㋑のどちらですか。　(㋐)

(2) 右のホウセンカについて、正しいものには○を、まちがっているものには×をつけましょう。

ア(×)草たけは1cmくらい。
イ(○)草たけは5cmくらい。
ウ(×)このあと、㋐と同じような葉がふえていく。
エ(○)このあと、㋑と同じような葉がふえていく。

よく出る

3 ホウセンカの体のつくりを調べました。

1つ5点(20点)

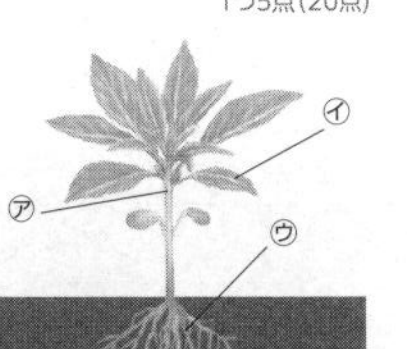

(1) ㋐、㋑、㋒の部分を何といいますか。

㋐(くき) ㋑(葉) ㋒(根)

(2) ホウセンカの葉について、正しいほうに○をつけましょう。

ア(○)葉は広がるようにくきについている。
イ(　)葉は重なるようにくきについている。

11ページ

4 ホウセンカのなえが大きくなったので、植えかえをしました。 技能

1つ5点(20点)

(1) 葉が何まいぐらいになったら、植えかえますか。正しいものに○をつけましょう。

ア(　)2〜3まい
イ(○)6〜7まい
ウ(　)12〜13まい

(2) ポットからなえを出すと、白いひげのような㋐が見えました。これは何ですか。

(根)

ホウセンカのなえ

(3) なえの植えかえの仕方について、正しいものを2つえらび、○をつけましょう。

ア(　)水をかけて、土をすっかり落としてから植えかえる。
イ(○)取り出した土ごと植えかえる。
ウ(○)植えかえたら、すぐにたっぷり水をやる。
エ(　)植えかえたら、しばらくは水をやらない。

できたらスゴイ!

5 いろいろな植物の体のつくりを調べました。

1つ10点、(3)はぜんぶできて10点(40点)

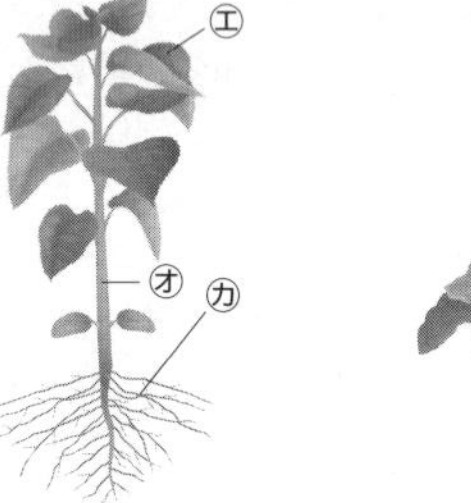
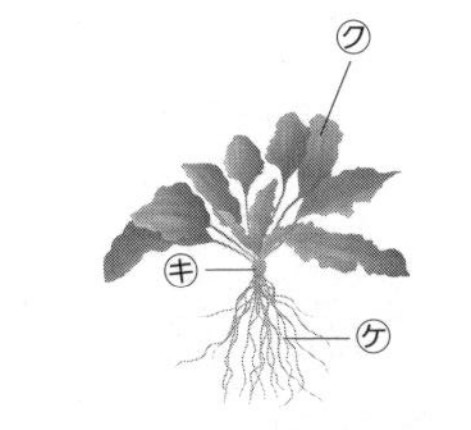

ホウセンカ　ヒマワリ　オオバコ

(1) ホウセンカの㋑にあたるのは、ヒマワリとオオバコでは、㋓〜㋘のどの部分ですか。

ヒマワリ(㋓)　オオバコ(㋗)

(2) 植物の葉は、体のどの部分についていますか。　(くき)

(3) ①〜③の(　)にあてはまる言葉を書きましょう。

植物の体は、(① 葉)、(② くき)、(③ 根)からできている。

ふりかえり ③がわからないときは、8ページの②にもどってかくにんしましょう。

10〜11ページ てびき

1 (1)㋑はマリーゴールド、㋒はヒマワリのたねです。
(2)たねから出ためがよく育つためには、ひりょうをまぜた土を使います。

2 (1)丸いほうが子葉、細長くてぎざぎざしているほうが葉です。
(2)㋑と同じような形の葉がふえていきます。子葉は、やがてかれてしまいます。

3 (1)植物の体の中心を通っている㋐がくき、くきについている㋑が葉、くきの下にある㋒が根です。
(2)たくさんの太陽の光が葉に当たるように、植物の葉は重ならないように、広がってついています。

4 (3)土を落とすときに、根をきずつけてしまうことがあるので、土ごと植えかえます。

5 (1)ヒマワリの㋓は葉、㋔はくき、㋕は根です。オオバコの㋖はくき、㋗は葉、㋘は根です。
(3)いろいろな形をした植物がありますが、植物の体は、葉、くき、根からできています。

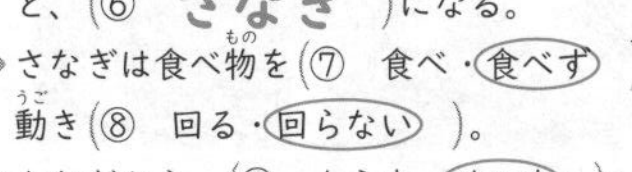

ぴったり1 じゅんび

3. チョウを育てよう

①チョウの育ち方

学習 12ページ

チョウがたまごからどのように育つか、かくにんしよう。

教科書 35〜43ページ　答え 7ページ

下の(　)にあてはまる言葉を書くか、あてはまるものを○でかこもう。

1 モンシロチョウはたまごからどのように育つのだろうか。 教科書 35〜43ページ

- たまごは、(① (キャベツ)・ミカン　)の葉についていて、(② (黄色)・白色　)をしている。
- たまごから、(③ (よう虫)・せい虫　)になる。
- よう虫は、(④ (細長い)・丸い　)形をしている。
- よう虫は、(⑤ キャベツ)の葉を食べ、何回か皮をぬいで大きくなったあと、(⑥ さなぎ)になる。
- さなぎは食べ物を(⑦ 食べ・(食べず))、動き(⑧ 回る・(回らない))。
- さなぎから、(⑨ よう虫・(せい虫))になる。
- チョウのせい虫の体は、(⑩ 頭)・(⑪ むね)・(⑫ はら)の3つの部分からできていて、あしが(⑬ 6)本ある。このような体のつくりをした生き物のなかまを(⑭ こん虫)という。

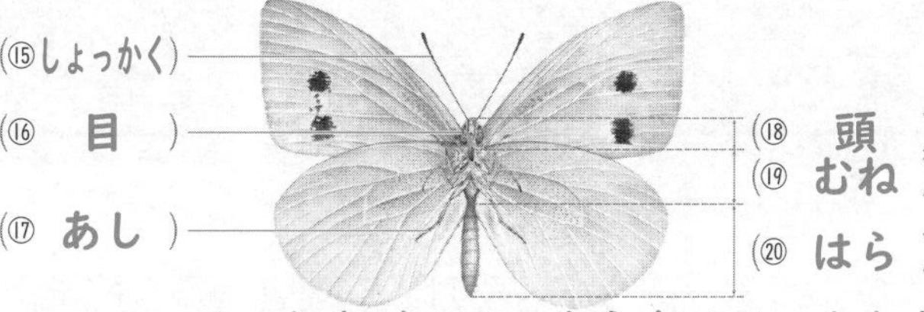

- モンシロチョウは、(㉑ たまご)→(㉒ よう虫)→(㉓ さなぎ)→(㉔ せい虫)のじゅんに育つ。

ここがだいじ!
①こん虫は体が頭・むね・はらの3つの部分からできていて、6本のあしがある。
②モンシロチョウは、たまご→よう虫→さなぎ→せい虫と育つ。

ぴたトリビア　モンシロチョウのよう虫はキャベツを食べ、せい虫は花のみつをすいます。このように、こん虫は育って体の形がかわると、食べる物もかわることがあります。

ぴったり2 練習

3. チョウを育てよう

①チョウの育ち方

学習 13ページ

教科書 35〜43ページ　答え 7ページ

1 モンシロチョウがたまごから育つ様子を調べました。

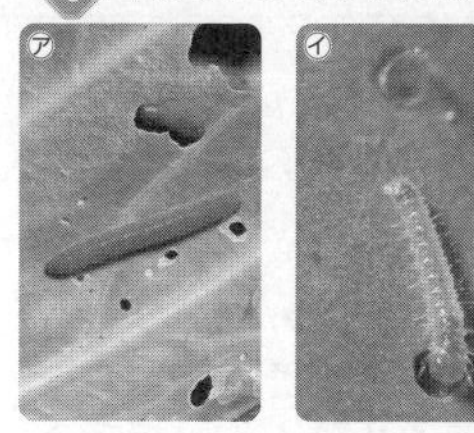

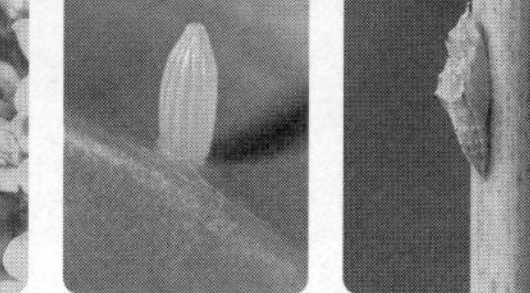
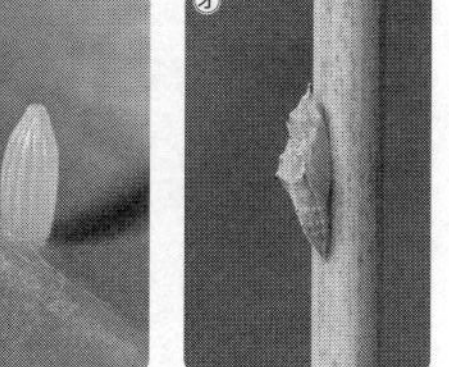
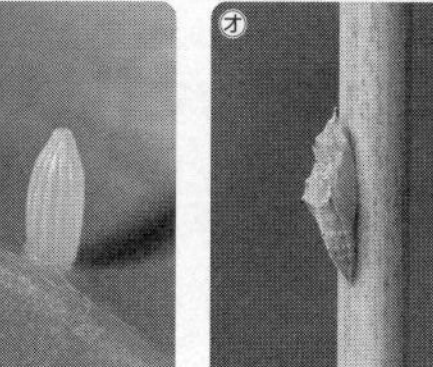
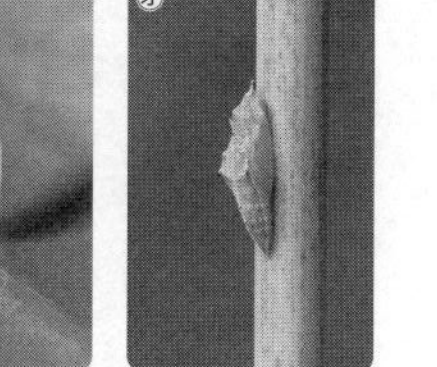

(1) たまごから育つじゅんに、㋐〜㋔をならべましょう。
(㋓ → ㋑ → ㋐ → ㋔ → ㋒)

(2) さなぎとよばれるのは、㋐〜㋔のどれですか。 (㋔)

(3) モンシロチョウのよう虫の食べ物として、正しいものに○をつけましょう。
ア(　)花のみつ
イ(　)ミカンの葉
ウ(○)キャベツの葉

(4) モンシロチョウの育ち方として、正しいものを2つえらび、○をつけましょう。
ア(　)たまごは、カラタチの葉にうみつけられる。
イ(○)よう虫は、皮をぬぐことで大きくなる。
ウ(　)さなぎは、よう虫と同じものを食べるが、動き回らない。
エ(○)さなぎは、大きさがかわらない。

2 さなぎから出てきたモンシロチョウの様子を調べました。

(1) さなぎから出てきたすがたを何といいますか。
(せい虫)

(2) しょっかくとよばれるのは、㋐〜㋓のどの部分ですか。
(㋑)

(3) 体は、いくつの部分からできていますか。
(3つ)

(4) あしは、何本ありますか。
(6本)

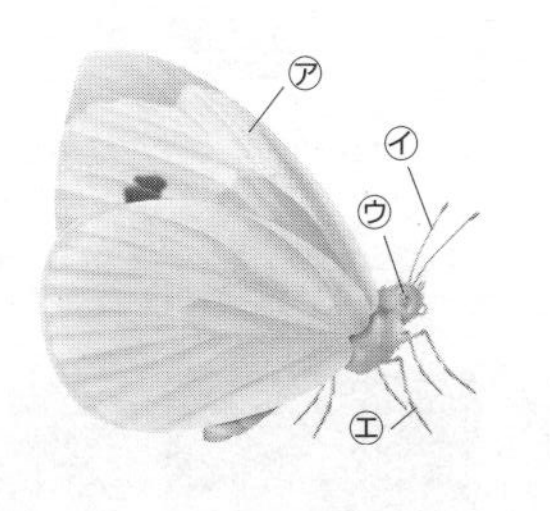

ヒント 1 (1)たまご→よう虫→さなぎ→せい虫のじゅんで育ちます。

13ページ　てびき

1 (1)たまごからかえったばかりのモンシロチョウのよう虫は黄色をしていますが、大きくなると緑色になります。
(2)㋐と㋑はよう虫、㋒はせい虫、㋓はたまご、㋔はさなぎです。
(4)たまごは、よう虫の食べ物になるキャベツの葉にうみつけられます。さなぎは何も食べません。

2 (1)せい虫になると、それいじょうはすがたがかわりません。
(2)㋐ははね、㋑はしょっかく、㋒は目、㋓はあしです。
(3)(4)こん虫のせい虫の体は、頭・むね・はらの3つの部分に分けられ、むねには6本のあしがあります。

おうちのかたへ
小学校では「脱皮」ではなく、「皮をぬぐこと」と書いています。

おうちのかたへ　**3. チョウを育てよう**

昆虫の育つ順序と、昆虫の体について学習します。
ここでは、チョウを対象にしています。
チョウの育ちを、卵、幼虫、さなぎ、成虫などの用語(名称)を使って理解しているか、などがポイントです。

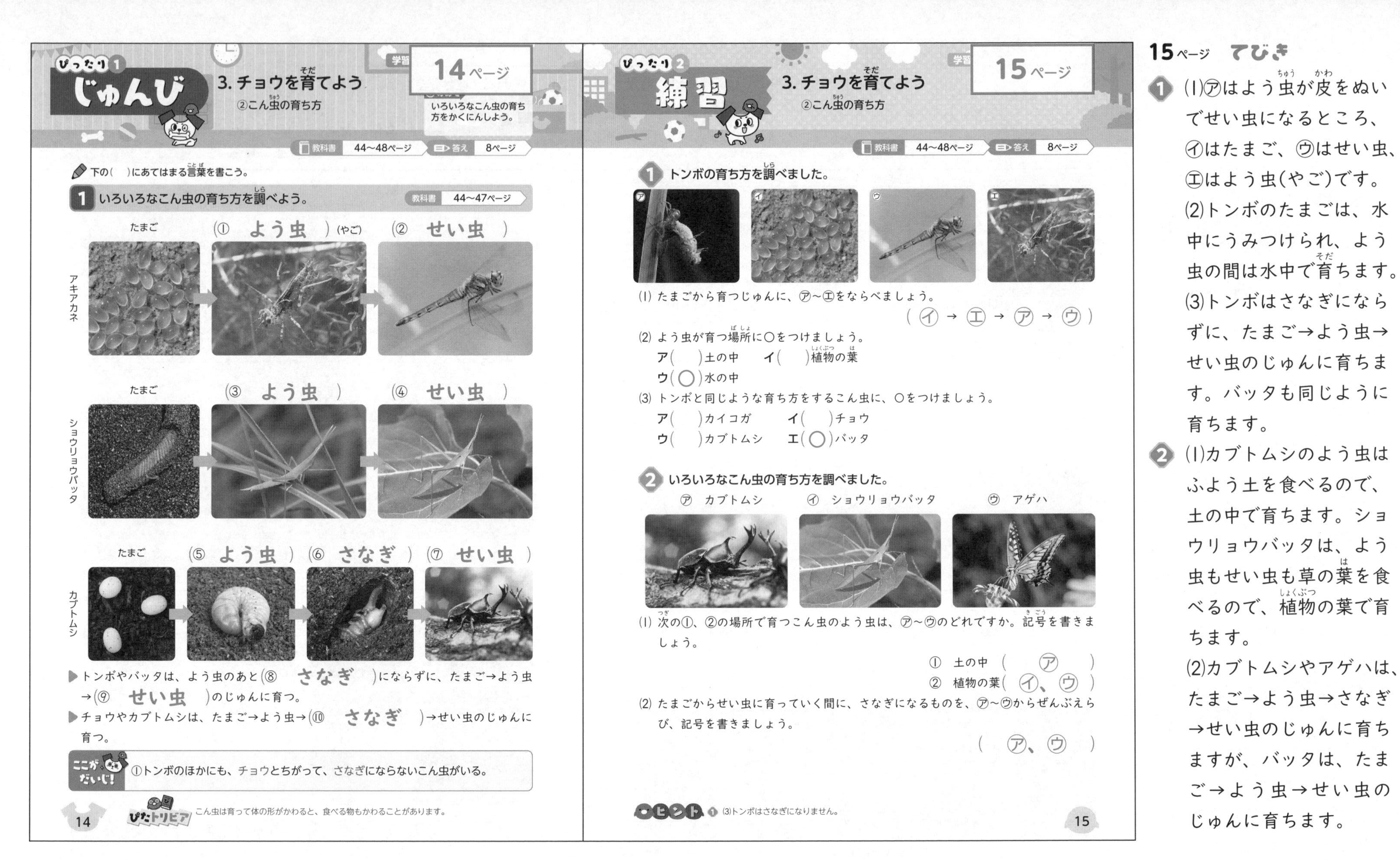

ぴったり1 じゅんび

3. チョウを育てよう
②こん虫の育ち方

学習 14ページ
いろいろなこん虫の育ち方をかくにんしよう。

教科書 44~48ページ　答え 8ページ

下の(　)にあてはまる言葉を書こう。

1 いろいろなこん虫の育ち方を調べよう。　教科書 44~47ページ

アキアカネ　たまご → (① よう虫)(やご) → (② せい虫)

ショウリョウバッタ　たまご → (③ よう虫) → (④ せい虫)

カブトムシ　たまご → (⑤ よう虫) → (⑥ さなぎ) → (⑦ せい虫)

▶トンボやバッタは、よう虫のあと(⑧ さなぎ)にならずに、たまご→よう虫→(⑨ せい虫)のじゅんに育つ。

▶チョウやカブトムシは、たまご→よう虫→(⑩ さなぎ)→せい虫のじゅんに育つ。

ここが だいじ! ①トンボのほかにも、チョウとちがって、さなぎにならないこん虫がいる。

ぴたトリビア こん虫は育って体の形がかわると、食べる物もかわることがあります。

14

ぴったり2 練習

3. チョウを育てよう
②こん虫の育ち方

学習 15ページ

教科書 44~48ページ　答え 8ページ

1 トンボの育ち方を調べました。

㋐　㋑　㋒　㋓

(1) たまごから育つじゅんに、㋐~㋓をならべましょう。

(㋑ → ㋓ → ㋐ → ㋒)

(2) よう虫が育つ場所に○をつけましょう。

ア(　)土の中　イ(　)植物の葉

ウ(○)水の中

(3) トンボと同じような育ち方をするこん虫に、○をつけましょう。

ア(　)カイコガ　イ(　)チョウ

ウ(　)カブトムシ　エ(○)バッタ

2 いろいろなこん虫の育ち方を調べました。

㋐ カブトムシ　㋑ ショウリョウバッタ　㋒ アゲハ

(1) 次の①、②の場所で育つこん虫のよう虫は、㋐~㋒のどれですか。記号を書きましょう。

① 土の中 (㋐)

② 植物の葉 (㋑、㋒)

(2) たまごからせい虫に育っていく間に、さなぎになるものを、㋐~㋒からぜんぶえらび、記号を書きましょう。

(㋐、㋒)

ヒント 1 (3)トンボはさなぎになりません。

15

15ページ　てびき

1 (1)㋐はよう虫が皮をぬいでせい虫になるところ、㋑はたまご、㋒はせい虫、㋓はよう虫(やご)です。

(2)トンボのたまごは、水中にうみつけられ、よう虫の間は水中で育ちます。

(3)トンボはさなぎにならずに、たまご→よう虫→せい虫のじゅんに育ちます。バッタも同じように育ちます。

2 (1)カブトムシのよう虫はふよう土を食べるので、土の中で育ちます。ショウリョウバッタは、よう虫もせい虫も草の葉を食べるので、植物の葉で育ちます。

(2)カブトムシやアゲハは、たまご→よう虫→さなぎ→せい虫のじゅんに育ちますが、バッタは、たまご→よう虫→せい虫のじゅんに育ちます。

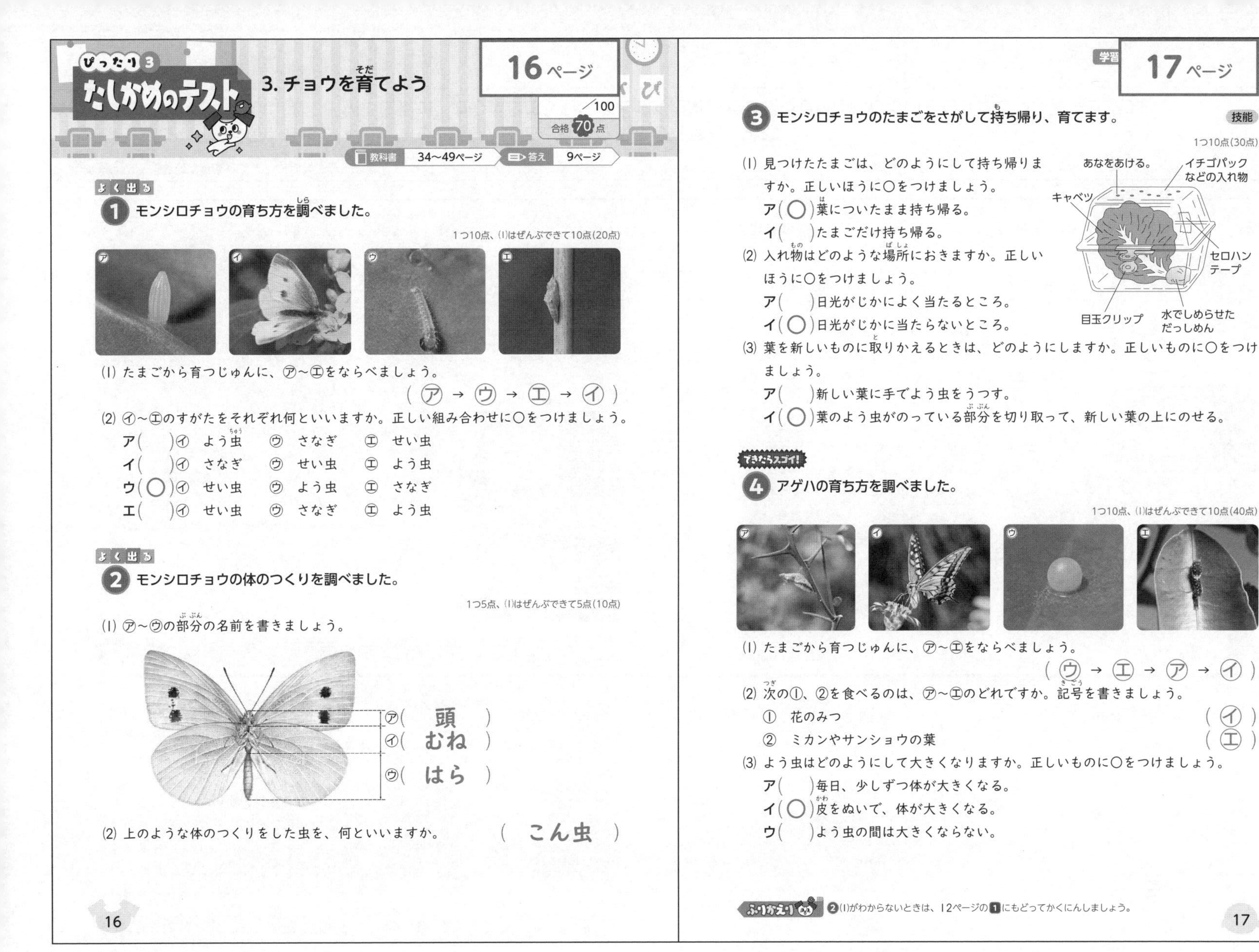

ぴったり3 たしかめのテスト

3. チョウを育てよう

16ページ

合格70点 /100

教科書 34〜49ページ　答え 9ページ

よく出る

1 モンシロチョウの育ち方を調べました。

1つ10点、(1)はぜんぶできて10点(20点)

㋐ ㋑ ㋒ ㋓

(1) たまごから育つじゅんに、㋐〜㋓をならべましょう。

(㋐ → ㋒ → ㋓ → ㋑)

(2) ㋑〜㋓のすがたをそれぞれ何といいますか。正しい組み合わせに○をつけましょう。

ア(　)㋑ よう虫　㋒ さなぎ　㋓ せい虫
イ(　)㋑ さなぎ　㋒ せい虫　㋓ よう虫
ウ(○)㋑ せい虫　㋒ よう虫　㋓ さなぎ
エ(　)㋑ せい虫　㋒ さなぎ　㋓ よう虫

よく出る

2 モンシロチョウの体のつくりを調べました。

1つ5点、(1)はぜんぶできて5点(10点)

(1) ㋐〜㋒の部分の名前を書きましょう。

㋐(頭)
㋑(むね)
㋒(はら)

(2) 上のような体のつくりをした虫を、何といいますか。　(こん虫)

16

17ページ

3 モンシロチョウのたまごをさがして持ち帰り、育てます。 技能

1つ10点(30点)

(1) 見つけたたまごは、どのようにして持ち帰りますか。正しいほうに○をつけましょう。

ア(○)葉についたまま持ち帰る。
イ(　)たまごだけ持ち帰る。

(2) 入れ物はどのような場所におきますか。正しいほうに○をつけましょう。

ア(　)日光がじかによく当たるところ。
イ(○)日光がじかに当たらないところ。

あなをあける。　イチゴパックなどの入れ物　キャベツ　セロハンテープ　目玉クリップ　水でしめらせただっしめん

(3) 葉を新しいものに取りかえるときは、どのようにしますか。正しいものに○をつけましょう。

ア(　)新しい葉に手でよう虫をうつす。
イ(○)葉のよう虫がのっている部分を切り取って、新しい葉の上にのせる。

できたらスゴイ!

4 アゲハの育ち方を調べました。

1つ10点、(1)はぜんぶできて10点(40点)

㋐ ㋑ ㋒ ㋓

(1) たまごから育つじゅんに、㋐〜㋓をならべましょう。

(㋒ → ㋓ → ㋐ → ㋑)

(2) 次の①、②を食べるのは、㋐〜㋓のどれですか。記号を書きましょう。

① 花のみつ　(㋑)
② ミカンやサンショウの葉　(㋓)

(3) よう虫はどのようにして大きくなりますか。正しいものに○をつけましょう。

ア(　)毎日、少しずつ体が大きくなる。
イ(○)皮をぬいで、体が大きくなる。
ウ(　)よう虫の間は大きくならない。

ふりかえり ②(1)がわからないときは、12ページの①にもどってかくにんしましょう。

17

16〜17ページ　てびき

① (1)(2)㋐はたまご、㋑はせい虫、㋒はよう虫、㋓はさなぎです。

② (1)こん虫のせい虫の体は頭・むね・はらの3つの部分に分けられます。

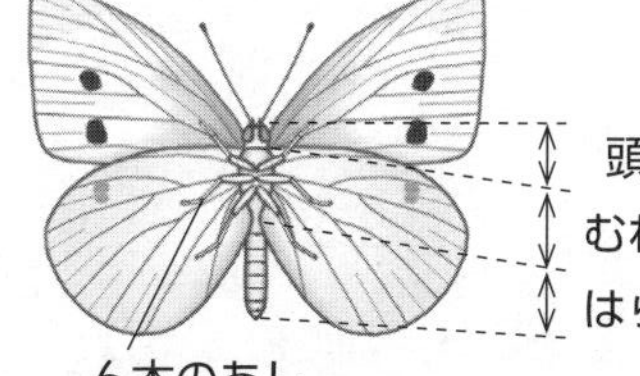

(2)こん虫のせい虫には、6本のあしがあります。

③ (1)たまごをきずつけることがあるので、葉についたまま持ち帰ります。
(2)ちょくしゃ日光に当たると、たまごがあたたまってしまいます。
(3)よう虫にはさわらないようにします。

④ (1)㋐はさなぎ、㋑はせい虫、㋒はたまご、㋓はよう虫です。
(2)たまごとさなぎのときは、何も食べません。
(3)皮をぬいで大きくなります。

ぴったり1 じゅんび 4. 風やゴムの力

①風の力
②ゴムの力

学習 18ページ

風の力や、ゴムの力が、ものを動かすはたらきをかくにんしよう。

教科書 51～60ページ　答え 10ページ

下の(　)にあてはまる言葉を書くか、あてはまるものを○でかこもう。

1 弱い風と強い風を当てて、ほかけ車が動くきょりを調べよう。 教科書 51～54ページ

▶送風きを使うと、決まった(① 向き・(強さ))の風を当てることができる。

▶強い風を当てると、弱い風を当てたときよりもほかけ車が動くきょりは(② 長)くなる。

▶風の力は、ものを(③ 動かす)ことができ、風の力の大きさによって、ものの(④ 動き方)はかわる。

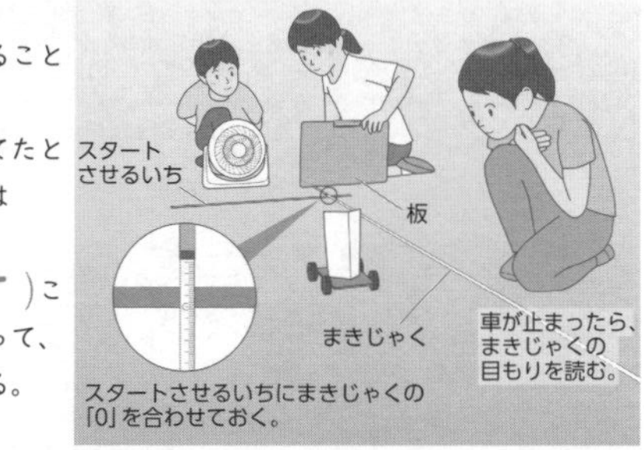

2 ゴムをのばす長さをかえて、ゴム車が動くきょりを調べよう。 教科書 55～58ページ

▶ゴムを(① のばす)と、元にもどろうとするゴムの力がはたらく。

▶ゴムをのばす長さとゴム車の動くきょりを調べるじっけん

・ゴム車のゴムを発しゃ台のフックにかけ、(② (たるまない)・少し引っぱった)いちに線を引き、0cmと書く。

・右の図で、ゴム車が動くきょりは、ゴムをのばす長さが(③ 5cm・(10cm))のときのほうが長い。

5cmのばす。　フック　ゴム車　わゴム　10cmのばす。

▶ゴムを長くのばすと、ゴムを短くのばしたときよりもゴム車の動くきょりは(④ 長)くなる。

▶ゴムの力は、ものを(⑤ 動かす)ことができる。

▶ゴムの力の大きさによって、ものの(⑥ 動き方)はかわる。

ここが だいじ！
①風が強くなるほど、風の力は大きくなる。
②ゴムののびが長くなるほど、ゴムの力は大きくなる。

ぴたトリビア 風力発電は、風の力を使って電気をつくっています。

ぴったり2 練習 4. 風やゴムの力

①風の力
②ゴムの力

学習 19ページ

教科書 51～60ページ　答え 10ページ

1 送風きで、ほに風を当てて、ほかけ車を動かしました。

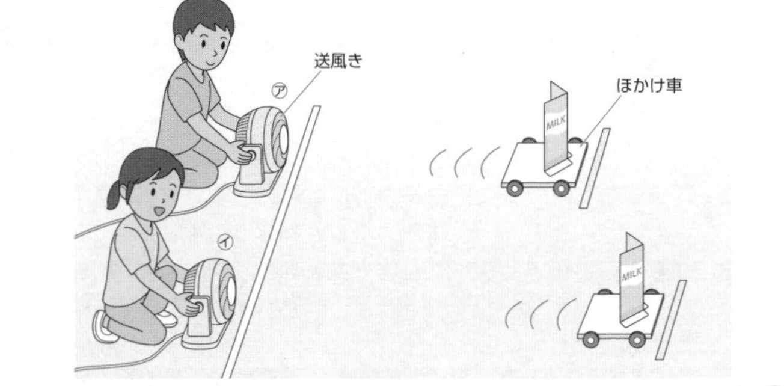

(1) 風の力が大きかったのは、㋐、㋑のどちらですか。 (㋑)

(2) ㋑よりも動くきょりを長くするには、どうしたらよいですか。正しいものに○をつけましょう。

ア(○)送風きの風を強くする。　イ(　)送風きの風を弱くする。
ウ(　)送風きの風を止める。

2 ゴムをのばす長さとゴム車が動くきょりのかんけいを調べるために、じっけんをしました。

(1) ゴムをのばしたときの手ごたえが大きいのは、㋐、㋑のどちらですか。 (㋑)

(2) 車をおさえている手をはなしたとき、車の動くきょりが長いのは、㋐、㋑のどちらですか。 (㋑)

(3) このじっけんから、どのようなことがいえますか。(　)にあてはまる言葉を書きましょう。

ゴムを短くのばすと、ゴム車が動くきょりは(① 短)くなり、ゴムを長くのばすと、ゴム車が動くきょりは(② 長)くなる。

㋐ 5cmのばす。
㋑ 10cmのばす。

ヒント 1 (2)風の力が大きいほど、ほかけ車の動くきょりは長くなります。

19ページ てびき

1 (1)風の力が大きいほど、ほかけ車が動くきょりが長くなるので、遠くまで進んでいる㋑のほうが、風の力が大きいといえます。
(2)風が強いほど、風の力が大きくなり、ほかけ車が動くきょりが長くなります。

2 (1)ゴムを長くのばすほど、ゴムが元にもどろうとする力が大きくはたらくので、手ごたえが大きくなります。
(2)(3)ゴムを長くのばすほど、ゴムの力が大きくなるので、ゴム車の動くきょりは長くなります。

おうちのかたへ　4. 風やゴムの力

送風機や輪ゴムを使って、風やゴムの力でものを動かすことができることを学習します。
風やゴムの力でものを動かすことができるか、力の大きさを変えると動く距離がどう変わるか理解しているか、などがポイントです。

4. 風やゴムの力

20ページ

/100 合格 70 点

教科書 50~61ページ　答え 11ページ

1 風の力で動く(うご)ほかけ車を作り、じっけんをしました。

1つ6点(18点)

(1) 図の青色のやじるしの向き(む)にうちわであおぐと、車はㇷ゚、㋑のどちらの向きに動きますか。

(㋑)

(2) 一定(いってい)の強さの風をほに当てるために使う(つか)道具(どうぐ)は、何ですか。

(送風き)

(3) 風をほに当てて、車を動かしたときのことで、正しいものに○をつけましょう。

ア(○)当てる風が強いほど、車が遠くまで動く。
イ(　)当てる風が弱いほど、車が遠くまで動く。
ウ(　)当てる風の強さをかえても、車が動くきょりはかわらない。

2 「ほ」をつけた車に、強い風と弱い風を当てて動くきょりをくらべました。

1つ8点(32点)

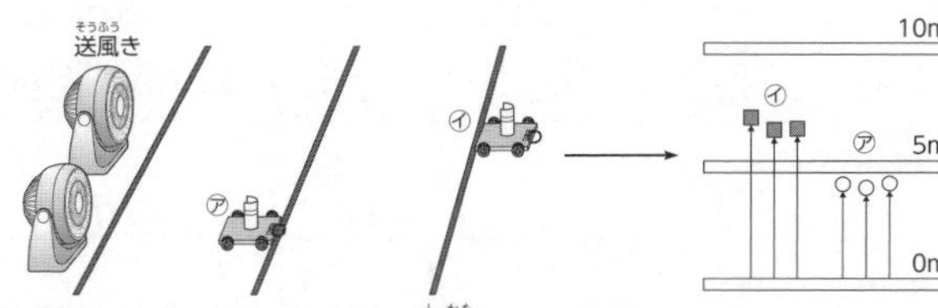

(1) 車に風を当てるときのじっけんの仕方(しかた)について、正しいほうに○をつけましょう。

ア(　)送風きのいちと向きは、ぜんぶかえる。
イ(○)送風きのいちと向きは、ぜんぶ同じにする。

(2) 図のㇷ゚は、強い風・弱い風のどちらの風を当てたけっかですか。　(弱い風)

(3) (　)にあてはまる言葉(ことば)を書きましょう。

① 車に当てる風が(弱い)ほうが、車が動くきょりは短い(みじか)。
② 車に当てる風が(強い)ほうが、ものを動かすはたらきが大きくなる。

20

21ページ

3 ゴムをのばす長さとゴム車が動くきょりのかんけいを調べ(しら)ました。

1つ6点(18点)

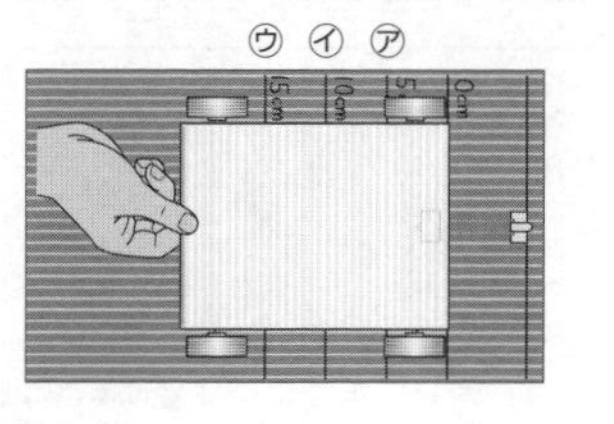

(1) ゴムをのばす長さが10cmのときの車の動くきょりを調べるには、車の先をㇷ゚~㋒のどのいちにそろえますか。　(㋑)

(2) ゴムをのばす長さが5cmのときと10cmのときでは、手ごたえはどちらが大きいでしょうか。

(10cm(のとき))

(3) 右の表(ひょう)の①に入るきょりとして、あてはまるものに○をつけましょう。

ア(　)50cm
イ(　)90cm
ウ(○)1m80cm

ゴムをのばす長さ	5cm	10cm	15cm
動いたきょり	70cm	1m30cm	(①)

4 ゴムの力を使って、ちゅう車場にゴム車を止めるゲームをしたところ、下の図のようなけっかになりました。

1つ8点(32点)

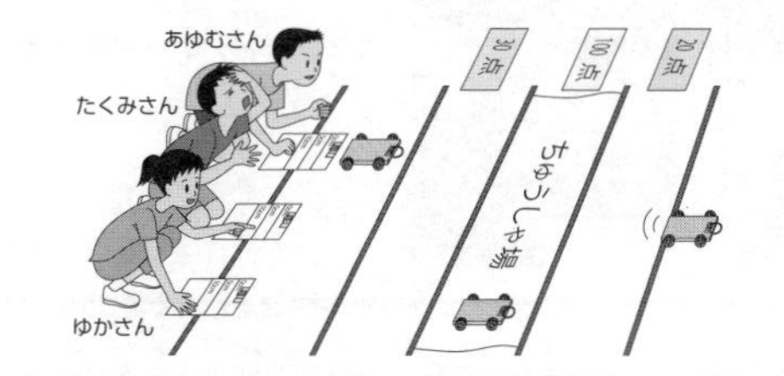

(1) ゆかさん、たくみさん、あゆむさんは、ゴムののびが5cm、10cm、15cmのどのいちからゴム車をスタートさせましたか。

ゆかさん(10cm)、たくみさん(15cm)、あゆむさん(5cm)

(2) 記述 ゴムを2本にして、ゆかさんと同じいちからスタートさせると、ゴム車が動くきょりはどうなりますか。「ちゅう車場」という言葉を使って書きましょう。

(ゴム車が動くきょりは長くなり、ゴム車はちゅう車場を通りこしてしまう。)

ふりかえり ③がわからないときは、18ページの②にもどってかくにんしましょう。

21

20~21ページ　てびき

1 (1)ほかけ車に風を当てると、風と同じ向き(む)に車が動き(うご)ます。
(3)当てる風が強いほど、風がものを動かす力は大きくなります。

2 (1)風の強さだけをかえてくらべることができるようにします。
(2)(3)風が強くなるほど、ものを動かすはたらきは大きく、動くきょりも長くなります。

3 (2)ゴムをのばす長さが長いほど、手ごたえが大きくなります。
(3)ゴムを15cmのばしたときに動いたきょりは、ゴムを10cmのばしたときに動いたきょりの1m30cmよりも、長くなります。

4 (1)ゴムをのばした長さが長い人からじゅんにならべると、たくみさん、ゆかさん、あゆむさんとなります。
(2)ゴムを2本にすると、ゴムがものを動かす力が大きくなるので、ちゅう車場を通りこして、ちゅう車場の先まで進み(すす)ます。

★ 葉を出したあと

①大きく育つころ
②花をさかせるころ

22ページ 学習：花がさくころの植物の育つようすをかくにんしよう。

教科書 63~68ページ　答え 12ページ

下の(　)にあてはまる言葉を書くか、あてはまるものを○でかこもう。

1 大きく育ってきたホウセンカを調べよう。 教科書 63~64ページ

▶草たけをのばしたホウセンカの様子を、葉が出てきたころのものとくらべる。

- 草たけが(① (のびて)・ちぢんで　)いる。
- 葉の数が(②　ふえ　)て、大きい葉がたくさんある。
- くきが(③ (太く)・細く　)なる。

2 花をさかせたホウセンカを調べよう。 教科書 66~68ページ

▶花をさかせたホウセンカの様子を、草たけをのばしたころとくらべた。

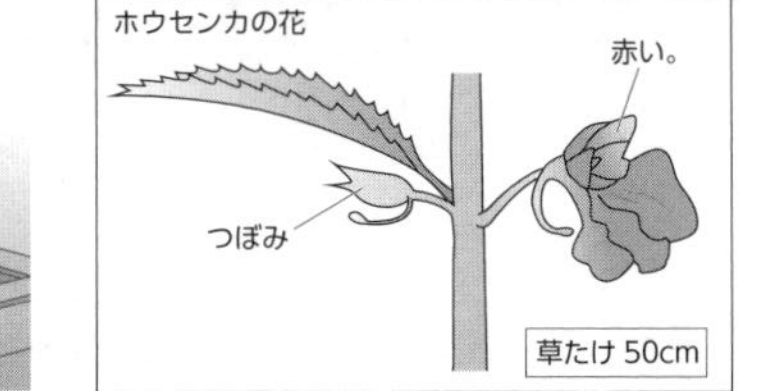

- さらに草たけが(① (のびて)・ちぢんで　)葉の数は(② (ふえて)・へって　)いる。
- 葉のつけねに(③　つぼみ　)がついている。
- (④　赤　)い花がさいている。

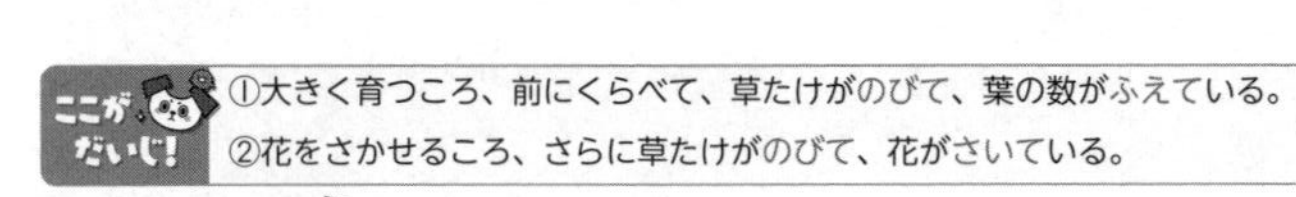

①大きく育つころ、前にくらべて、草たけがのびて、葉の数がふえている。
②花をさかせるころ、さらに草たけがのびて、花がさいている。

ぴたトリビア ヒトが葉・くき・根のどこを食べているかは、野さいによってちがいます。キャベツは葉、ジャガイモは地下のくき、ニンジンは根を食べます。

ぴったり2 練習

★ 葉を出したあと

①大きく育つころ
②花をさかせるころ

23ページ

教科書 63~68ページ　答え 12ページ

1 草たけをのばしたホウセンカの様子を調べました。

(1) 葉は、ホウセンカの体のどの部分についていますか。
(　くき　)

(2) なえを植えかえたころとくらべたときの様子として、正しいものに○をつけましょう。

ア(　)葉の数はかわらないが、葉が大きくなっている。
イ(　)葉の数はふえているが、葉の大きさはかわらない。
ウ(○)葉の数はふえ、葉は大きくなっている。
エ(　)葉の数も葉の大きさもかわらない。

2 花がさくころの植物の様子を調べました。

(1) この植物の名前を書きましょう。
(ホウセンカ)

(2) ④のあは何ですか。
(　つぼみ　)

(3) この植物の育つじゅんに、ア、イをならべましょう。
(イ → ア)

(4) この植物の花はどこにつきますか。正しいものに○をつけましょう。

ア(　)くきの先
イ(　)葉の先
ウ(○)葉のつけね

(5) 花がさくころの植物の様子として、正しいものに○をつけましょう。

ア(　)6月ごろとくらべて、草たけや葉の数はかわらない。
イ(　)6月ごろとくらべて、草たけはのびているが、葉の数はかわらない。
ウ(　)6月ごろとくらべて、草たけはかわらないが、葉の数はふえている。
エ(○)6月ごろとくらべて、草たけがのび、葉の数がふえている。

ヒント 2 (2)イのあの部分がひらいて、花がさきます。

おうちのかたへ　★ 葉を出したあと

「2. 植物を育てよう」に続いて、植物の育つ順序と、植物の体について学習します。
ここでは、花がさくまでを扱います。
植物の育ちと体のつくりを根、茎、葉などの用語(名称)を使って理解しているか、などがポイントです。

23ページ　てびき

1 (2)ふえた葉は、だんだん大きくなります。

2 (2)ホウセンカのつぼみは、小さいうちは緑色をしていますが、育っていくとピンク色などにかわります。
(3)ホウセンカのつぼみは、下のほうのつぼみからじゅんにふくらんで、花になります。
(4)つぼみがつくいちは、植物のしゅるいによってちがいます。

★ 葉を出したあと

24ページ

/100 合格70点

教科書 62~69ページ　答え 13ページ

1 草たけをのばしたホウセンカの様子を調べました。

1つ5点(15点)

(1) 調べたことをかんさつカードにかくときのことで、正しいものを2つえらび、○をつけましょう。

ホウセンカ

ア(　)葉やくきの形を分けてちがうカードに絵にかき、色をぬる。
イ(○)全体の形を絵にかき、色をぬる。
ウ(　)形をかかずに、いきなり色をぬる。
エ(　)草たけは、かならずものさしではかる。
オ(○)紙テープを草たけと同じ長さに切り取り、その長さをはかってもよい。

(2) 7月のころのホウセンカの様子を、なえを植えかえたころとくらべて、正しいものに○をつけましょう。

ア(　)草たけはのびたが、くきの太さはかわらない。
イ(○)草たけはのび、くきは太くなっている。
ウ(　)草たけはのびていないが、くきは太くなっている。
エ(　)草たけもくきの太さも、ほとんどかわらない。

2 4月にたねをまいた植物の育つ様子を調べました。

1つ5点(10点)

(1) ホウセンカの葉の様子を上から見たのは、㋐、㋑のどちらですか。

(㋑)

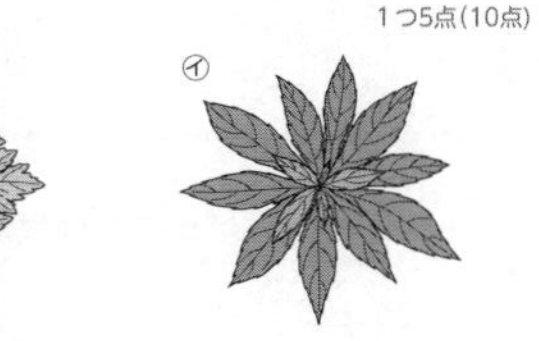

(2) このかんさつをしたのはいつごろですか。正しいものに○をつけましょう。

ア(　)5月ごろ
イ(○)7月ごろ
ウ(　)10月ごろ

25ページ

3 ホウセンカの育ち方を調べました。（よく出る）

(1)は1つ10点、(2)はぜんぶできて15点(35点)

㋐ ぎざぎざした葉　5cm　葉の数 4まい
㋑ 実がなったよ!　43cm　葉の数 28まい
㋒ 花がさいたよ!　赤い花がさいた。　42cm　葉の数 42まい
㋓ ぎざぎざした葉　えだ分かれしている。　28cm　葉の数 27まい

(1) ホウセンカが育つ様子を知るには、前のかんさつカードとあとのかんさつカードで何をくらべますか。2つ書きましょう。　(草たけ(高さ))(葉の数)

(2) かんさつした月日が早いものからじゅんに、㋐~㋓をならべましょう。

(㋐ → ㋓ → ㋒ → ㋑)

この本の終わりにある「夏のチャレンジテスト」をやってみよう!

4 ヒマワリをかんさつすると、写真のようなものが見られました。（できたらスゴイ!）

1つ8点(40点)

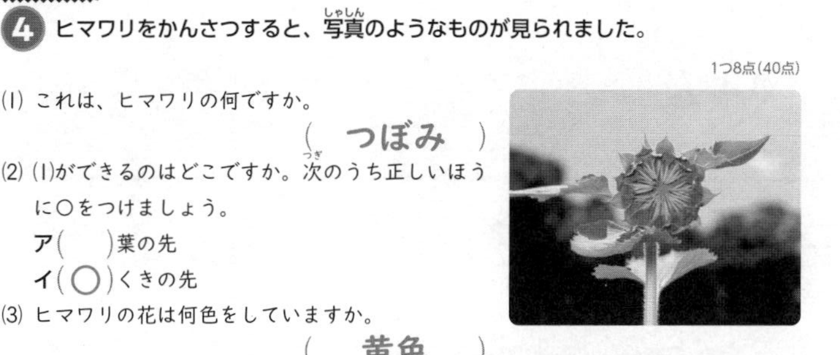

(1) これは、ヒマワリの何ですか。

(　つぼみ　)

(2) (1)ができるのはどこですか。次のうち正しいほうに○をつけましょう。

ア(　)葉の先
イ(○)くきの先

(3) ヒマワリの花は何色をしていますか。

(　黄色　)

(4) このころのヒマワリの草たけは、6月ごろとくらべてどうなっていますか。

(のびている。　)

(5) このころのヒマワリの葉の数は、6月ごろとくらべてどうなっていますか。

(ふえている。(多くなっている。)　)

ふりかえり 3がわからないときは、22ページの1・2にもどってかくにんしましょう。

24~25ページ　てびき

1 (1)ホウセンカが育つと、30cmのものさしではかれないぐらいの草たけになるので、紙テープを草たけと同じ長さに切り取り、その長さをまきじゃくなどではかります。

2 (1)ホウセンカの葉は細長いので、上から見た様子は㋑です。㋐はヘチマの葉を上から見た様子です。
(2)ホウセンカの葉の様子から考えます。5月ごろには、なえを植えかえるので、葉の数は6~7まいです。10月ごろには、ホウセンカはかれてしまいます。

3 (2)葉が出たころ(㋐)→草たけがのび、葉の数がふえたころ(㋓)→花がさいたころ(㋒)→実がなったころ(㋑)のじゅんになります。

4 (1)(2)ヒマワリのつぼみは、くきの先につきます。実と同じような形ですが、まわりが緑色で、真ん中が黄色なので、つぼみであることがわかります。

ぴったり1 じゅんび

5. こん虫の世界

①こん虫の体のつくり

26ページ

学習 こん虫の体のつくりをかくにんしよう。

教科書 73〜76ページ　答え 14ページ

下の(　)にあてはまる言葉を書こう。

1 バッタやトンボなどのこん虫の体のつくりを調べよう。　教科書 73〜76ページ

・モンシロチョウの体のつくり
・チョウのせい虫の体は、(① 頭)、むね、はらの3つの部分からできていて、(②あし)が6本ある。
・このような体のつくりをした生き物のなかまを(③ こん虫)という。

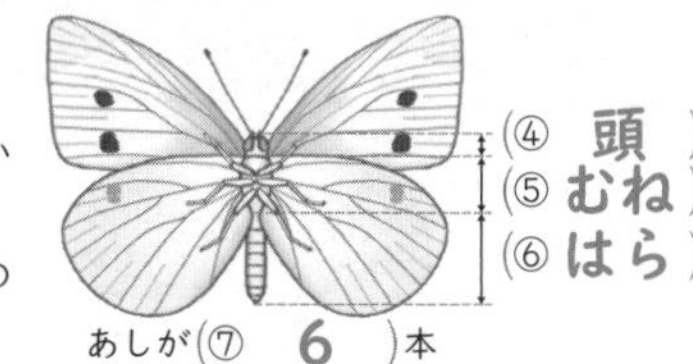

▶バッタやトンボなどのこん虫の体は、(⑧ 3)つの部分からできている。

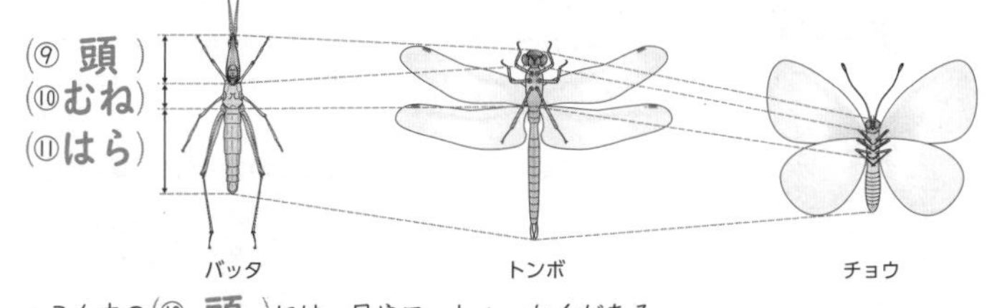

・こん虫の(⑫ 頭)には、目や口、しょっかくがある。
・こん虫の(⑬ むね)には、6本のあしやはねがある。
・こん虫の(⑭ はら)には、いくつかのふしがある。

▶バッタやトンボ、チョウのように、(⑮こん虫)の体は、どれも、頭、むね、はらの3つの部分からできていて、頭に目や口があり、むねに6本のあしがあり、はらにいくつかの(⑯ ふし)がある。

▶ダンゴムシやクモは、体の分かれ方やあしの数を見ると、こん虫の体のつくりとはちがうので、(⑰ こん虫)のなかまではない。

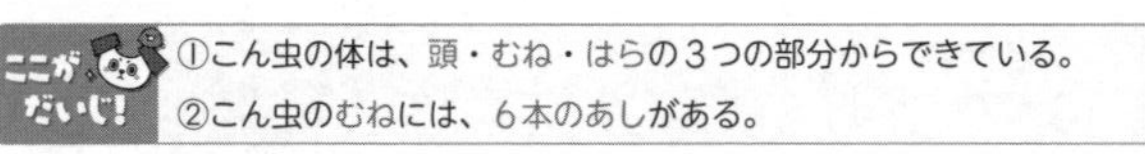

ここがだいじ!
①こん虫の体は、頭・むね・はらの3つの部分からできている。
②こん虫のむねには、6本のあしがある。

ぴたトリビア　こん虫のせい虫のむねには、6本のあしがありますが、ダンゴムシには14本、クモには8本のあしがあり、どちらもこん虫ではありません。

ぴったり2 練習

5. こん虫の世界

①こん虫の体のつくり

27ページ

教科書 73〜76ページ　答え 14ページ

1 いろいろな生き物の体のつくりを調べました。下の㋐〜㋖のうち、こん虫であるものを5つえらび、○をつけましょう。

㋐ ○　㋑ ○　㋒ □　㋓ ○
㋔ ○　㋕ ○　㋖ □

2 バッタの体のつくりを調べました。

(1) バッタを持つときは、どの部分をそっとつかみますか。正しいものに○をつけましょう。

ア(　)頭
イ(○)むね
ウ(　)はら

(2) 次の文は、頭・むね・はらのどの部分についてせつめいしたものですか。

① 目や口がある。　(頭)
② いくつかのふしがある。　(はら)
③ あしやはねがある。　(むね)

ヒント ❶ こん虫の体は、頭・むね・はらからできています。あしのいちなどを見て、考えましょう。

27ページ　てびき

❶ ㋐はショウリョウバッタ、㋑はアキアカネ、㋒はオカダンゴムシ、㋓はアゲハ、㋔はカブトムシ、㋕はエンマコオロギ、㋖はコガネグモです。こん虫は、体が頭・むね・はらの3つに分けられ、むねには6本のあしがついています。

❷ (1)はらはやわらかいので、バッタやトンボを持つときは、むねかはねをそっとつかむようにします。
(2)こん虫の体は、頭、むね、はらの3つの部分からできています。頭に目や口があり、むねに6本のあしがあり、はらにいくつかのふしがあります。

おうちのかたへ　5. こん虫の世界

「3. チョウを育てよう」に続いて、昆虫の体について学習します。
また、昆虫と環境のかかわりを学習します。チョウの育ちや体のつくりをもとに、
ほかの昆虫の育ちや体のつくりを理解しているか、昆虫の食べ物やすみかについて考えることができるか、などがポイントです。

5. こん虫の世界
②こん虫のいる場所や食べ物

こん虫がいる場所や食べ物をかくにんしよう。

教科書 77~82ページ　答え 15ページ

下の(　)にあてはまる言葉を書こう。

1 こん虫などがいる場所や食べ物を調べよう。　教科書 77~81ページ

▶チョウやバッタ

	モンシロチョウ	トノサマバッタ
こん虫		
いる場所	花だん、野原の花	野原、草むらの中
食べ物	花の(① みつ)	植物の(② 葉)

▶そのほかのこん虫

	オオカマキリ	カブトムシ	エンマコオロギ
こん虫			
いる場所	野原、草むらの中	林の木のみき	草や石のかげ
食べ物	小さい(③こん虫(虫))	木の(④ しる)	植物やいろいろな(⑤こん虫(虫))など

▶こん虫などの生き物は、植物の(⑥ 葉)、花のみつ、木のしる、落ち葉などを食べたり、(⑦ 植物)のある場所をすみかにしたりして、(⑧ 植物)とかかわり合って生きている。

ここがだいじ! ①こん虫などは、野原や林、池などにいて、植物を食べたり、ほかのこん虫などを食べたりしている。

ぴたトリビア 動物は、ほかの動物や植物を食べて生きています。ほかの生き物なしでは生きられません。

ぴったり2 練習

5. こん虫の世界
②こん虫のいる場所や食べ物

教科書 77~82ページ　答え 15ページ

1 こん虫をさがしに行き、写真のようなこん虫を見つけました。かんさつしたきろくの(　)に、あてはまる言葉を書きましょう。

モンシロチョウは、野原の花に集まり、花の(① みつ)をすっていた。

トノサマバッタは、草むらにすみ、(② 植物)の葉を食べていた。

カブトムシは、林にすんで、(③ 木)のしるをなめていた。

2 次のこん虫のいる場所と、その食べ物を　から1つずつえらび、記号を書きましょう。同じ記号をくり返し使ってもかまいません。

こん虫の名前	こん虫のいる場所	こん虫の食べ物
エンマコオロギ	(① エ)	(② オ)
ショウリョウバッタ	(③ ア)	(④ ケ)
コアオハナムグリ	(⑤ イ)	(⑥ ク)
カブトムシ	(⑦ ウ)	(⑧ カ)
オオカマキリ	(⑨ ア)	(⑩ オ)

こん虫のいる場所
㋐草むらや野原　㋑花だんや野原の花　㋒林　㋓草かげ
こん虫の食べ物
㋔こん虫　㋕木のしる　㋖落ち葉　㋗花のみつやかふん　㋘植物の葉

29ページ　てびき

1 ①花のみつをすうために、モンシロチョウの口はストローのようになっています。

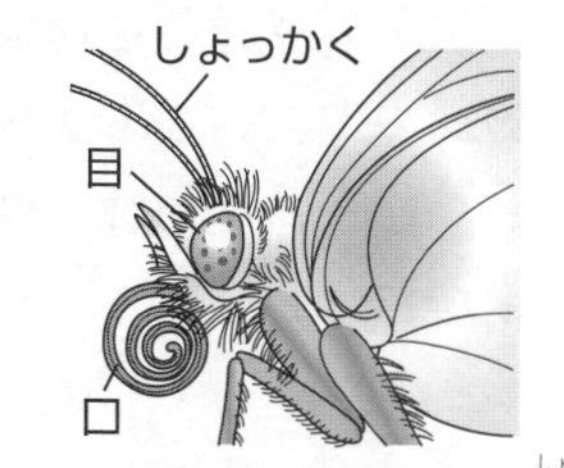

②トノサマバッタは、植物の葉をかみ切るために、大きなあごをもっています。

③カブトムシの口には、木のしるをなめ取るためにブラシのように毛がたくさんあります。

2 エンマコオロギは、こん虫なども食べます。ショウリョウバッタは、イネの葉のような細長い葉を食べます。コアオハナムグリは、花のみつのほかに、かふんも食べます。カブトムシは木のしるをすいます。こん虫はどれも、食べ物がある場所にいます。

5. こん虫の世界

30ページ　/100　合格70点

教科書 72~83ページ　答え 16ページ

よく出る

1 トンボの体のつくりを調べました。

1つ4点(24点)

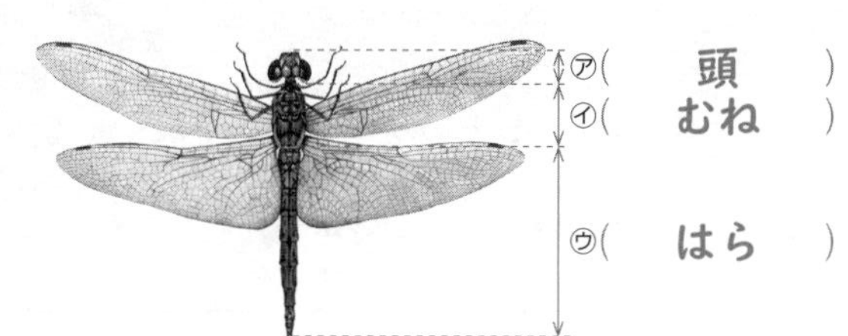

㋐(頭)
㋑(むね)
㋒(はら)

(1) ㋐~㋒の部分の名前を書きましょう。

(2) トンボをかんさつするときは、㋐~㋒のどこを持ちますか。記号を書きましょう。 (㋑)

(3) トンボを見つけるには、どこをさがすとよいでしょうか。正しいものに○をつけましょう。

ア(　)土の中　イ(　)木のみき　ウ(○)野原の上

(4) トンボのあしは、上の㋐~㋒のどの部分についていますか。記号を書きましょう。 (㋑)

2 草むらで、オオカマキリを見つけました。

1つ4点(16点)

(1) オオカマキリの体のしくみを調べました。体はいくつの部分からできていますか。 (3つ)

(2) 次の①、②は、体のどの部分についてせつめいしたものですか。その名前を書きましょう。

① 目やしょっかくがある。 (頭)

② はねがついている。 (むね)

(3) 記述 オオカマキリが草むらで見つかったのはなぜですか。「食べ物」という言葉を使って、その理由をせつめいしましょう。 思考・表現

(オオカマキリの食べ物となるこん虫が草むらにいるから。)

30

31ページ

できたらスゴイ!

3 下の㋐~㋒の虫を見つけました。

1つ5点(60点)

(1) ㋐~㋒の虫の名前を書きましょう。

㋐(モンシロチョウ)
㋑(エンマコオロギ)
㋒(ショウリョウバッタ)

(2) ㋐~㋒の虫の食べ物を、下の［　］からえらび、番号を書きましょう。

㋐(①)　㋑(③)　㋒(④)

①花のみつ　②木のしる　③植物やほかの虫　④植物の葉

(3) ㋐~㋒の虫を見つけた場所を、下の［　］からえらび、番号を書きましょう。

㋐(②)　㋑(④)　㋒(①)

①草むら　②花だんや野原の花　③花だんや野原の土　④草や石のかげ

(4) (3)の場所で虫を見つけたのはなぜですか。その理由をせつめいしましょう。

(虫は、その虫が食べている食べ物のある場所にいるから。)

(5) ㋐~㋒の虫のあしの数は何本ですか。 (6本)

(6) ㋐~㋒の虫について、正しいものに○をつけましょう。

ア(○)㋐~㋒はすべてこん虫である。
イ(　)㋑、㋒はこん虫であるが、㋐はこん虫ではない。
ウ(　)㋒はこん虫であるが、㋐、㋑はこん虫ではない。
エ(　)㋑はこん虫であるが、㋐、㋒はこん虫ではない。

ふりかえり　3(1)がわからないときは、26ページの1にもどってかくにんしましょう。

31

30~31ページ　てびき

1 (1)目や口があるのが頭、あしやはねがついているのがむねです。
(2)トンボやバッタを持つ場合は、むねかはねの部分をやさしくつかみます。
(3)トンボは、ほかのこん虫を食べるので、野原や川原などの上をとんでいます。

2 (1)オオカマキリの体は、頭、むね、はらの3つの部分に分けられます。
(2)目やしょっかくがあるのは頭で、むねの部分にはあしとはねがあります。
(3)オオカマキリは、食べ物となるバッタなどのこん虫がたくさんいる草むらなどをすみかとしています。

3 (6)こん虫のせい虫の体は頭・むね・はらの3つからできていて、むねに6本のあしがあります。ふつう、4まいのはねがむねにありますが、ハエのようにはねが2まいのものや、アリのようにはねがないこん虫もいます。

★ 花をさかせたあと

学習 32ページ

植物がたねから育ってかれるまでの育ち方をかくにんしよう。

教科書 85～89ページ　答え 17ページ

下の(　)にあてはまる言葉を書くか、あてはまるものを○でかこもう。

1 実をつけたホウセンカを調べよう。　教科書 84～86ページ

▶実をつけたホウセンカをかんさつした。

- (① 赤色・(黄緑色))の実がついている。
- (② (黄色)・白色)に、かれた葉がある。
- じゅくしたホウセンカの実をさわると、実がはじけて、中から(③ たね)が出てくる。
- ホウセンカは、実の中の(④ たね)をのこして、かれていく。

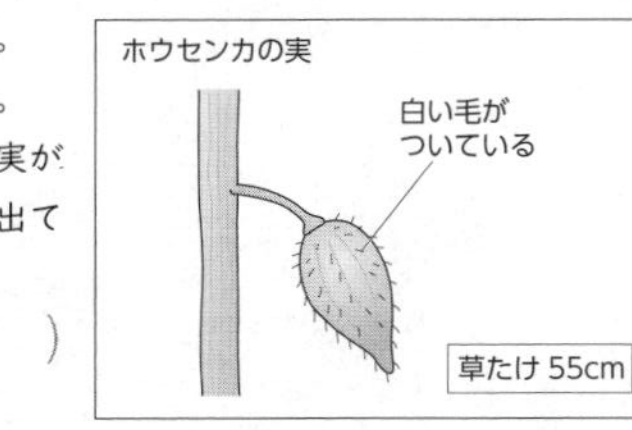

2 植物は、たねからどのように育つのだろうか。　教科書 87～89ページ

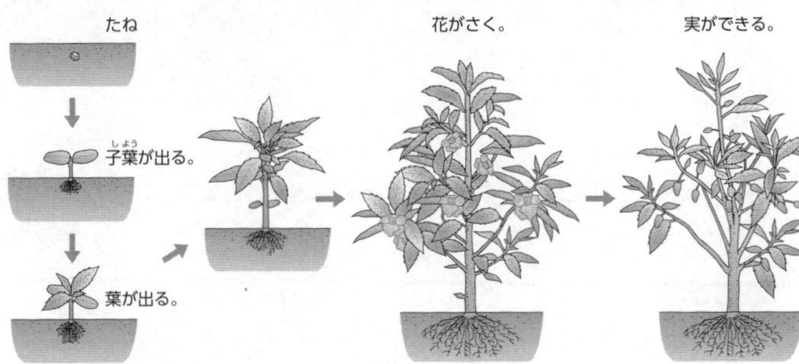

▶ホウセンカやヒマワリなどの植物は、たねから(① 葉・(子葉))が出たあと、葉が出る。そして、(②草たけ)がのびて、葉がしげり、(③ 花)がさく。

▶花がさいたあとに(④ 実)ができ、その中に、たくさんの(⑤ たね)をのこしてかれていく。

ここがだいじ!
①花がさいたあとにできた実の中には、たねができている。
②ホウセンカなどの植物は、たねから子葉を出し、草たけがのびて葉がしげり、花をさかせ、そのあとに実をつけ、中にたねをのこしてかれてしまう。

ぴたトリビア　植物の実には、ミカンのようにヒトが食べられるものがあります。ミカンを食べるときに、ミカンのたねを見つけられることがあります。

32

ぴったり2 練習　★ 花をさかせたあと

学習 33ページ

教科書 85～89ページ　答え 17ページ

1 花をさかせたあとのホウセンカの様子を調べます。

(1) ホウセンカの実は、どこにできますか。正しいものに○をつけましょう。

ア(　)くきの先
イ(○)葉のつけね
ウ(　)土の中の根の先

(2) できたころのホウセンカの実は、何色をしていますか。　(緑色)

(3) ホウセンカの実がじゅくすと、中に何ができていますか。　(たね)

(4) (3)は何色をしていますか。正しいものに○をつけましょう。

ア(　)緑色
イ(○)茶色
ウ(　)白色

2 下の図は、ホウセンカが育っていく様子をかいたものです。たねから育っていくじゅんにならべ、記号を書きましょう。

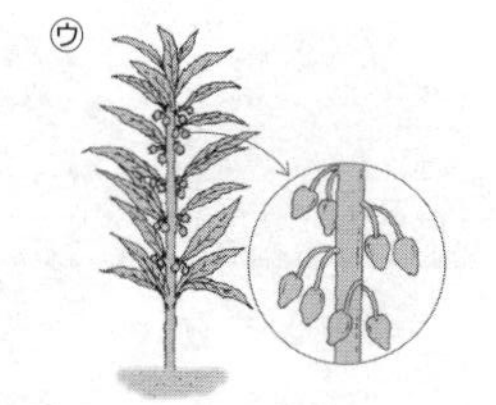
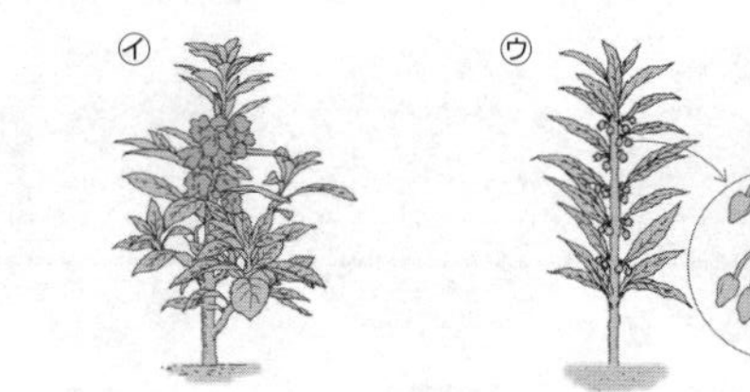
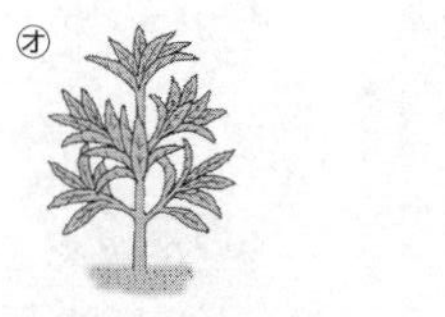

(㋐→ ㋓ → ㋔ → ㋑ → ㋒)

ヒント ❶ (3)ホウセンカは花がさいたあとに実ができ、たくさんのたねをのこしてかれていく。

33

33ページ てびき

❶ (1)花から実ができるので、葉のつけねの部分に実ができます。

(2)できたころのホウセンカの実は緑色をしていますが、じゅくすと黄色から茶色にかわります。

(4)実がじゅくす前は、たねは白い色をしていますが、実がじゅくすと、中のたねは茶色になります。

❷ ㋒で、くきについているものは実です。ホウセンカが、たねから育ち実ができるまでを、じゅんにならべます。たねをまく(㋐)と、子葉が出て(㋓)、草たけをのばし、葉をふやします(㋔)。やがて、花がさき(㋑)、実ができます(㋒)。

おうちのかたへ
実や種がどのようにできるか(受粉や結実のしくみ)は、5年で学習します。3年では、花が咲き、実ができ、その実の中に種ができるという育ち方を、観察した事実として捉えます。

おうちのかたへ　★ 花をさかせたあと
「2.植物を育てよう」「★葉を出したあと」に続いて、植物の育つ順序と、植物の体について学習します。
ここでは、花が咲いてから枯れるまでを扱います。
根・茎・葉の変化とともに植物の一生を理解しているか、などがポイントです。

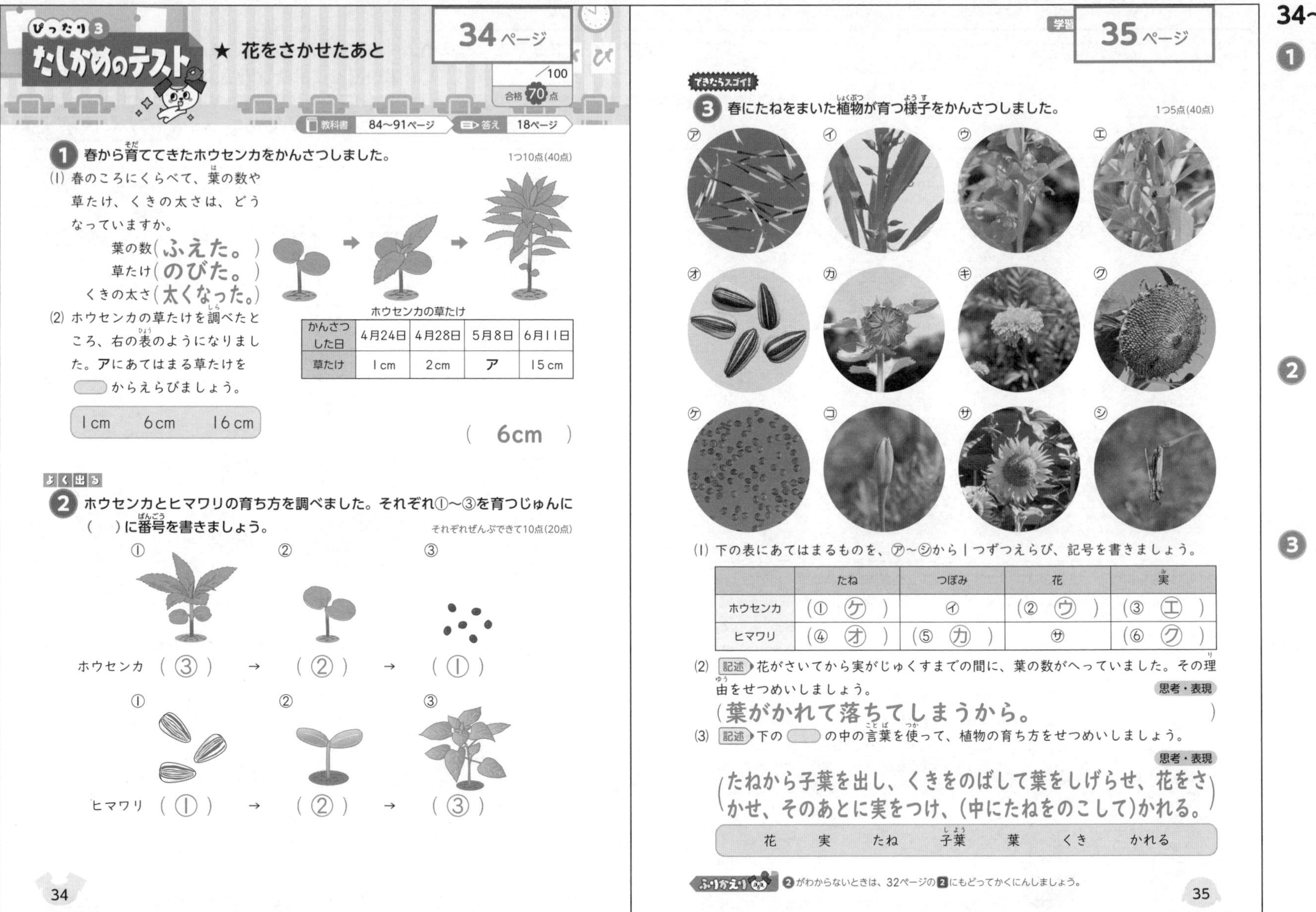

ぴったり3 たしかめのテスト ★ 花をさかせたあと

34ページ

/100 合格70点

教科書 84～91ページ　答え 18ページ

1 春から育ててきたホウセンカをかんさつしました。　1つ10点(40点)

(1) 春のころにくらべて、葉の数や草たけ、くきの太さは、どうなっていますか。

葉の数（ ふえた。 ）
草たけ（ のびた。 ）
くきの太さ（ 太くなった。 ）

(2) ホウセンカの草たけを調べたところ、右の表のようになりました。アにあてはまる草たけを［　］からえらびましょう。

ホウセンカの草たけ

かんさつした日	4月24日	4月28日	5月8日	6月11日
草たけ	1cm	2cm	ア	15cm

1cm　6cm　16cm

（ 6cm ）

よく出る

2 ホウセンカとヒマワリの育ち方を調べました。それぞれ①～③を育つじゅんに（　）に番号を書きましょう。　それぞれぜんぶできて10点(20点)

ホウセンカ（ ③ ）→（ ② ）→（ ① ）

ヒマワリ（ ① ）→（ ② ）→（ ③ ）

34

35ページ

学習 できたらスゴイ！

3 春にたねをまいた植物が育つ様子をかんさつしました。　1つ5点(40点)

㋐ ㋑ ㋒ ㋓ ㋔ ㋕ ㋖ ㋗ ㋘ ㋙ ㋚ ㋛

(1) 下の表にあてはまるものを、㋐～㋛から1つずつえらび、記号を書きましょう。

	たね	つぼみ	花	実
ホウセンカ	(① ㋘)	㋑	(② ㋒)	(③ ㋓)
ヒマワリ	(④ ㋔)	(⑤ ㋕)	㋚	(⑥ ㋗)

(2) 記述 花がさいてから実がじゅくすまでの間に、葉の数がへっていました。その理由をせつめいしましょう。　思考・表現

（ 葉がかれて落ちてしまうから。 ）

(3) 記述 下の［　］の中の言葉を使って、植物の育ち方をせつめいしましょう。　思考・表現

（ たねから子葉を出し、くきをのばして葉をしげらせ、花をさかせ、そのあとに実をつけ、(中にたねをのこして)かれる。 ）

花　実　たね　子葉　葉　くき　かれる

ふりかえり　2がわからないときは、32ページの2にもどってかくにんしましょう。

35

34～35ページ　てびき

1 (1)春にたねをまいた植物はせいちょうし、葉の数がふえ、草たけが高くなり、くきが太くなっています。

(2)育つにつれて草たけが高くなっていくことから、6cmがあてはまると考えられます。

2 植物は、たねからめを出し、子葉を出し、葉がふえて、草たけがのびることから、育つじゅんがわかります。

3 (1)㋐はマリーゴールドのたね、㋖はマリーゴールドの花、㋙はマリーゴールドのつぼみ、㋛はマリーゴールドの実です。

(2)実ができるころには、新しい葉は出てきません。このころには、黄色くなって、だんだんかれて落ちてしまう葉がふえます。

3 (3)ホウセンカやヒマワリのような植物の育ち方は、「たねから子葉が出る→葉が出てくる→くきがのびて葉がしげる→つぼみができる→花がさく→実ができる→たねをのこしてかれる」となります。

ぴったり1 じゅんび

6. 太陽と地面

①かげと太陽1

学習 36ページ

かげのでき方と太陽のいちがどうなっているか、かくにんしよう。

教科書 93~96、180ページ　答え 19ページ

下の(　)にあてはまる言葉を書くか、あてはまるものを○でかこもう。

1 ものて太陽がさえぎられると、かげは、太陽の反対がわにできるのだろうか。 教科書 92~96、180ページ

- 太陽を見るときは、かならず(① しゃ光板)を使う。
- しゃ光板を(② 目)の前にかざして、(③ フィルタ)を通して見る。

フィルタ

しゃ光板

太陽の向き

校しゃのかげの向き

太陽の向き

鉄ぼうのかげの向き

▶校しゃのかげのはしや、鉄ぼうのかげの先のほうから太陽を見ると、太陽とは(④ 同じ・(反対))の向きにかげができている。

▶もので太陽の光がさえぎられると、かげは、太陽とは(⑤ 反対)がわにできる。

ここがだいじ！ ①もので太陽の光がさえぎられると、かげは、太陽の反対がわにできます。

ぴたトリビア 時間がたつと、かげの向きがかわることをりようしておよその時こくを調べることができます。そのことをりようした時計を日時計といいます。

36

ぴったり2 練習

6. 太陽と地面

①かげと太陽1

学習 37ページ

教科書 93~96、180ページ　答え 19ページ

1 いろいろなもののかげができる向きを調べました。

(1) かげができるのは、日なた、日かげのどちらですか。
(日なた)

(2) 犬のかげは、㋐~㋒のどの向きにできますか。
(㋑)

(3) 女の子から見て、太陽はかげのほうにありますか。それとも、せなかのほうにありますか。
(せなかのほう)

2 木や人のかげの向きと太陽の向きを調べます。

(1) 太陽を見るときは、かならず何を使いますか。
(しゃ光板)

(2) 木のかげの向きから、太陽は㋐~㋒のどのいちにあることがわかりますか。
(㋐)

(3) このときの男の子のかげは、㋓~㋕のどれですか。
(㋔)

(4) かげの向きについて、正しいほうに○をつけましょう。
ア(　)太陽の向きと同じ向きにできる。
イ(◯)太陽の向きと反対の向きにできる。

(5) かげは、ものが何をさえぎったときにできますか。
(太陽の光(日光))

ヒント ❶ (2)太陽の光でできるかげは、すべて同じ向きにできます。

37

37ページ てびき

❶ (2)木のかげや女の子のかげと同じ向きに、犬のかげができます。
(3)かげは太陽の向きとは反対の向きにできます。女の子のかげは、女の子の正面にできているので、太陽はせなかのほうにあります。

❷ (1)太陽の光はとても強いので、ちょくせつ目で見ると、目をいためてしまいます。
(2)木のかげと反対の向きに、太陽があります。
(3)木のかげと同じ向きに、男の子のかげができます。
(4)(5)太陽の光がものにさえぎられて、かげができるので、太陽の向きと反対の向きにかげができます。

おうちのかたへ **6. 太陽と地面**
日光により影ができること、太陽が動くと影も動くこと、日なたと日かげではようすが違うことを学習します。
太陽と影(日かげ)との関係が考えられるか、日なたと日かげの違いについて考えることができるか、などがポイントです。

ぴったり1 じゅんび

6. 太陽と地面

①かげと太陽2

38ページ

学習 かげの向きがなぜかわるのかをかくにんしよう。

教科書 96～99、182ページ　答え 20ページ

下の(　)にあてはまる言葉を書こう。

1 時間がたつと、かげの向きがかわるのは、太陽の向きがかわるからだろうか。 教科書 96～99、182ページ

▶(①方位じしん)は、はりの色がぬってあるほうが(② 北)をさすことをりようして、東西南北の方位を知ることができる道具である。

- 方位じしんを(③ 水平)になるように持つ。
- 文字ばんを回して、はりの色をぬってあるほうと、文字ばんの「(④ 北)」を合わせる。
- 調べたい方位を調べる。

▶太陽の向きの調べ方

- ペットボトルをおいた場所に立ち、(⑤おもり)をつけた紙テープを持ちながら太陽を指さして、おもりの(⑥ 真下)に×のしるしをつける。
- 方位(東西南北)の十字の線が交わるところから×のしるしに線をのばした方向が、(⑦ 太陽)の向きになる。

はり　文字ばん

▶かげの向きと太陽の向きとのかんけい

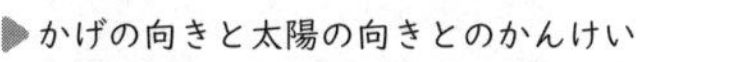

- 時間がたつと、かげは(⑧ 西)から(⑨ 東)へ動く。
- 時間がたつと、太陽は(⑩ 東)から(⑪ 西)へ動く。
- 太陽は、(⑫ 東)の方からのぼって、(⑬ 南)の高いところを通り、(⑭ 西)の方へしずんでいく。
- かげは、いつも、太陽の(⑮反対)がわにできるので、(⑯ 西)の方から(⑰ 東)の方へ向きがかわる。

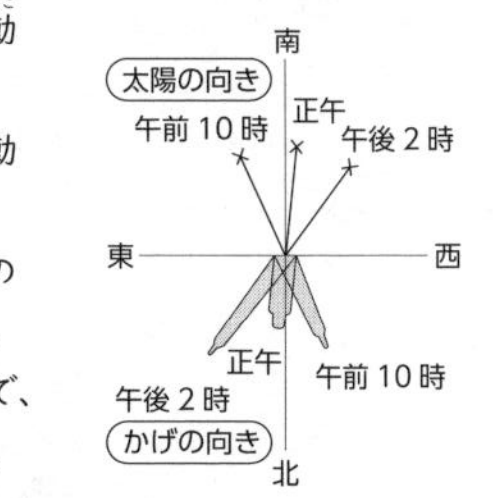

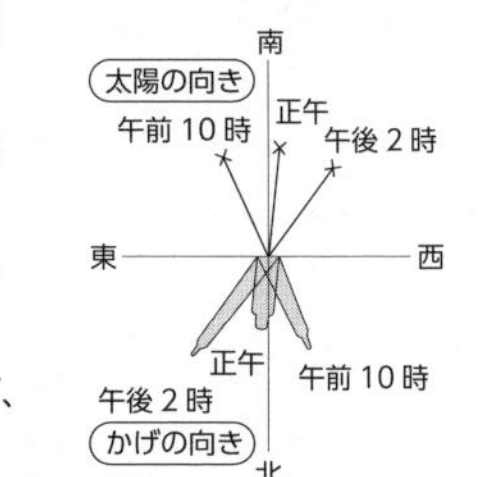

ここがだいじ!
①時間がたつと、かげの向きがかわるのは、太陽の向きがかわるから。
②太陽は、東の方からのぼって、南の高いところを通り、西の方へしずむ。

ぴたトリビア　かげの長さは、太陽が南の高いところにあるときは短くなり、西や東のひくいところにあるときは長くなります。

38

ぴったり2 練習

6. 太陽と地面

①かげと太陽2

39ページ

教科書 96～99、182ページ　答え 20ページ

1 方位じしんで──→の方位を調べます。方位じしんを正しく使っているのは、㋐、㋑のどちらですか。　(㋑)

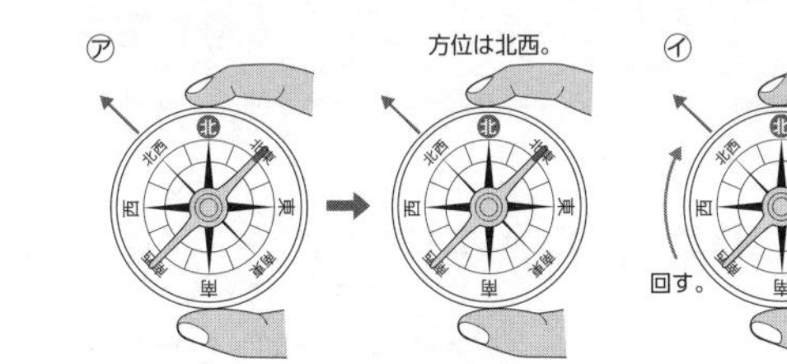

2 午前10時ごろ、正午ごろ、午後2時ごろに、木のかげの向きと太陽の向きを調べました。

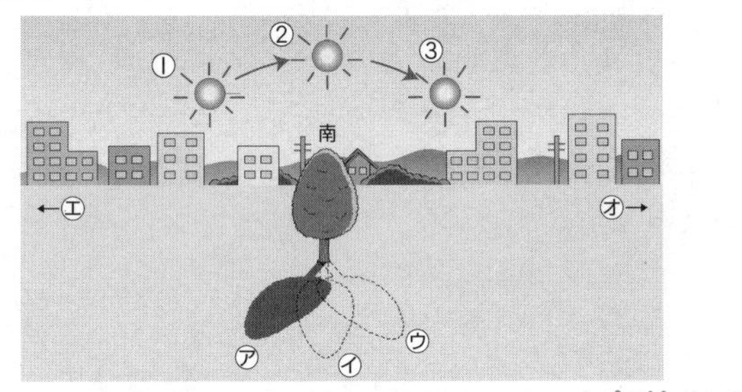

(1) 東西南北の方位を調べるときに使うものは何ですか。　(方位じしん)

(2) 太陽は①→②→③の向きに動きました。このとき、かげ㋐～㋒はどのように動きましたか。動いたじゅんに、記号を書きましょう。　(㋒→㋑→㋐)

(3) ㋓、㋔の方位を書きましょう。　㋓(東)　㋔(西)

(4) かげの向きと太陽の向きのかんけいについて、正しいものには○を、まちがっているものには×をつけましょう。

ア(○)かげは太陽と反対の向きにできる。
イ(×)かげは太陽と同じ向きにできる。
ウ(○)太陽は東の方からのぼって、南の空を通り、西の方へしずんでいく。
エ(×)かげは東の方から西の方へ向きがかわる。

39

おうちのかたへ

一般的な方位磁針は、はりの色がついているほうが北を指します。
なお、方位磁針が磁石の性質を利用していること、磁石のN極が北を指し、S極が南を指して止まることは、「11. じしゃく」で学習します。

39ページ　てびき

1 方位じしんのはりは、北と南をさして止まります。このとき、色をぬってあるほうは、北をさします。はりの動きが止まったら、文字ばんを回して、「北」の文字とはりの色をぬってあるほうを合わせます。

2 (1)方位じしんは、じしゃくのなかまです。

(2)かげの向きは太陽の向きと反対になるので、太陽が①にあるときのかげは㋒、②にあるときのかげは㋑、③にあるときのかげは㋐になります。

(3)南を向いて、両手を広げて立ったとき、左手の向きが東、右手の向きが西になります。

南
←東　西→

(4)太陽は東の方から出て、南の空を通り、西の方へしずむので、かげは西の方から北の方を通り、東の方へ向きがかわります。

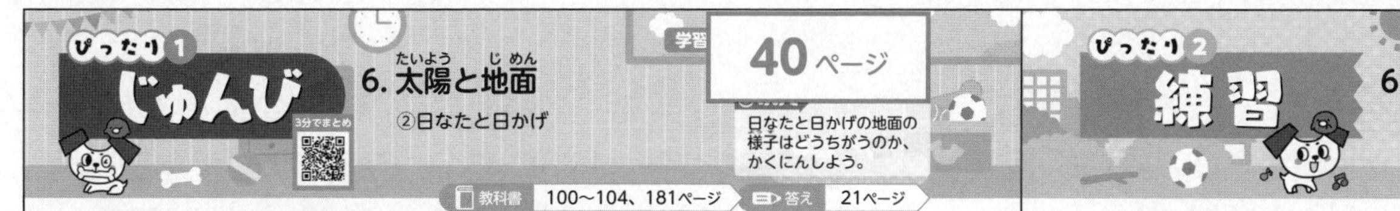

6. 太陽(たいよう)と地面(じめん)

②日なたと日かげ

教科書 100〜104、181ページ　答え 21ページ

下の(　)にあてはまる言葉(ことば)を書くか、あてはまるものを〇でかこもう。

1 朝と昼に、日なたと日かげで地面の温度(おんど)を調(しら)べよう。

教科書 100〜103、181ページ

▶温度計の使(つか)い方

- はかりたいものが温度計の(① えきだめ)にふれるようにする。
- えきが動(うご)かなくなってからえきの(② 先)の目もりを読む。

▶温度計の目もりの読み方

- えきの先の高さと(③ 目)の高さを合わせる。
- 温度計と目線が(④ 直角)になるようにする。

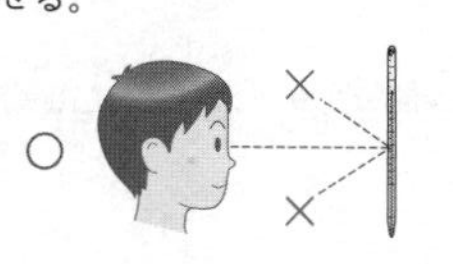

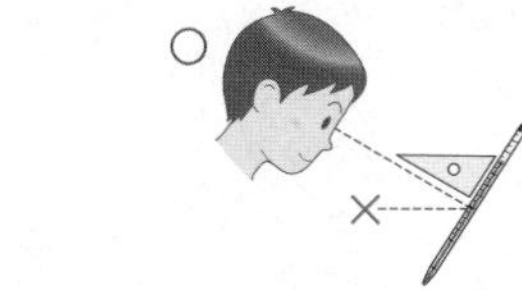

▶午前10時ごろと正午ごろに、日なたと日かげの地面の温度をはかった。

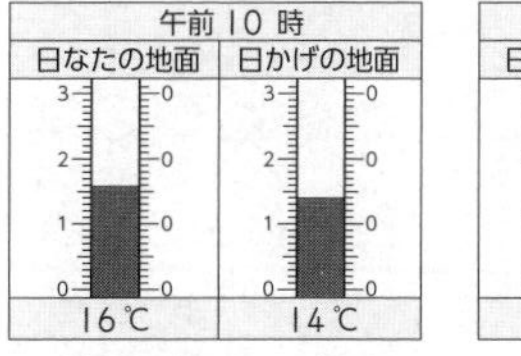

午前10時	
日なたの地面	日かげの地面
16℃	14℃

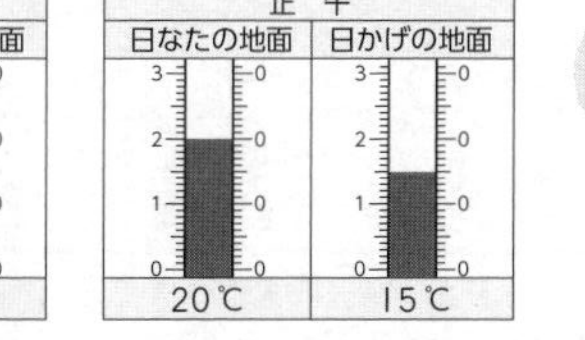

正午	
日なたの地面	日かげの地面
20℃	15℃

- どちらの時こくでも、(⑤ 〔日なた〕・日かげ)の地面のほうが(⑥ 日なた・〔日かげ〕)の地面よりも温度が高い。
- (⑦ 〔日なた〕・日かげ)の地面は、朝よりも昼のほうが温度が高いが、(⑧ 日なた・〔日かげ〕)の地面は、朝も昼もあまり温度がかわらない。

ここがだいじ! ①日なたの地面が日かげの地面よりもあたたかいのは、太陽の光によって地面があたためられるからである。

ぴたトリビア　地面にせっしている空気は、あたためられた地面からねつがつたわり温度が上がります。

ぴったり2

練習

学習 41ページ

6. 太陽(たいよう)と地面(じめん)

②日なたと日かげ

教科書 100〜104、181ページ　答え 21ページ

1 温度計(おんどけい)を使って、地面の温度をはかります。

①

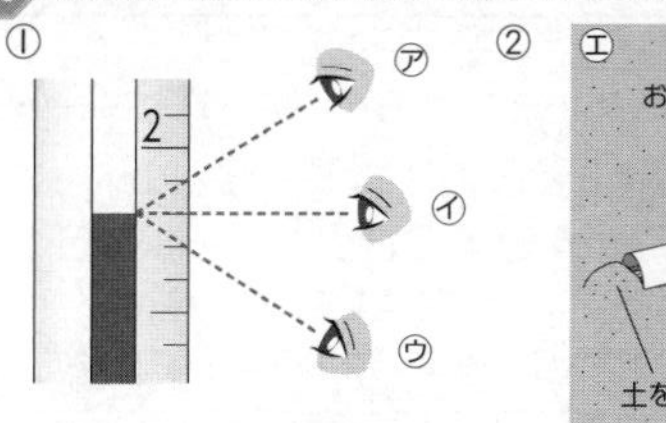

②

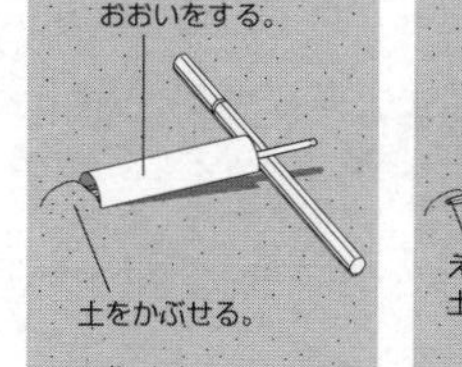

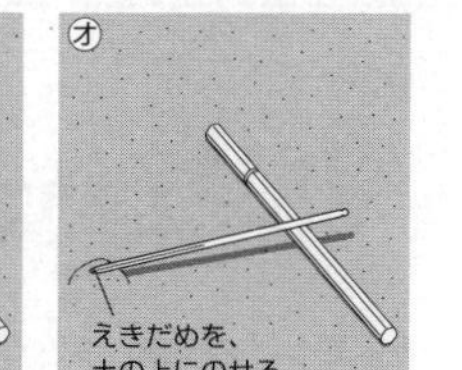

(1) 温度計の目もりを読むときの目のいちとして正しいものは、①の㋐〜㋒のどれですか。　(㋑)

(2) 日なたの地面の温度のはかり方として正しいのは、②の㋓、㋔のどちらですか。　(㋓)

2 よく晴れた日の午前10時ごろと正午ごろに、日なたと日かげの地面の温度を調(しら)べ、あたたかさをくらべました。

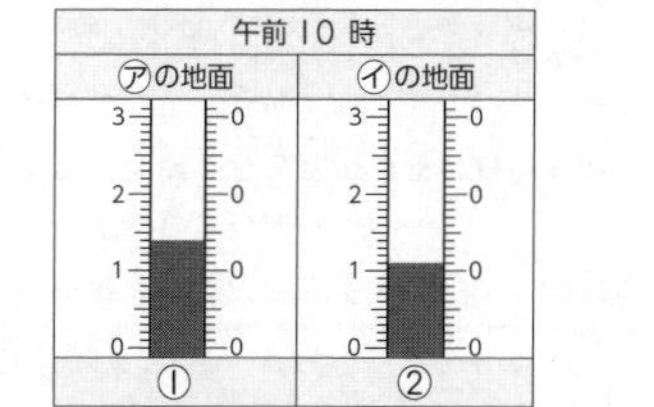

午前10時	
㋐の地面	㋑の地面
①	②

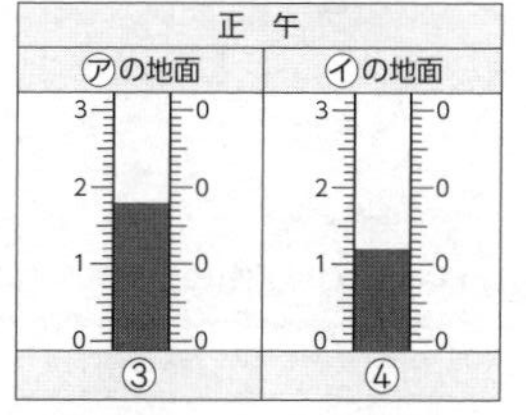

正午	
㋐の地面	㋑の地面
③	④

(1) ①〜④の温度計の目もりを読み、温度を書きましょう。

①(14℃)　②(11℃)　③(18℃)　④(12℃)

(2) 日なたのきろくは、㋐、㋑のどちらですか。　(㋐)

(3) 次(つぎ)の文で正しいものには〇、まちがっているものには×をつけましょう。

ア(×)正午ごろには、午前10時ごろとはちがう場所(ばしょ)で、地面の温度をはかる。
イ(〇)正午ごろには、午前10時ごろと同じ場所で、地面の温度をはかる。
ウ(〇)日なたのほうが日かげより、地面の温度が高い。
エ(×)日かげのほうが日なたより、地面の温度が高い。

ヒント ❶ (1)温度計の目もりを読むときは、温度計と目線が直角になるようにします。

41ページ てびき

❶ (1)温度計(おんどけい)の目もりを真横(まよこ)から読みます。

2
真横から読む。

(2)地面(じめん)にあなをほり、温度計のえきだめを入れて土をかぶせます。温度計にちょくせつ日光が当たると、温度計があたたまってしまうので、温度計におおいをします。

❷ (1)えきの先が線と線の間にあるときは、えきの先に近いほうの目もりを読みます。

(2)どちらの時こくでも、日なたの地面のほうが、日かげの地面よりも、温度が高くなります。

(3)日なたでも、場所(ばしょ)によって地面の温度がかわります。

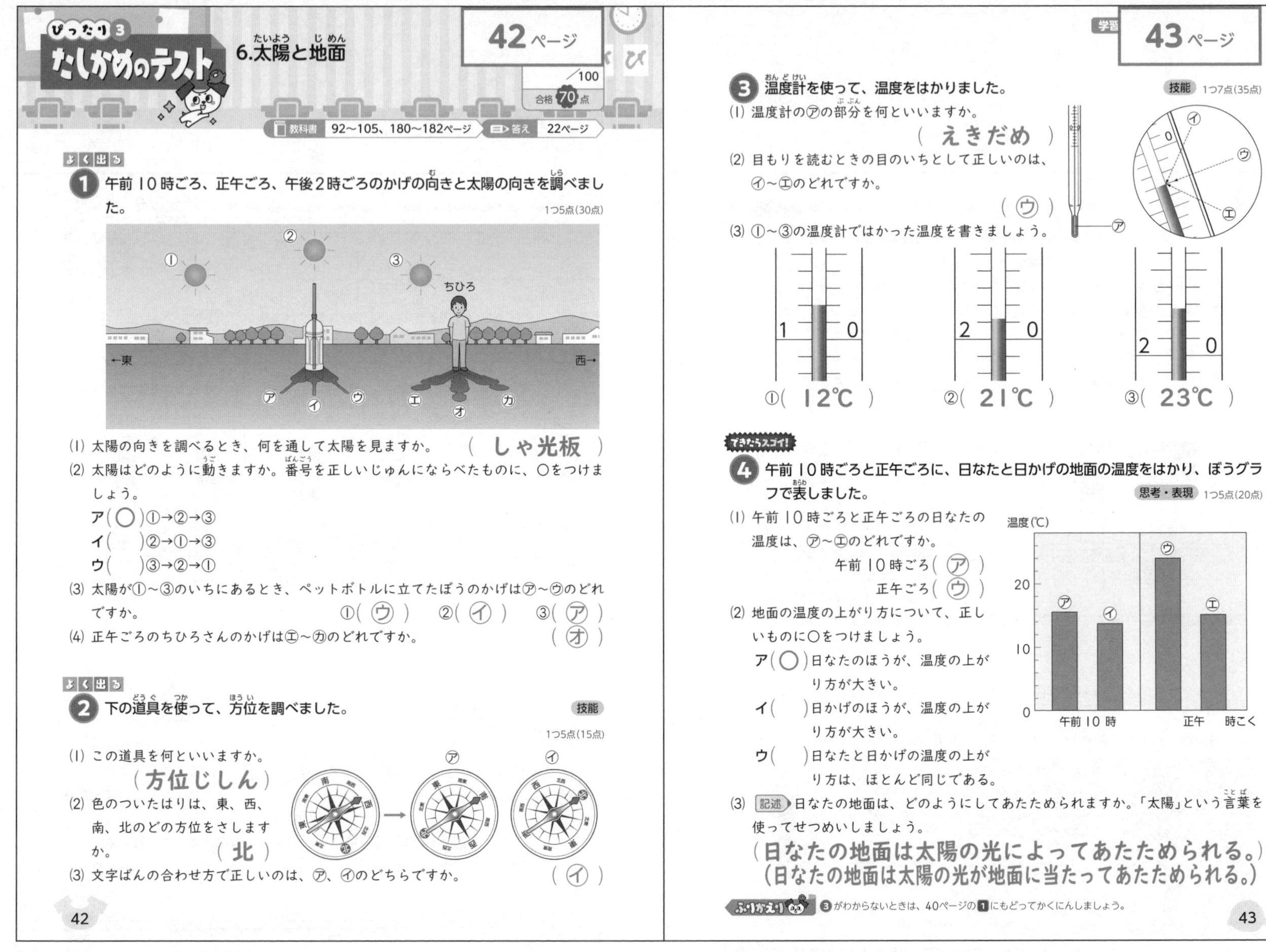

ぴったり3 たしかめのテスト

6.太陽と地面

42ページ

/100 合格70点

教科書 92〜105、180〜182ページ　答え 22ページ

よく出る

1 午前10時ごろ、正午ごろ、午後2時ごろのかげの向きと太陽の向きを調べました。　1つ5点(30点)

(1) 太陽の向きを調べるとき、何を通して太陽を見ますか。　（ しゃ光板 ）

(2) 太陽はどのように動きますか。番号を正しいじゅんにならべたものに、○をつけましょう。

ア（ ○ ）①→②→③
イ（　）②→①→③
ウ（　）③→②→①

(3) 太陽が①〜③のいちにあるとき、ペットボトルに立てたぼうのかげは㋐〜㋒のどれですか。　①（ ㋒ ）　②（ ㋑ ）　③（ ㋐ ）

(4) 正午ごろのちひろさんのかげは㋓〜㋕のどれですか。　（ ㋔ ）

よく出る

2 下の道具を使って、方位を調べました。　技能　1つ5点(15点)

(1) この道具を何といいますか。　（ 方位じしん ）

(2) 色のついたはりは、東、西、南、北のどの方位をさしますか。　（ 北 ）

(3) 文字ばんの合わせ方で正しいのは、㋐、㋑のどちらですか。　（ ㋑ ）

43ページ

3 温度計を使って、温度をはかりました。　技能　1つ7点(35点)

(1) 温度計の㋐の部分を何といいますか。　（ えきだめ ）

(2) 目もりを読むときの目のいちとして正しいのは、㋑〜㋓のどれですか。　（ ㋒ ）

(3) ①〜③の温度計ではかった温度を書きましょう。

①（ 12℃ ）　②（ 21℃ ）　③（ 23℃ ）

できたらスゴイ！

4 午前10時ごろと正午ごろに、日なたと日かげの地面の温度をはかり、ぼうグラフで表しました。　思考・表現　1つ5点(20点)

(1) 午前10時ごろと正午ごろの日なたの温度は、㋐〜㋓のどれですか。

午前10時ごろ（ ㋐ ）
正午ごろ（ ㋒ ）

(2) 地面の温度の上がり方について、正しいものに○をつけましょう。

ア（ ○ ）日なたのほうが、温度の上がり方が大きい。
イ（　）日かげのほうが、温度の上がり方が大きい。
ウ（　）日なたと日かげの温度の上がり方は、ほとんど同じである。

(3) 記述 日なたの地面は、どのようにしてあたためられますか。「太陽」という言葉を使ってせつめいしましょう。

（日なたの地面は太陽の光によってあたためられる。）
（日なたの地面は太陽の光が地面に当たってあたためられる。）

ふりかえり ❸がわからないときは、40ページの❶にもどってかくにんしましょう。

42〜43ページ　てびき

1 (2)太陽は、東の方から出て、南の高いところを通り、西の方へしずみます。
(4)正午ごろ、太陽は南の方にあるので、かげは北向きにできます。

2 (3)はりが動かなくなったら、色のついたはりに文字ばんの「北」の文字を合わせます。

3 (2)温度計の目もりは、温度計と目線が直角になるように読みます。
(3)えきの先が線と線の間にあるときは、近いほうの目もりを読みます。②は21の目もりに近いので21℃、③は23の目もりに近いので23℃です。

4 (2)日なたは㋐16℃→㋒24℃で、8℃上がっています。日かげは㋑14℃→㋓16℃で、2℃しか上がっていません。
(3)日なたでは、地面に当たった太陽の光が地面をあたためます。日かげでは、太陽の光が当たらないので、地面の温度が少ししか上がりません。

7. 光
①光の進み方

学習 44ページ

日光をかがみではね返したときの光の進み方をかくにんしよう。

教科書 107~110ページ　答え 23ページ

下の(　)にあてはまる言葉を書くか、あてはまるものを○でかこもう。

1 日光をかがみではね返して、光の進み方を調べよう。　教科書 106~110ページ

▶かがみを使うと、太陽の光を(①はね返す)ことができる。

▶かがみではね返した光を人の(②　顔　)に当ててはいけない。

▶黒い紙を使って光の進み方を調べる。

・かがみではね返した(③　光　)をまとに当てる。

・かがみとまとの間に(④ (黒い紙)・白い紙)を入れて、光がどのように進むかを調べる。

▶光を地面にはわせて、光の進み方を調べる。

・まとをだんボール紙にはりつけて、(⑤ 地面)におく。

・かがみではね返した光を地面にはわせてまとに当て、(⑥　光　)がどのように進むかを調べる。

▶林などで見られる木もれ日や、ブラインドのすき間からさしこんだ日光の様子から、日光が(⑦ まっすぐ)に進むことがわかる。

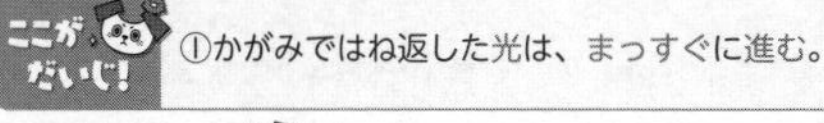

ここがだいじ! ①かがみではね返した光は、まっすぐに進む。

ぴたトリビア 黒いものより、白いもののほうが光をはね返します。

ぴったり2 練習

7. 光
①光の進み方

学習 45ページ

教科書 107~110ページ　答え 23ページ

1 かがみで日光をはね返し、はね返した光の進み方を調べます。

(1) かがみではね返した光はまとに向かって、どのように進みますか。正しいほうに○をつけましょう。

㋐

㋑

(2) かがみではね返した光を地面にはわせたとき、光の進み方として正しいほうに○をつけましょう。

㋐

㋑

(3) (1)、(2)より、光はどのように進むといえますか。正しいものに○をつけましょう。

ア(　)曲がりながら進む。
イ(○)まっすぐに進む。
ウ(　)とちゅうで消えたりしながら進む。

2 光がまっすぐに進んで見えるげんしょうとして、正しいものを3つえらび、○をつけましょう。

ア(　)光は黒い紙などをよけて進む。
イ(○)林などで見られる木もれ日
ウ(○)ブラインドからさしこむ日光
エ(○)車のライトの光

ヒント ❶ 光はかならずまっすぐ進みます。

おうちのかたへ　7. 光

鏡や虫眼鏡を使い、光の進み方や日光を当てたときの明るさやあたたかさについて学習します。
日光は鏡で反射し直進することや、鏡や虫眼鏡で日光を集めたときの様子を理解しているか、などがポイントです。

45ページ　てびき

❶ (1)~(3)太陽の光はまっすぐに進むので、かがみではね返した光もまっすぐに進みます。とちゅうで曲がったり、広がったりはしません。

❷ 木もれ日やブラインドからさしこむ日光、車のライトなどは光がまっすぐに進んで見えるげんしょうです。

7. 光
②光を重ねる・集める

学習 46ページ

光を重ねたり、集めたりしたときの様子をかくにんしよう。

教科書 111〜118ページ　答え 24ページ

下の（　）にあてはまる言葉を書くか、あてはまるものを○でかこもう。

1 光を重ねて当てて、明るくなったところのあたたかさを調べる。 教科書 111〜114ページ

▶まと4つを日かげにならべて、光を当てる前の温度をはかる。
▶まとに光を当てるかがみの数を、0まい、1まい、2まい、3まいにして、光を3分間当てたあとの温度をはかる。

かがみの数と温度

かがみの数	光を当てる前の温度	光を当てたあとの温度
0まい	13℃	13℃
1まい	13℃	19℃
2まい	13℃	28℃
3まい	13℃	40℃

▶かがみではね返した光をたくさん重ねていくと、温度がだんだん（① (高く)・ひくく　）なる。

2 虫めがねで日光を集めて当てて、明るさやあたたかさを調べよう。 教科書 114〜116ページ

▶虫めがねを黒い紙から遠ざけていき、光を当てたところの大きさと（①**明るさ**）を調べる。
▶虫めがねで、黒い紙に光を当てたところが（②　**丸く**　）なるようにする。
▶虫めがねを紙から遠ざける。
・虫めがねを紙からはなす
→光を当てたところが（③　大きく・(小さく)　）なり、（④ (明るく)・暗く　）なる。
・虫めがねをさらに紙からはなす
→光を当てたところがより（⑤　大きく・(小さく)　）なり、より（⑥ (明るく)・暗く　）なる。
▶虫めがねで日光を集めて当てると、光を当てたところを（⑦　大きく・(小さく)　）するほど、明るくなる。
▶虫めがねで光を当てたところをいちばん（⑧　大きく・(小さく)　）したときには、紙がこげるくらいあつくなる。

ここがだいじ！
①光を重ねて当てると、光を重ねるほど、よりあたたかくなる。
②虫めがねで光を当てたところを小さくするほど、より明るくなる。

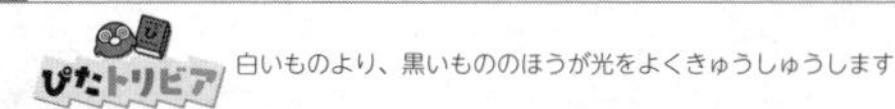

7. 光
②光を重ねる・集める

学習 47ページ

教科書 111〜118ページ　答え 24ページ

1 3まいのかがみで日光をはね返して、はね返した光をかべに当てました。

(1) ㋐〜㋒の部分には、何まいのかがみではね返した光が重なっていますか。
㋐（　**1まい**　）
㋑（　**2まい**　）
㋒（　**3まい**　）

(2) いちばん明るくなるのは、㋐〜㋒のどこですか。
（　**㋒**　）

(3) いちばん温度が高くなるのは、㋐〜㋒のどこですか。
（　**㋒**　）

2 虫めがねを使って、日光を集めます。

(1) 虫めがねの使い方として、正しいものを2つえらび、○をつけましょう。
ア（　）虫めがねを使うと、太陽を大きく見ることができる。
イ（○）虫めがねで太陽をぜったいに見てはいけない。
ウ（　）虫めがねで集めた光を手に当てると、あたたまることができる。
エ（○）虫めがねで集めた光を、人の体に当ててはいけない。

(2) 黒い紙の光が集まっている部分を右の図よりも小さくするには、虫めがねを㋐、㋑のどちらの向きに動かしますか。
（　**㋑**　）

(3) 黒い紙の光が集まっている部分の明るさとあたたかさについて、正しいものに○をつけましょう。
ア（○）まわりよりも明るく、あたたかい。
イ（　）まわりよりも明るく、つめたい。
ウ（　）まわりよりも暗く、あたたかい。
エ（　）まわりよりも暗く、つめたい。

ヒント ❶ 光を重ねて当てると明るくなり、温度は高くなります。

47ページ　てびき

❶ (2)重なる光が多いほど光が強くなるので、明るくなります。
(3)強い光が当たるほど、光が当たった部分の温度は高くなるので、温度が高いじゅんにならべると、㋒、㋑、㋐となります。

❷ (1)太陽の光はとても強いので、太陽をちょくせつ見ると目をいためてしまいます。
(3)光が集まるため、その部分はより明るく、あたたかくなります。

おうちのかたへ
虫眼鏡を使って日光で集めることができることは、実験した事実として捉えます。
なお、光の屈折については、中学校で学習します。

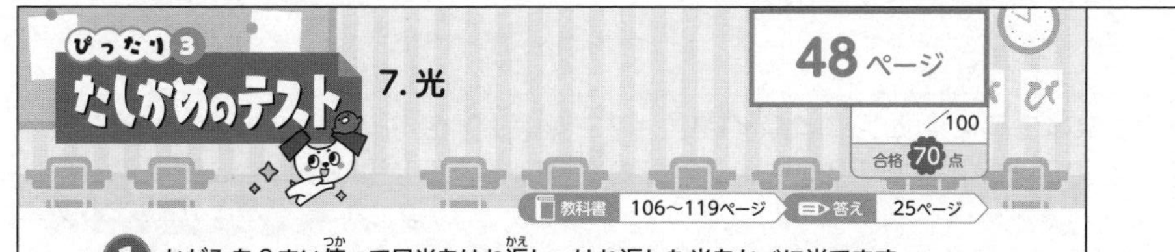

7. 光

48ページ

100点満点 合格70点

教科書 106~119ページ　答え 25ページ

1 かがみを3まい使って日光をはね返し、はね返した光をかべに当てます。

1つ5点(10点)

(1) かがみがはね返した光は、どのように進みますか。

(まっすぐに進む。)

(2) あと1まいのかがみを㋐~㋓のどこにおくと、はね返した光をかべに当てることができますか。

(㋓)

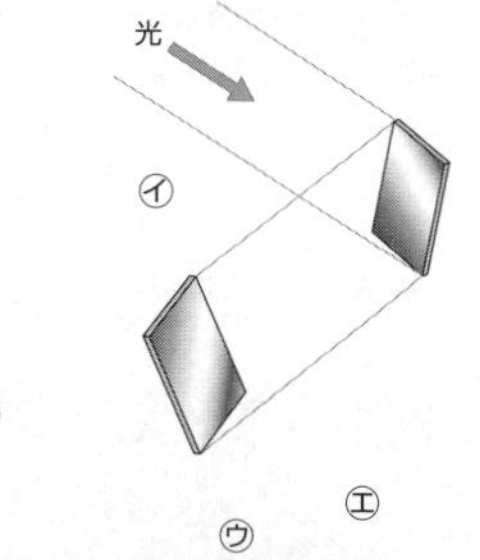

2 3まいのかがみで日光をはね返し、はね返した光をかべに当てました。

1つ5点、(2)はぜんぶできて5点(30点)

(1) ㋒の部分には、何まいのかがみではね返した光が重なっていますか。

(2まい)

(2) ㋐~㋖で、㋒と同じ明るさのところをぜんぶ書きましょう。

(㋔、㋕)

(3) ㋐~㋖で、いちばん明るいところはどこですか。

(㋓)

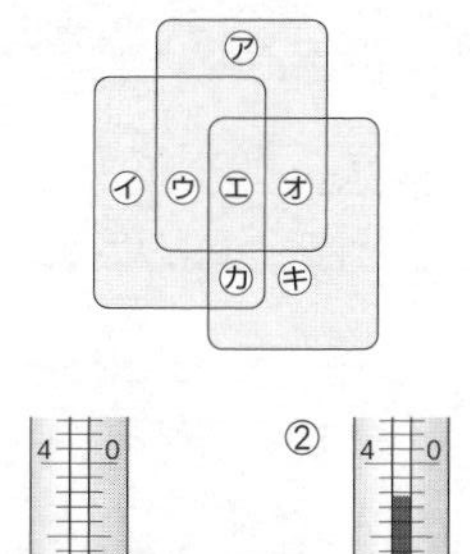

(4) ㋐と㋓の部分の温度をはかると、右の①、②のようになりました。温度は何℃ですか。

技能

①(24℃)　②(38℃)

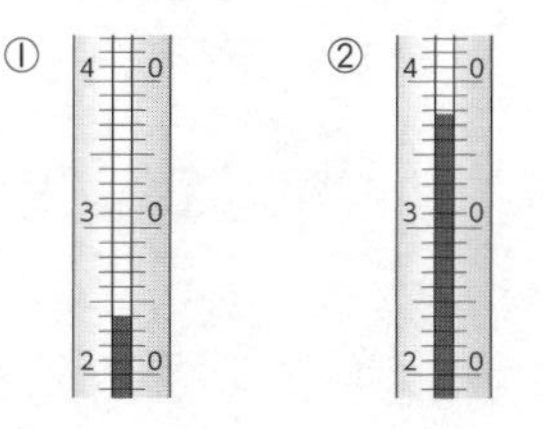

(5) ㋓の部分の温度をはかったのは、①、②のどちらですか。

(②)

49ページ

よく出る

3 かがみで日光をはね返したり、虫めがねで日光を集めたりしたときの様子をまとめます。

1つ5点(30点)

(1) 次の文で、正しいものには○、まちがっているものには×をつけましょう。

ア(×)はね返した光を日かげのかべに当てても、まわりと明るさはかわらない。
イ(○)はね返した光が当たったところは、まわりよりあたたかくなる。
ウ(×)はね返した光は、広がって進む。
エ(×)かがみの向きをかえても、はね返った光の向きはかわらない。

(2) 虫めがねで日光を集めて、光が集まっている部分を次の①、②のようにするためには、虫めがねを㋐、㋑どちらの向きに動かしますか。

虫めがね　㋑　黒い紙　㋐

① 右のときよりも明るくする。　(㋑)
② 右のときよりもあたたかくする。　(㋑)

できたらスゴイ!

4 虫めがねで日光を集め、集めた光を黒い紙に当てます。

1つ5点、(4)はぜんぶできて5点(30点)

(1) 虫めがねで太陽を見てはいけない理由を、せつめいしましょう。

(虫めがねで太陽を見ると、(強い光で)目をいためるから。)

(2) 光が集まっている部分の温度について、正しいものに○をつけましょう。

ア( )まわりより温度がひくい。
イ(○)まわりより温度が高い。
ウ( )まわりの温度と同じ。

(3) 虫めがねを紙の近くから少しずつはなしていきます。虫めがねと紙とのきょりがいちばん遠いのは、㋐~㋓のどのときですか。

(㋑)

(4) 光が集まっている部分が明るいものからじゅんに、㋐~㋓をならべましょう。

(㋑ → ㋓ → ㋐ → ㋒)

㋐　㋑　㋒　㋓

(5) 光がいちばんたくさん集まっているのは、㋐~㋓のどれですか。

(㋑)

(6) 記述 (5)で答えたいちで、虫めがねをしばらく動かさないでおくと、黒い紙はどうなりますか。

思考・表現

(こげるくらいあつくなる。)

ふりかえり 3がわからないときは、46ページの2にもどってかくにんしよう。

48~49ページ てびき

1 (2)かがみに当たったあとの光は、かがみに当たる前とは向きをかえて、まっすぐに進みます。

2 (1)(2)㋐・㋑・㋖は1まい、㋒・㋔・㋕は2まい、㋓は3まいのかがみではね返した光が重なっています。

(5)重なっている光が多いほど、かべの温度が高くなります。

3 (1)アはね返した光を日かげのかべに当てると、まわりより明るくなります。ウはね返した光は、まっすぐに進みます。エはかがみの向きをかえると、はね返る光の向きもかわります。

4 (3)光が集まっている部分を小さくするには、虫めがねを紙から少しずつ遠ざけていきます。

(6)しばらく㋑のようにしておくと、紙の温度がとても高くなって、紙がこげてしまいます。このとき、けむりも出ます。

ぴったり1 じゅんび

8. 音

①音が出ているとき
②音がつたわるとき

学習 50ページ

音が出ているものの様子や、音のつたわり方をかくにんしよう。

教科書 121～128ページ　答え 26ページ

下の(　)にあてはまる言葉を書くか、あてはまるものを○でかこもう。

1 音が出ているもののふるえ方を調べよう。 教科書 120～124ページ

▶がっきを使うとき、がっきをうって音を(① (出し)・止め　)、がっきを手でさわって音を(② 出す・(止める)　)。

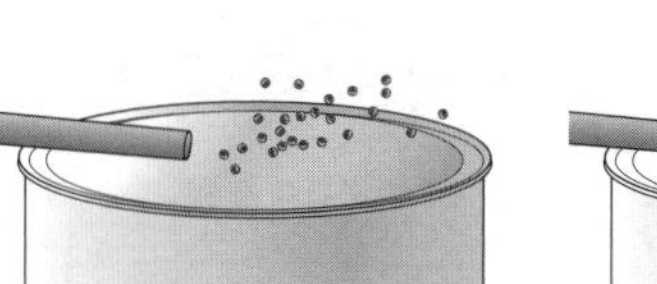

▶木のぼうでかんを弱くたたいて(③ (小さい)・大きい　)音を出すと、ビーズは(④ (小さく)・大きく　)動く。
▶木のぼうでかんを強くたたいて(⑤　小さい・(大きい)　)音を出すと、ビーズは(⑥　小さく・(大きく)　)動く。

2 糸電話で音がつたわるときの、紙コップのふるえ方を調べよう。 教科書 126～128ページ

▶糸電話は、音を(①つたえ)る。
▶話すほうの紙コップに口をつけて声を出し、聞くほうの紙コップのビーズを見るとビーズは動いて(②　いない・(いる)　)から、ふるえはつたわったと(③　いえない・(いえる)　)。
▶音がものをつたわるとき、ものは(④ふるえて)いて、大きい音がつたわるときは、音をつたえるもののふるえが(⑤　小さく・(大きく)　)なる。

ここがだいじ!
①小さい音を出したときは、音が出ているもののふるえが小さく、大きい音を出したときは、ふるえが大きくなる。
②糸電話では、音がつたわるとき、話すほうの紙コップのふるえが聞くほうの紙コップにつたわる。

ぴたトリビア ふだんは空気が音(声)をつたえますが、うちゅうでは空気がないから音がつたわりません。

ぴったり2 練習

8. 音

①音が出ているとき
②音がつたわるとき

学習 51ページ

教科書 121～128ページ　答え 26ページ

1 かんを使って、音が出ているものの様子を調べました。

(1) 音が出ているかんを、手でそっとふれると、どんな感じがしますか。正しいほうに○をつけましょう。
ア(○)ふるえている。
イ(　)止まっている。

さわる。

(2) 音が出ているかんを、指でしっかりとつかみました。音はどうなりますか。 (聞こえなくなる。(止まる。))

(3) かんのたたき方をかえて、音の大きさをかえてみたところ、下の表のようになりました。①、②に入るものをア～ウの中からえらび、記号を書きましょう。
ア　止まっている。
イ　ふるえが小さい。
ウ　ふるえが大きい。

音の大きさ	かんのふるえ
大きい音	①
小さい音	②

①(ウ)　②(イ)

(4) 小さい音を出すときは、かんをたたく強さをどのようにかえればよいでしょうか。正しいほうに○をつけましょう。
ア(　)強くかんをたたく。
イ(○)弱くかんをたたく。

2 糸電話を使って、音をつたえるものの様子を調べました。

(1) 声を出すと、話すほうの紙コップのそこはどうなっていますか。
(ふるえている。)

(2) (1)のとき、聞くほうの紙コップのそこはどうなっていますか。
(ふるえている。)

(3) 紙コップのそこにビーズをのせ、大きな声を出したときビーズの動きはどうなりましたか。正しいほうに○をつけましょう。
ア(○)動きは大きくなった。
イ(　)動きは小さくなった。

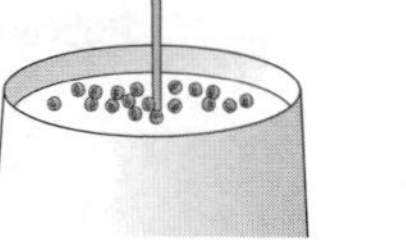
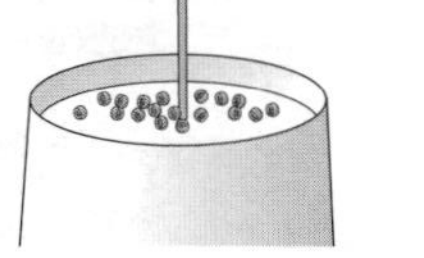

ヒント 2 (3)音が大きいほど、ふるえは大きくなります。

51ページ　てびき

1 (1)音が出ているかんはふるえています。
(2)ふるえているかんを指でつかむと、かんのふるえは止まり、音は聞こえなくなります。
(3)大きい音のときはかんのふるえは大きく、小さい音のときはかんのふるえは小さくなります。
(4)かんを強くたたくと大きい音が、弱くたたくと小さい音が出ます。

2 (1)(2)声を出すと、話すほうの紙コップのそこがふるえ、話すほうの紙コップのふるえが糸をつたわって、聞くほうの紙コップのそこがふるえます。
(3)大きい声を出すと、ビーズの動きは大きくなります。

おうちのかたへ　8. 音

音を出しているものや伝えているものはふるえていること、大きい音はふるえも大きいことを学習します。
音を出す・伝えるものがふるえていること、ふるえが大きくなると音も大きくなることを理解しているか、などがポイントです。

8. 音

52ページ

/100 合格70点

教科書 120〜131ページ　答え 27ページ

よく出る

1 いろいろながっきを使って、音が出ているものの様子を調べました。 1つ6点(24点)

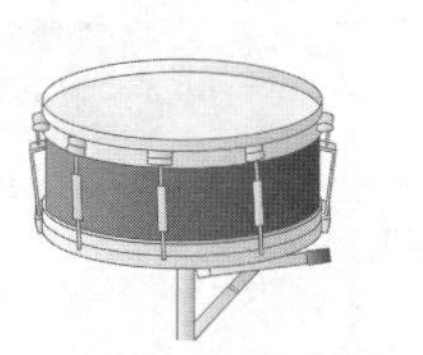

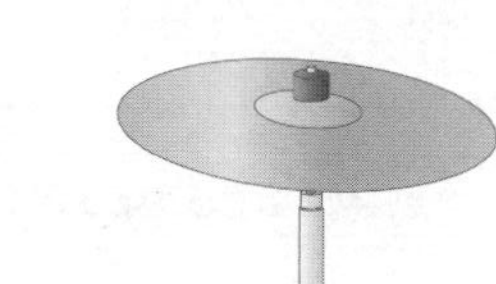

(1) シンバルをたたいて音を出し、指先でそっとふれてみました。シンバルはどのような様子ですか。
(ふるえている。)

(2) 小だいこ、大だいこ、シンバルのうち、小だいこと大だいこの音だけが聞こえたとき、それぞれのがっきはふるえていますか、ふるえていませんか。
小だいこ(ふるえている。)　大だいこ(ふるえている。)
シンバル(ふるえていない。)

2 小だいこ、大だいこ、シンバルを使って、音の大きさをかえたときの音が出ているものの様子を調べました。 (1)、(2)は1つ6点、(3)はぜんぶできて10点(34点)

(1) 大だいこをたたいて音を出して指先でそっとふれました。音が聞こえなくなったあと、もう1回たたいて音を出して指先でそっとふれたところ、ふるえが小さいと感じました。2回目にたたいたときに聞こえた音は、1回目の音より大きいですか、小さいですか。
(小さい)

(2) それぞれのがっきについて、2回音を出して、音の大きさをくらべました。小だいこは1回目より音が大きく、シンバルと大だいこは1回目より音が小さくなりました。それぞれのがっきのふるえは、1回目とくらべて大きいですか、小さいですか。
小だいこ(大きい)　大だいこ(小さい)
シンバル(小さい)

(3) 音の大きさと音が出ているものの様子について、(　)にあてはまる言葉を書きましょう。
小さい音はふるえが(小さい)。一方、大きい音はふるえが(大きい)。

53ページ

学習

3 身のまわりのものを使って、音がつたわるときの様子を調べました。 1つ6点(18点)

糸電話　鉄ぼう

(1) 鉄ぼうをたたき、たたいたところからはなれたところに耳をつけると、音が聞こえました。このとき、鉄ぼうはふるえていますか、ふるえていませんか。
(ふるえている。)

(2) 糸電話で話しているときに糸にそっとふれると、糸はどのような様子ですか。
(ふるえている。)

(3) 糸電話で話しているときに、糸をつまみました。音はどうなりますか。
(聞こえなくなる。)

てきたらスゴイ!

4 がっきを使ってえんそうをしました。正しいものには○を、正しくないものには×をつけましょう。 思考・表現 1つ6点(24点)

たいこの音をだんだん大きくしたいから、たたく強さをだんだん弱くしたよ。
①(×)

はじめの音より2回目の音のほうが大きかったよ。はじめの音のほうが、ふるえが小さいということだね。
②(○)

シンバルはかたいから、音が出ている間もふるえていないね。
③(×)

トライアングルの音をすぐに止めたいから、指先でつまんだよ。
④(○)

ふりかえり　1がわからないときは、50ページの1にもどってかくにんしましょう。

52〜53ページ てびき

1 ものから音が出ているとき、ものはふるえています。音が出ていないものは、動いていません(ふるえていません)。

2 (1)1回目よりふるえが小さいということは、1回目より音が小さいことになります。
(2)1回目より音が大きい小だいこは、1回目よりふるえが大きく、1回目より音が小さい大だいことシンバルは、1回目よりふるえが小さいです。

3 (1)(2)鉄ぼうでも、糸電話でも、音がつたわるとき、音をつたえているものはふるえています。
(3)糸をつまむと、糸のふるえが止まります。ふるえを止めると、音はつたわりません。

4 ①音を大きくするときはより強くたたき、ふるえを大きくします。
③音が出ているときは、音を出しているものはふるえています。
④ふるえを止めると、音は止まります。

ぴったり1 じゅんび

9. ものの重さ
①形をかえたものの重さ

学習 54ページ

ものの形がちがうと重さはどうなるのか、かくにんしよう。

教科書 133～136、182ページ　答え 28ページ

下の(　)にあてはまる言葉を書くか、あてはまるものを○でかこもう。

1 ものの形をかえて、重さを調べよう。 教科書 132～136、182ページ

▶キッチンスケールの使い方
- はかりを(① 平らな)ところにおいて、電げんを入れる。
- 紙をしいたり、ようきに入れたりして重さをはかるときは、紙やようきを(② (のせてから)・のせる前に)、ゼロひょうじボタンをおして、ひょうじを「(③ 0)」にする。
- 調べるものをしずかにのせて、ひょうじを読む。

▶はかりを使うと、ものの(④ 重さ)を数字で表すことができる。
▶重さは、(⑤ グラム)(記号g)や(⑥ キログラム)(記号kg)というたんいで表す。
▶ねんどで重さを調べる
- 形をかえる前の四角い形のねんどは64gであった。
- 形をかえたあとのねんどの重さは表のようになる。

形をかえる前　形をかえたあと　細長い形　いくつかに分ける
四角い形　平らな形　丸い形

かえる前 形	かえる前 重さ	かえたあと 形	かえたあと 重さ
四角い形	64g	平らな形	64g
		細長い形	64g
		丸い形	64g
		いくつかに分ける	64g

- ねんどの形をかえたとき、ねんどの重さは(⑦ かわる・(かわらない))。
- ねんどをいくつかに分けたとき、全体の重さは(⑧ かわる・(かわらない))。
- ものは、形をかえたとき、重さは(⑨ かわる・(かわらない))。

▶新聞紙で重さを調べる
- ねんどと同じようにして、新聞紙の形をかえる前とかえたあとの重さを調べる。

▶形をかえても、ものの重さは(⑩ かわる・(かわらない))。

ここがだいじ! ①形をかえても、ものの重さはかわらない。

ぴたトリビア 体重計にのるとき、立ったりすわったり、のり方をかえても、体重計がしめすあたいはかわりません。

ぴったり2 練習

9. ものの重さ
①形をかえたものの重さ

学習 55ページ

教科書 133～136、182ページ　答え 28ページ

1 はかりを使って、ねんどの重さをはかります。

(1) 右のはかりを何といいますか。
(キッチンスケール)

(2) このはかりはどのようなところにおいて使いますか。
(平らなところ)

(3) はかりの使い方として、正しいものには○を、まちがっているものには×をつけましょう。

ア(×)紙をのせる前に、ゼロひょうじボタンをおして、ひょうじを「0」にする。
イ(○)紙をのせてから、ゼロひょうじボタンをおして、ひょうじを「0」にする。
ウ(○)決められた重さよりも重いとわかっているものはのせない。
エ(×)決められた重さよりも軽いとわかっているものはのせない。

(4) 重さのたんいには1gや1kgがあります。1kgは何gですか。
(1000g)

2 四角いねんどの重さをはかると600gでした。このねんどの形をかえて、重さをはかります。

(1) ㋐～㋒のねんどの重さはどうなりますか。下の①～③からえらび、番号で書きましょう。

㋐(①)
㋑(①)
㋒(①)

① 600g
② 600gより重い。
③ 600gより軽い。

(2) このねんどを5つに分けると、全体の重さはどうなりますか。(1)の①～③からえらび、番号で書きましょう。
(①)

ねんど　600g　㋐　㋑　㋒

ヒント 2 ものの形がかわっても、重さはかわりません。

55ページ てびき

1 (3)紙をのせる前に、ゼロひょうじボタンをおすと、はかった重さは、ものの重さよりも紙の重さの分だけ重くなります。
(4)重さは、グラム(g)やキログラム(kg)で表します。
1000g=1kgです。

2 (1)ものの形をどのようにかえても、ものの重さはかわりません。
(2)ものをいくつに分けても、もの全体の重さは元の重さと同じになります。

おうちのかたへ　9. ものの重さ

ものの形が変わっても重さは変わらないこと、ものの種類が違うと、同じ体積でも重さは違うことを学習します。
粘土などの形を変えると重さはどうなるかがわかるか、同じ体積の違う物体で重さを比べるとどうなるかを理解しているか、などがポイントです。

ぴったり1 じゅんび

9. ものの重さ
②体積が同じものの重さ

もののしゅるいがちがうと重さはどうなるのか、かくにんしよう。

教科書 137～140ページ　答え 29ページ

下の(　)にあてはまる言葉を書くか、あてはまるものを○でかこもう。

1 体積が同じで、しゅるいがちがうものの重さを調べよう。 教科書 137～140ページ

- てんびんは、ものの(① 重さ)をくらべる道具である。
- てんびんの左右の皿にものをのせると、重いほうが(② (下がって)・上がって)かたむく。
- 左右の皿にのせたものの重さが同じときは、はりが左右に同じようにふれ、やがて(③ まん中)をさしてとまる。このとき、「(④つりあっている)」という。

皿　はり　皿

▶ものの大きさのことを(⑤ 体積)という。
▶同じ体積の木と鉄を手に持つと、(⑥ 鉄)のほうが重く感じる。
▶同じ体積の木と鉄の重さをキッチンスケールではかると、木は(⑦ (12g)・188g)、鉄は(⑧ 12g・(188g))である。
▶同じ体積で、しゅるいがちがう鉄、アルミニウム、ゴム、木、プラスチックの重さをくらべると、下のようになる。

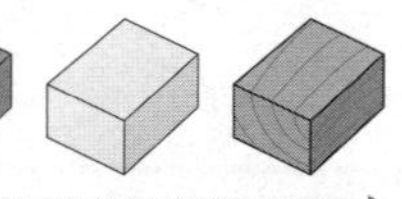
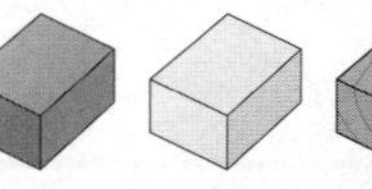
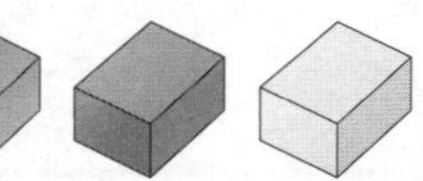
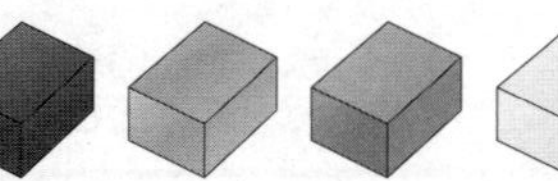

(⑨ 重い)　(⑩ 軽い)

▶体積が同じときのものの重さは、もののしゅるいによって(⑪ (ちがう)・かわらない)。

ここがだいじ!
①ものの大きさのことを体積という。
②体積が同じでも、しゅるいがちがうと、ものの重さはちがう。

ぴたトリビア 同じ体積でも、ものによって重さがちがうことをりようして、ものを見分けることができます。

ぴったり2 練習

9. ものの重さ
②体積が同じものの重さ

教科書 137～140ページ　答え 29ページ

1 たて、横、高さが同じ鉄、ゴム、木の重さをキッチンスケールで調べました。

鉄　ゴム　木

調べたもの	重さ
①	300g
②	20g
③	65g

(1) 鉄、ゴム、木の体積はどのようになっていますか。正しいほうに○をつけましょう。
ア(○)体積は同じである。　イ(　)体積は3つともちがう。

(2) 表の①～③には、鉄、ゴム、木のどれが入りますか。
①(鉄)　②(木)　③(ゴム)

(3) 鉄と体積が同じアルミニウムの重さを調べました。正しいものに○をつけましょう。
ア(　)鉄と同じ重さになる。
イ(○)鉄よりも軽くなる。
ウ(　)鉄より重くなる。

2 てんびんを使って、同じ体積のねんど、木、鉄の重さをくらべました。

(1) ねんどと木では、どちらのほうが重いですか。
(ねんど)

(2) 鉄とねんどでは、どちらのほうが重いですか。
(鉄)

(3) 鉄と木では、どちらのほうが重いですか。
(鉄)

ねんど　木
鉄　ねんど

ヒント 1 しゅるいがちがうと、同じ体積でも重さはちがいます。

57ページ てびき

1 (1)たての長さ、横の長さ、高さをそろえると、体積が同じになります。
(2)同じ体積でくらべたとき、重いじゅんにならべると、鉄、ゴム、木となります。
(3)鉄とアルミニウムはどちらもぴかぴかしていますが、同じ体積でも重さがちがいます。このように、同じ体積でも、もののしゅるいによって、重さがちがいます。

2 (1)(2)てんびんの左右の皿にものをのせたとき、重いものをのせたほうが下がって、ぼうがかたむきます。
(3)木よりねんどが重く、ねんどより鉄が重いので、木より鉄が重いことがわかります。

9. ものの重さ

58ページ

/100 合格70点

教科書 132~143、182ページ　答え 30ページ

よく出る

1 ねんどの形をかえたり、分けたりして、重さを調べます。

1つ7点、(3)はぜんぶできて8点(22点)

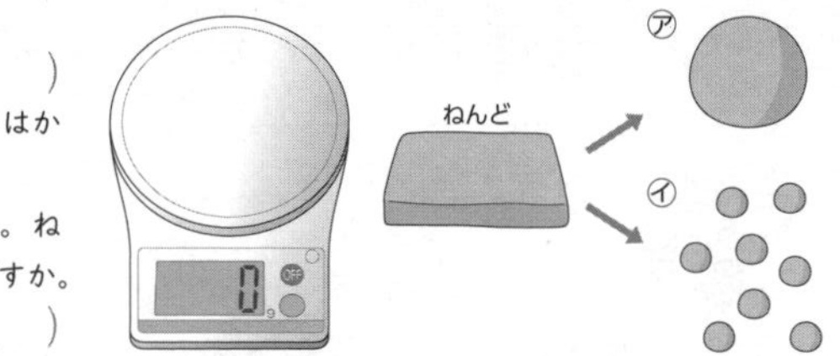

(1) 1kgは何gですか。
(1000g)

(2) 元のねんどの重さをはかると、ひょうじは500になりました。ねんどの重さは何gですか。
(500g)

(3) 元のねんどを㋐のように丸くしたり、㋑のようにいくつかに分けたりして重さを調べました。正しいものを、次の①~③からえらび、番号を書きましょう。

㋐(③)　㋑(③)

① 元のねんどよりも重くなる。
② 元のねんどよりも軽くなる。
③ 元のねんどと同じ重さになる。

よく出る

2 同じ体積の鉄、アルミニウム、プラスチックの重さを調べます。

1つ7点、(3)はぜんぶできて8点(22点)

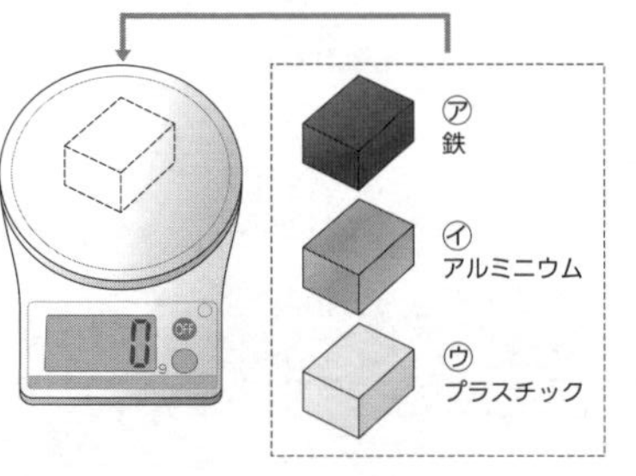

(1) 体積とは、ものの何のことですか。
(大きさ)

(2) 手で持ったとき、いちばん軽く感じるものは、㋐~㋒のどれですか。記号を書きましょう。
(㋒)

(3) はかりを使って、重さをはかりました。重いじゅんに記号をならべましょう。
(㋐→㋑→㋒)

59ページ

3 同じ体積の5しゅるいのものの重さを調べました。

(1)はぜんぶできて10点、(2)は1つ7点(24点)

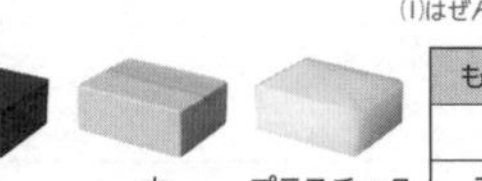

もののしゅるい	重さ(g)
鉄	312
アルミニウム	107
ゴム	65
木	18
プラスチック	38

(1) 5しゅるいのものについて、軽いものからじゅんにならべましょう。
(木)→(プラスチック)
→(ゴム)→(アルミニウム)
→(鉄)

(2) (1)と同じ体積の金ぞくが2つありました。アは355g、イは312gでした。ア、イにあてはまるのは、下の①~③のどれですか。記号で答えましょう。

①鉄　②アルミニウム　③鉄でもアルミニウムでもない

ア(③)　イ(①)

この本の終わりにある「冬のチャレンジテスト」をやってみよう!

できたらスゴイ!

4 ものの形や体積と重さについて、正しいものには○を、正しくないものには×をつけましょう。

1つ8点(32点)

1つ10gのブロックが3つ集まったら、30gになるよね。
①(○)

アルミニウムはくを丸めると、軽くなるね。

②(×)

2つの金ぞくのブロックがあるよ。体積は同じなので、重さが同じなら、同じしゅるいの金ぞくだとわかるね。
③(○)

わたより鉄のほうが重く見えるから、5gの鉄のおもりと5gのわたでは、鉄のほうが重いのかな。
④(×)

ふりかえり ①がわからないときは、54ページの①にもどってかくにんしましょう。

58~59ページ てびき

1 (3)ものの形をかえたり、いくつかに分けたりしても、全体の重さはかわりません。

2 (1)形があるものの大きさを、体積といいます。たての長さ、横の長さ、高さが同じとき、体積は同じになります。
(2)同じ体積で重さが軽いものほど、軽く感じます。
(3)同じ体積でも、もののしゅるいによって、重さがちがいます。

3 (2)アは同じ体積の鉄とも、同じ体積のアルミニウムとも重さがちがうので、鉄でもアルミニウムでもないと考えられます。イは同じ体積の鉄と同じ重さなので、鉄と考えられます。

4 ②アルミニウムはくの形をかえても、軽くなる(重さがへる)ことはなく、重さはかわりません。
④鉄のおもりが5g、わたが5gなら、どちらも5gで同じ重さということになります。

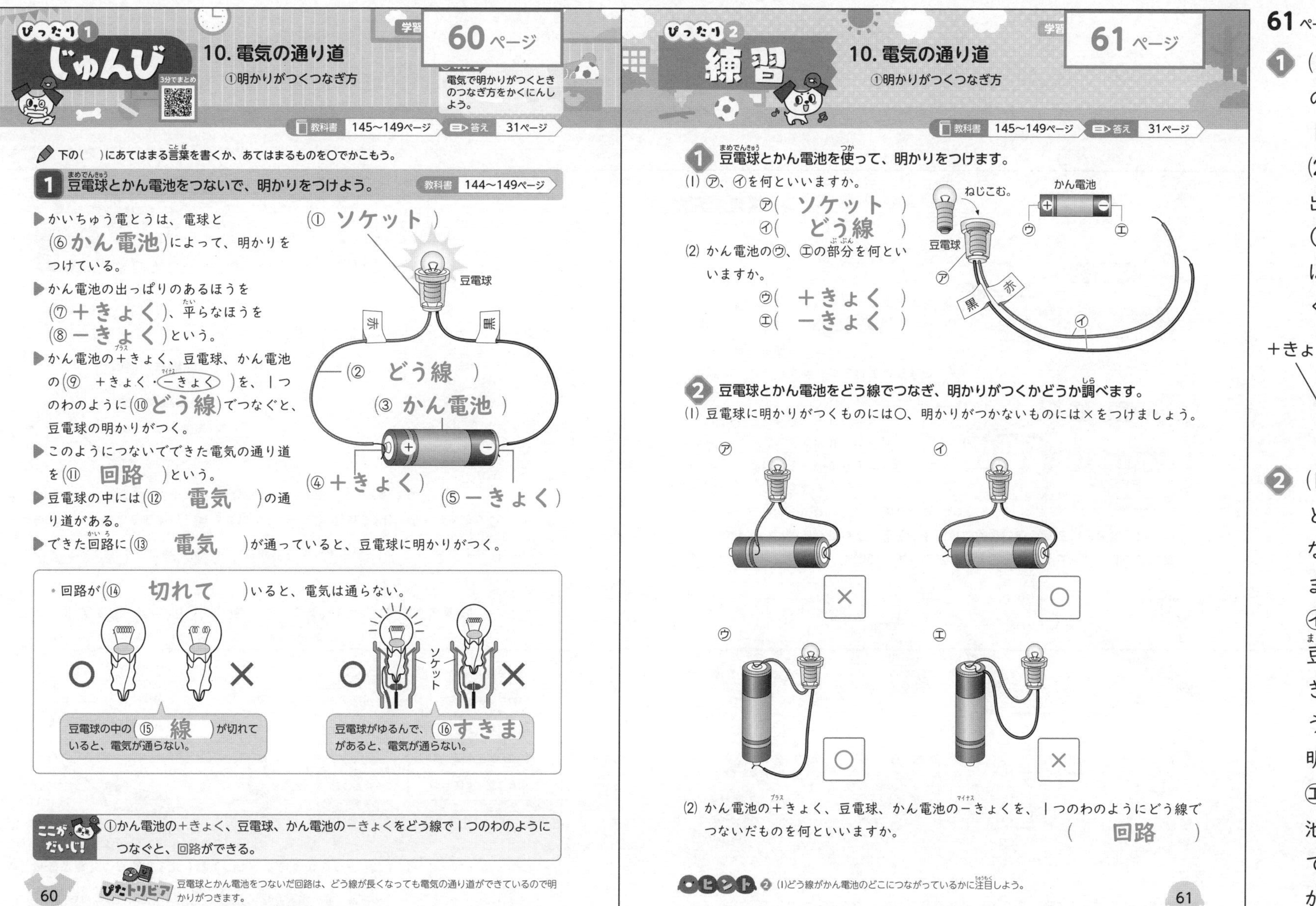

ぴったり1 じゅんび

学習 60ページ

10. 電気の通り道

①明かりがつくつなぎ方

電気で明かりがつくときのつなぎ方をかくにんしよう。

3分でまとめ

教科書 145~149ページ　答え 31ページ

下の(　)にあてはまる言葉を書くか、あてはまるものを○でかこもう。

1 豆電球とかん電池をつないで、明かりをつけよう。　教科書 144~149ページ

▶かいちゅう電とうは、電球と(⑥かん電池)によって、明かりをつけている。

▶かん電池の出っぱりのあるほうを(⑦＋きょく)、平らなほうを(⑧－きょく)という。

▶かん電池の＋きょく、豆電球、かん電池の(⑨　＋きょく・(－きょく))を、１つのわのように(⑩どう線)でつなぐと、豆電球の明かりがつく。

▶このようにつないでできた電気の通り道を(⑪　回路　)という。

▶豆電球の中には(⑫　電気　)の通り道がある。

▶できた回路に(⑬　電気　)が通っていると、豆電球に明かりがつく。

(①　ソケット　)　豆電球　赤　黒　(②　どう線　)　(③　かん電池　)　(④＋きょく)　(⑤－きょく)

・回路が(⑭　切れて　)いると、電気は通らない。

○　×　○　×　ソケット

豆電球の中の(⑮　線　)が切れていると、電気が通らない。

豆電球がゆるんで、(⑯すきま)があると、電気が通らない。

ここがだいじ！　①かん電池の＋きょく、豆電球、かん電池の－きょくをどう線で１つのわのようにつなぐと、回路ができる。

ぴたトリビア　豆電球とかん電池をつないだ回路は、どう線が長くなっても電気の通り道ができているので明かりがつきます。

60

ぴったり2 練習

学習 61ページ

10. 電気の通り道

①明かりがつくつなぎ方

教科書 145~149ページ　答え 31ページ

1 豆電球とかん電池を使って、明かりをつけます。

(1) ㋐、㋑を何といいますか。

㋐(　ソケット　)

㋑(　どう線　)

(2) かん電池の㋒、㋓の部分を何といいますか。

㋒(　＋きょく　)

㋓(　－きょく　)

ねじこむ。　豆電球　かん電池　㋐　㋑　㋒　㋓　黒　赤

2 豆電球とかん電池をどう線でつなぎ、明かりがつくかどうか調べます。

(1) 豆電球に明かりがつくものには○、明かりがつかないものには×をつけましょう。

㋐ ×　㋑ ○　㋒ ○　㋓ ×

(2) かん電池の＋きょく、豆電球、かん電池の－きょくを、１つのわのようにどう線でつないだものを何といいますか。　(　回路　)

ヒント ② (1)どう線がかん電池のどこにつながっているかに注目しよう。

61

61ページ　てびき

❶ (1)㋐と㋑がつながったものを、どう線つきソケットといいます。

(2)かん電池のはしで、出っぱりがあるほうを＋(プラス)きょく、平らなほうを－(マイナス)きょくといいます。

＋きょく　－きょく

❷ (1)㋐かん電池の＋きょくとどう線がつながっていないので、明かりがつきません。

㋑㋒かん電池の＋きょく、豆電球、かん電池の－きょくが、１つのわのようにつながっているので、明かりがつきます。

㋓２本のどう線がかん電池の－きょくとつながっていて、＋きょくとつながっていないので、明かりがつきません。

おうちのかたへ　10. 電気の通り道

豆電球と乾電池を使い、回路になっていると電気が流れて明かりがつくこと、電気を通すものと通さないものがあることを学習します。明かりがつくような回路をつくる・考える・表すことができるか、金属は電気を通す性質があることを理解しているか、などがポイントです。

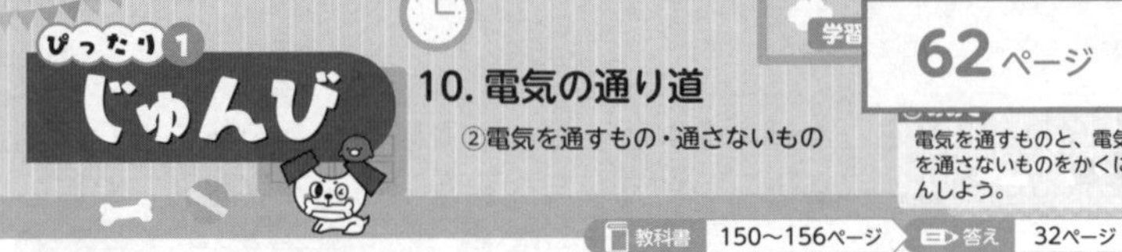

ぴったり1 じゅんび

10. 電気の通り道

②電気を通すもの・通さないもの

学習 62ページ

電気を通すものと、電気を通さないものをかくにんしよう。

教科書 150～156ページ　答え 32ページ

下の(　)にあてはまる言葉を書くか、あてはまるものを○でかこもう。

1 回路のとちゅうにものをつないで、何が電気を通すか調べよう。　教科書 150～153ページ

▶豆電球とかん電池をどう線でつないだ回路のとちゅうに、いろいろなものをつないで、電気を通すかどうかを調べる。

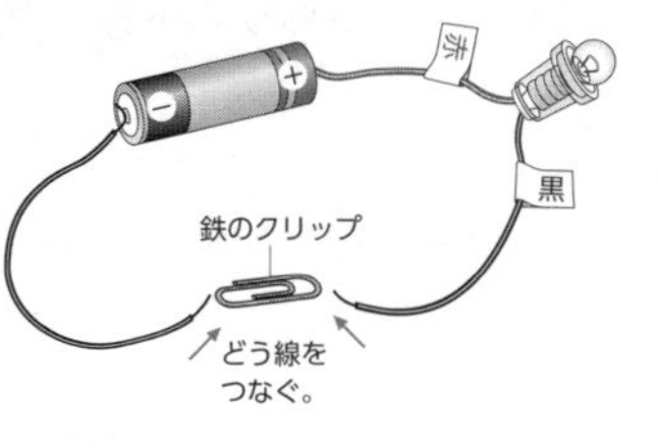

調べるもの	けっか
鉄のクリップ	(① (通す)・通さない)
プラスチックのクリップ	(② 通す・(通さない))
アルミニウムはく	(③ (通す)・通さない)
わりばし	(④ 通す・(通さない))
十円玉	(⑤ (通す)・通さない)

▶鉄、アルミニウム、どうは、(⑥ 金ぞく)という。

▶(⑦ (金ぞく)・プラスチック・紙)でできているものは、電気を通す。

2 かんの表面をけずって、電気を通すか調べよう。　教科書 154～155ページ

▶スチールかんを回路のとちゅうにつないでも、電気を(① 通す・(通さない))が、スチールかんの表面をけずった部分は電気を(② (通す)・通さない)。

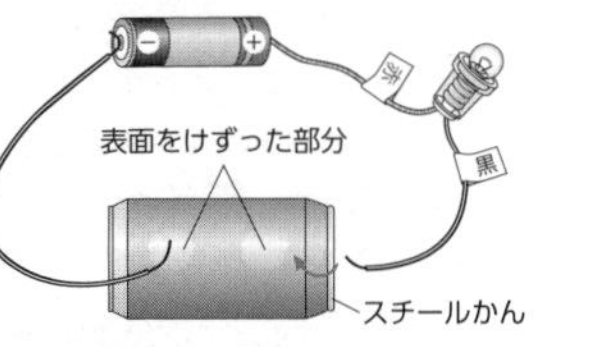

▶かんの表面をけずって金ぞくを出した部分を、回路のとちゅうにつなぐと、豆電球の明かりが(③ (つく)・つかない)。

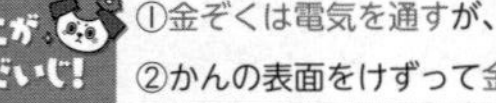

ここがだいじ! ①金ぞくは電気を通すが、プラスチックや紙は電気を通さない。
②かんの表面をけずって金ぞくを出すと、電気を通すようになる。

ぴたトリビア 電気を通しやすい金ぞくベスト3は、銀、どう、金です。

ぴったり2 練習

10. 電気の通り道

②電気を通すもの・通さないもの

学習 63ページ

教科書 150～156ページ　答え 32ページ

1 豆電球とかん電池をどう線でつないだ回路のとちゅうに、いろいろなものをつないで、豆電球に明かりがつくかどうかを調べました。明かりがつくものには○を、明かりがつかないものには×をつけましょう。

㋐ 目玉クリップ　㋑ 消しゴム　㋒ ガラスのコップ　㋓ 鉄くぎ

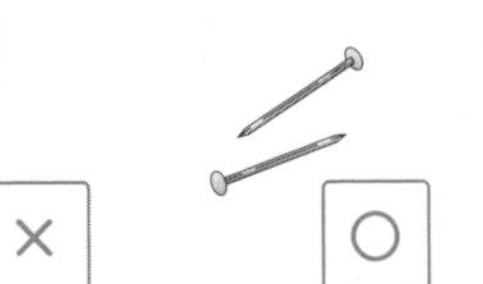
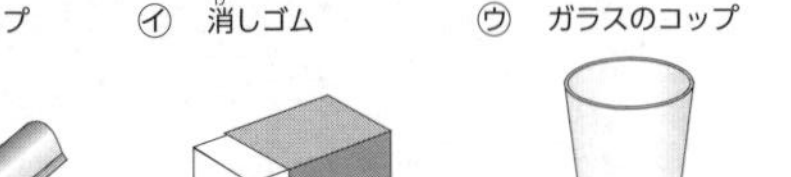

㋐ ○　㋑ ×　㋒ ×　㋓ ○

㋔ ビニルテープ　㋕ 紙　㋖ アルミニウムはく　㋗ 竹のものさし

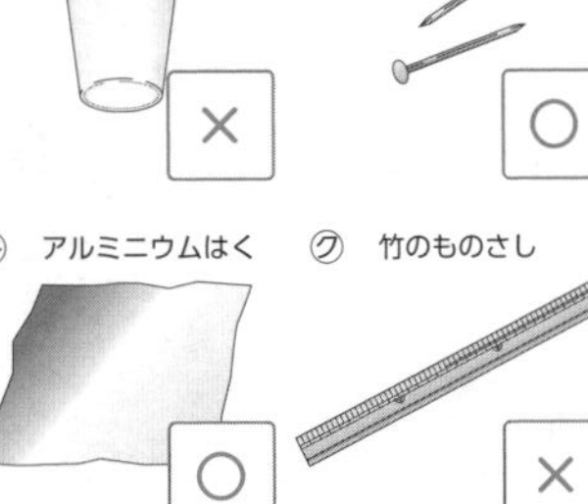
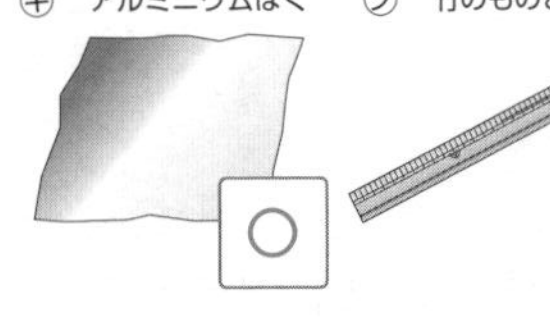

㋔ ×　㋕ ×　㋖ ○　㋗ ×

2 回路のとちゅうに、下の図のようにアルミかんをつなぎます。㋐はそのまま、㋑はかんの表面をけずって、金ぞくを出した部分にどう線をつなぎました。

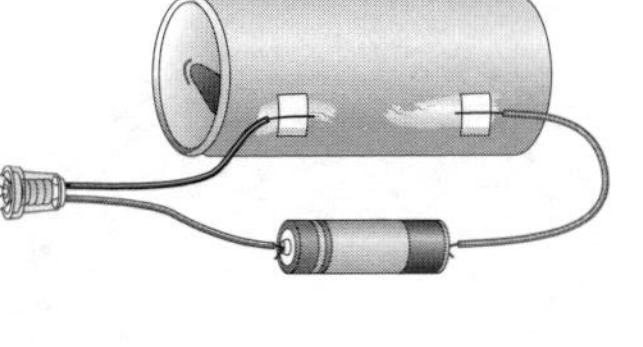

(1) じっけんのけっかについて、正しいものに○をつけましょう。

ア(　)どちらも明かりがつく。
イ(　)㋐だけ明かりがつく。
ウ(○)㋑だけ明かりがつく。
エ(　)どちらも明かりがつかない。

(2) アルミかんの表面にぬられているものは、電気を通しますか。

(通さない。)

(3) どう線をおおっているビニルは、電気を通しますか。

(通さない。)

ヒント ❶ 金ぞくでできるものは、電気を通します。

63ページ　てびき

❶ 鉄やアルミニウム、どうなどの金ぞくは、電気を通すので、回路のとちゅうにつなぐと、豆電球の明かりがつきます。ゴムやガラス、ビニル、紙、竹などは、電気を通さないので、回路のとちゅうにつないでも、豆電球の明かりがつきません。

❷ (1)(2)アルミかんの表面にぬられているものは、電気を通しません。そのため、かんの表面とつながった㋐は電気を通さないので、豆電球に明かりがつきません。㋑は表面をけずって金ぞくを出した部分とつながっているので、豆電球に明かりがつきます。

(3)どう線の中には、電気を通す金ぞくの線が入っていて、金ぞくの線のまわりは、電気を通さないビニルでおおわれています。

ぴったり3 たしかめのテスト

10. 電気の通り道

64ページ　/100　合格70点

教科書 144〜157ページ　答え 33ページ

よく出る

1 豆電球の明かりがつくものには○を、明かりがつかないものには×をつけましょう。　1つ5点(30点)

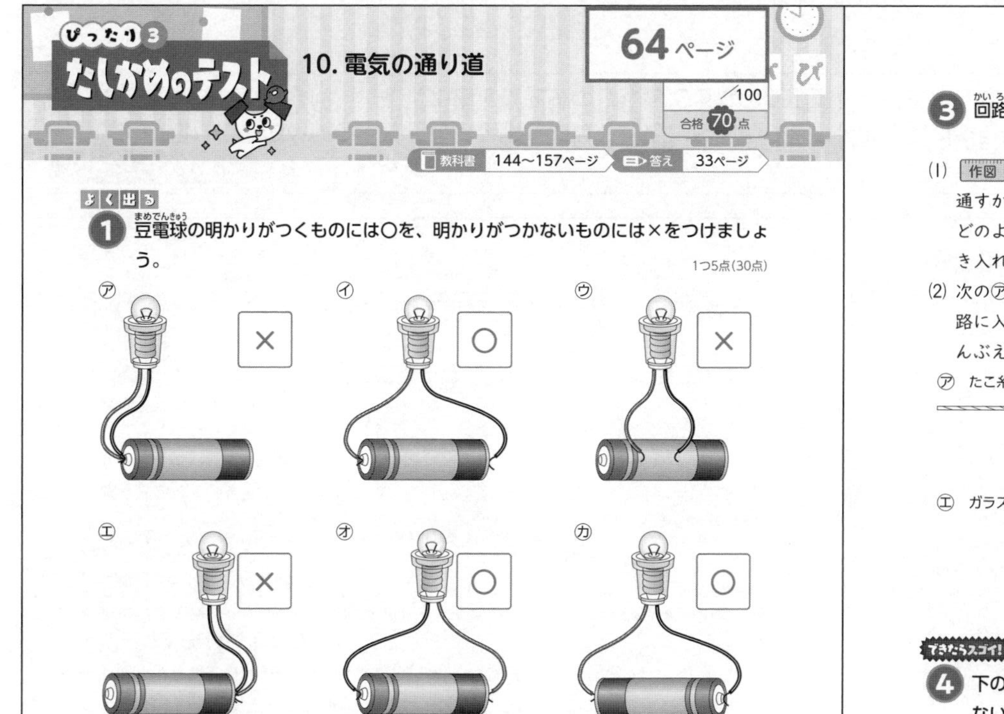

2 切るところが鉄、持つところがプラスチックのはさみに、どう線のあの部分をつないで、豆電球の明かりをつけます。　1つ15点(30点)

(1) あをはさみのア、イどちらにつなぐと、豆電球の明かりがつきますか。（ イ ）

(2) 記述 (1)のようになる理由を、［　］の言葉を使ってせつめいしましょう。　思考・表現

（はさみの切るところは電気を通す鉄でできているが、持つところは電気を通さないプラスチックでできているから。）

［ 鉄　プラスチック　電気 ］

学習日　65ページ

3 回路のとちゅうにものをつないで、電気を通すかどうかを調べます。　1つ10点、(2)はぜんぶできて10点(20点)

(1) 作図 ねじ回しの持つところが電気を通すかどうかを調べるとき、どう線をどのようにつなぎますか。右の絵に書き入れましょう。　技能

(2) 次のア〜カを、ねじ回しのかわりに回路に入れます。明かりがつくものをぜんぶえらんで、○をつけましょう。

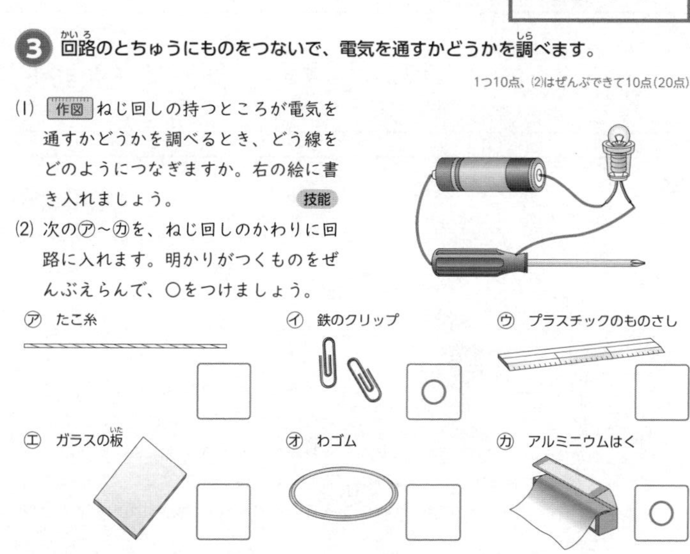

できたらスゴイ!

4 下の絵のように、アルミニウムはくにビニルテープをはったスイッチを回路につないで、豆電球の明かりのつき方を調べます。　1つ10点(20点)

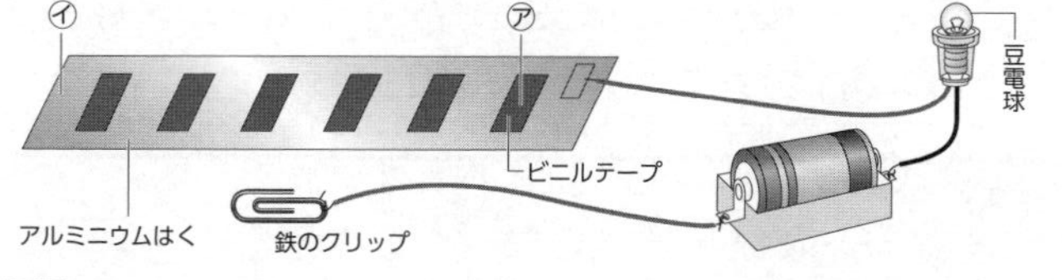

(1) 記述 鉄のクリップがビニルテープとアルミニウムはくにこうたいでふれるように、アからイまでクリップをつけたまま動かすと、豆電球の明かりはどうなりますか。

（ついたり消えたりする。）

(2) 記述 (1)のようになる理由を、［　］の言葉を使ってせつめいしましょう。

（アルミニウムはくは電気を通すが、ビニルテープは電気を通さないから。）

［ アルミニウムはく　ビニルテープ　電気　通す　通さない ］

ふりかえり **3**がわからないときは、62ページの**1**にもどってかくにんしましょう。

64〜65ページ　てびき

1 ア両方のどう線が＋きょくにつながっています。
ウ両方のどう線がかん電池の横の部分とつながっていて、かん電池のきょくとつながっていません。
エ両方のどう線が－きょくにつながっています。

2 (2)鉄などの金ぞくは電気を通しますが、プラスチックなどは電気を通しません。はさみの切る部分は電気を通します。

3 (2)鉄やアルミニウムなどの金ぞくは電気を通しますが、そのほかのものは電気を通しません。

4 クリップがビニルテープの上にあるときは電気が通りませんが、アルミニウムはくの上にあるときは電気が通ります。このため、ビニルテープの上では明かりが消え、アルミニウムはくの上では明かりがつきます。

11. じしゃく

①じしゃくにつくもの・つかないもの
②じしゃくと鉄

66ページ　じしゃくにつくものとじしゃくにつかないものをかくにんしよう。

教科書 159～168ページ　答え 34ページ

下の(　)にあてはまる言葉を書くか、あてはまるものを○でかこもう。

1 じしゃくをものに近づけて、つくかどうかを調べよう。　教科書 158～163ページ

▶じしゃくをいろいろなものに近づけて、じしゃくにつくかどうかを調べる。

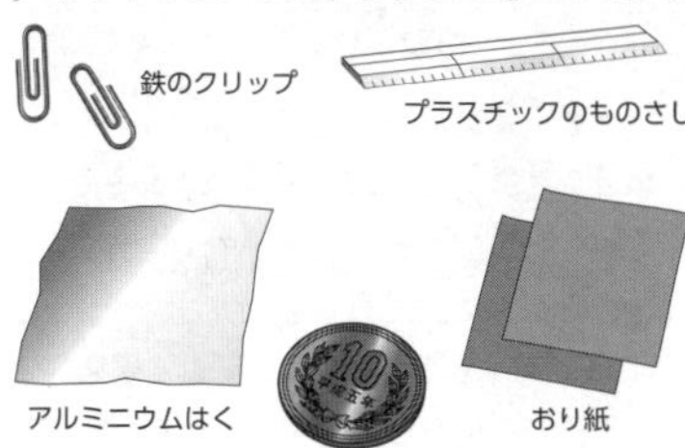

調べるもの	けっか
鉄のクリップ	(① つく・つかない)
プラスチックのものさし	(② つく・つかない)
アルミニウムはく	(③ つく・つかない)
おり紙	(④ つく・つかない)
十円玉	(⑤ つく・つかない)

▶(⑥ 鉄)でできているものはじしゃくにつく。
▶プラスチックや紙でできているものは、じしゃくに(⑦ つく・つかない)。
▶アルミニウムやどうでできているものは、じしゃくに(⑧ つく・つかない)。

2 はなれていても、じしゃくは鉄を引きつけるだろうか。　教科書 164～166ページ

▶じしゃくと鉄との間がはなれていても、じしゃくは鉄を(① 引きつける・引きつけない)。
▶糸につけた鉄のクリップに遠くからじしゃくを近づけると、じしゃくが鉄を引きつける力は(② 強くなる・弱くなる)。

3 じしゃくにつけると、鉄は、じしゃくになるだろうか。　教科書 167～168ページ

▶鉄くぎをじしゃくのNきょくにしばらくつけてから、じしゃくからはなし、鉄のクリップに近づけると、鉄のクリップは引きつけられ(① る・ない)。
▶じしゃくについた鉄くぎは(② じしゃく)になり、鉄を引きつける。

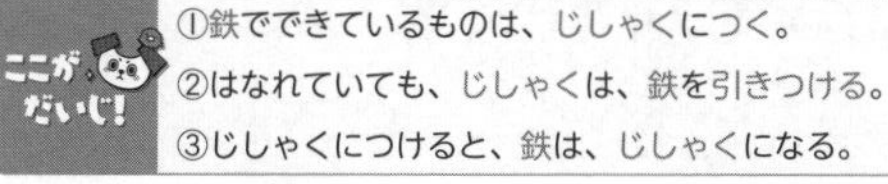

ここがだいじ!
①鉄でできているものは、じしゃくにつく。
②はなれていても、じしゃくは、鉄を引きつける。
③じしゃくにつけると、鉄は、じしゃくになる。

ぴたトリビア　すな場のすなの上にじしゃくをおいたときに、細かい黒いすな(さ鉄)がくっつくことがあります。

ぴったり2 練習　11. じしゃく

①じしゃくにつくもの・つかないもの
②じしゃくと鉄

67ページ

教科書 159～168ページ　答え 34ページ

1 どんなものがじしゃくにつくかを調べます。じしゃくにつくものには○を、つかないものには×をつけましょう。

㋐ 鉄くぎ　㋑ アルミニウムはく　㋒ ガラスのコップ　㋓ 鉄のクリップ

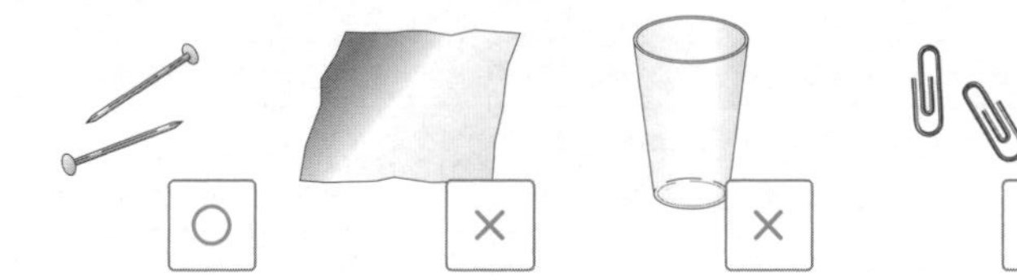

2 糸をつけた鉄のクリップに、遠くからじしゃくを近づけていきます。

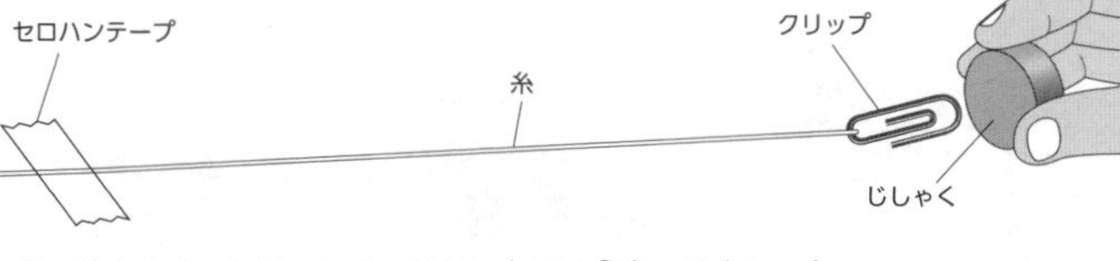

(1) じっけんのけっかについて、正しいものに○をつけましょう。
ア(　)クリップは、じしゃくに引きつけられない。
イ(　)じしゃくがクリップとはなれていると、クリップは引きつけられない。
ウ(○)じしゃくがクリップとはなれていても、クリップは引きつけられる。
(2) じしゃくの力は、はなれていてもはたらきますか。　(はたらく。)

3 じしゃくに、鉄のクリップをしばらくつけておきます。

(1) 鉄のクリップをじしゃくからはなすと、おたがいにくっついていた鉄のクリップはどうなりますか。正しいほうに○をつけましょう。
ア(○)くっついたまま落ちない。
イ(　)鉄のクリップは落ちる。
(2) 鉄のクリップにさ鉄を近づけました。正しいほうに○をつけましょう。
ア(○)さ鉄は引きつけられる。
イ(　)さ鉄は引きつけられない。

じしゃく　鉄のクリップ

ヒント ❶ 鉄でできているものは、じしゃくにつきます。

おうちのかたへ　11. じしゃく
磁石と身の回りのものを使い、磁石は鉄を引きつけること、磁石の極どうしには引力や反発力がはたらくことを学習します。
磁石が引きつけるものは何か、磁石の極と極を近づけるとどうなるか理解しているか、などがポイントです。

67ページ　てびき

❶ 鉄くぎや鉄のクリップのように、鉄でできているものはじしゃくにつきますが、ガラスのコップやわゴム、ビニルテープのように、鉄でできていないものは、じしゃくにつきません。また、鉄ではない金ぞくでできているものも、じしゃくにつきません。

❷ じしゃくと鉄との間がはなれていても、じしゃくの力がはたらいて、鉄でできているものを引きつけます。強いじしゃくを使うほど、遠くにあっても、鉄でできたものを引きつけます。

❸ (1)じしゃくについた鉄のクリップはじしゃくになるので、ほかの鉄のクリップはじしゃくについたままです。

おうちのかたへ
金属(鉄、アルミニウム、金など)は電気を通しますが、金属すべてが磁石につくわけではありません。電気を通すものと磁石につくものの違いに注意させましょう。

11. じしゃく
③じしゃくのきょく

68ページ

教科書 169〜171ページ　答え 35ページ

下の(　)にあてはまる言葉を書くか、あてはまるものを○でかこもう。

1 じしゃくのきょくどうしを近づけて、引きつけ合うかを調べる。 教科書 169〜171ページ

▶ぼうじしゃくは、(① 真ん中・(両はし))に鉄がよくつく。
▶ぼうじしゃくのはしを(② きょく)といい、(①)には(③ Nきょく(Sきょく))と(④ Sきょく(Nきょく))がある。

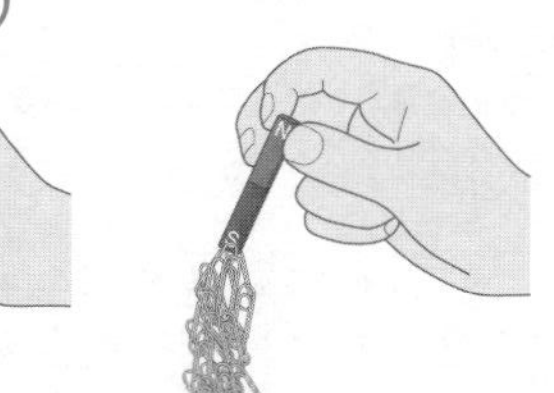

▶⑤〜⑧に「引きつけ合う」または「しりぞけ合う」を書きましょう。

N N　(⑤しりぞけ合う)	N S　(⑥引きつけ合う)
S S　(⑦しりぞけ合う)	S N　(⑧引きつけ合う)

▶じしゃくを動きやすくすると、じしゃくのNきょくは(⑨ 北)をさし、Sきょくは(⑩ 南)をさす。
▶方位じしんは、はりが(⑪ じしゃく)でできていて、(⑪)の(⑫ きょく)が北と南をさすことをりようして(⑬ 方位)を調べる道具である。

(Nきょく　北　南　Sきょく)

ここがだいじ! ①2つのじしゃくのきょくどうしを近づけると、ちがうきょくどうしは引きつけ合い、同じきょくどうしはしりぞけ合う。

ぴたトリビア　じしゃくを切ると、一方のはしがNきょくに、もう一方のはしはSきょくになります。

ぴったり2 練習

11. じしゃく
③じしゃくのきょく

69ページ

教科書 169〜171ページ　答え 35ページ

1 ぼうじしゃくに鉄のゼムクリップを近づけて、よく引きつける部分を調べました。

(1) ゼムクリップはぼうじしゃくにどのようにつきますか。①〜③の中から正しいものをえらび、記号を書きましょう。　(①)

① ② ③

(2) ゼムクリップを強く引きつけているのは、ぼうじしゃくのどの部分ですか。正しいほうに○をつけましょう。
ア(○)両はし　イ(　)真ん中

(3) じしゃくがもっとも強く鉄を引きつけるところを何といいますか。
(きょく)

2 2つのじしゃくのきょくを近づけて、どうなるかを調べました。

(1) じしゃくが引きつけ合うものに○、しりぞけ合うものに×をつけましょう。
①(○)　②(×)　③(×)　④(○)

(2) 2つのじしゃくのきょくを近づけるとどうなりますか。(　)にあてはまる言葉を書きましょう。
・じしゃくの(ちがう)きょくどうしを近づけると引き合う。
・じしゃくの(同じ)きょくどうしを近づけるとしりぞけ合う。

3 方位じしんはじしゃくのせいしつをりようしています。
①、②は何きょくか、書きましょう。

①(Nきょく)　北
南　②(Sきょく)

ヒント ❷ じしゃくは、ちがうきょくどうしは引きつけ合い、同じきょくどうしはしりぞけ合います。

69ページ　てびき

❶ (1)(2)ぼうじしゃくでは、両はしの部分が強くゼムクリップを引きつけます。真ん中の部分は、ゼムクリップをほとんど引きつけません。
(3)じしゃくがもっとも強く鉄を引きつける部分をきょくといいます。

❷ 2つのじしゃくのきょくどうしを近づけたとき、ちがうきょくどうしは引きつけ合い、同じきょくどうしはしりぞけ合います。

❸ 方位じしんは、Nきょくが北をさし、Sきょくが南をさすというじしゃくのせいしつをりようしています。

ぴったり3 たしかめのテスト
11. じしゃく

70ページ

/100 合格70点

教科書 158〜173ページ　答え 36ページ

よく出る
1 次の㋐〜㋗のもののせいしつを調べます。

(1)、(2)ともぜんぶできて15点(30点)

㋐ ビニルテープ　㋑ 鉄のクリップ　㋒ ガラスのコップ　㋓ 竹のものさし

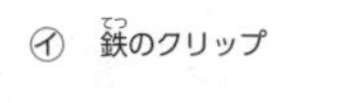
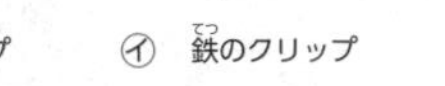
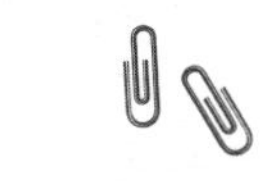
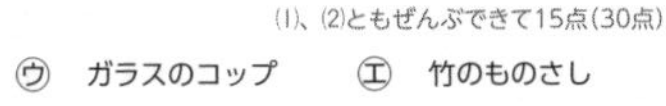
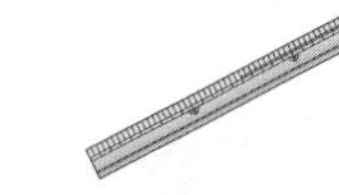
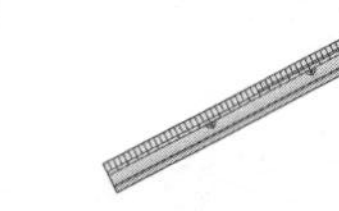
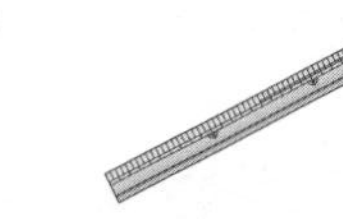
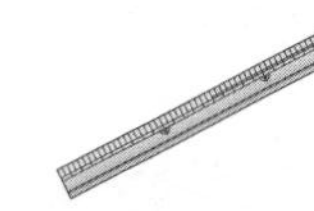
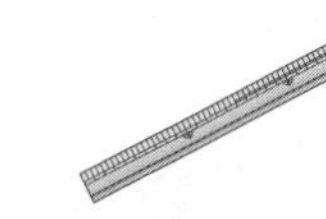
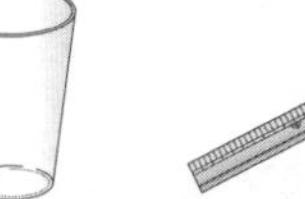

㋔ 十円玉　㋕ プラスチックの下じき　㋖ アルミかん(横のぬってある部分)　㋗ スチールかん(横のぬってある部分)

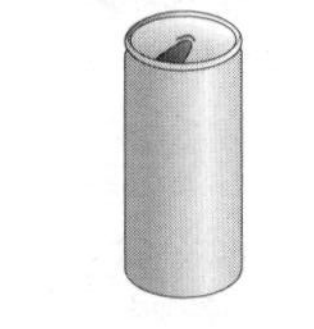

(1) 電気を通すものをぜんぶえらんで、記号を書きましょう。　(㋑、㋔)

(2) じしゃくにつくものをぜんぶえらんで、記号を書きましょう。　(㋑、㋗)

2 方位じしんの仕組みを調べました。

1つ5点(10点)

(1) 方位じしんのはりと文字ばんの文字を合わせるには、㋐、㋑のどちらの向きに回すほうがよいですか。　(㋐)

(2) 記述 方位じしんの色のついたはりに、じしゃくのNきょくを近づけると、はりはどのように動きますか。

思考・表現

(じしゃくのNきょくから遠ざかるように動く。)

学習 71ページ

3 じしゃくと鉄くぎの間にプラスチックの下じきを入れると、鉄くぎがじしゃくに引きつけられました。

1つ10点(20点)

(1) 記述 このじっけんから、じしゃくにはどのようなせいしつがあることがわかりますか。

思考・表現

(鉄との間がはなれていても、鉄を引きつける。)

(2) じしゃくをやじるしの方向に動かしたときの鉄くぎの様子として、正しいものに○をつけましょう。

ア(　)そのままで動かない。
イ(　)下に落ちる。
ウ(○)じしゃくといっしょに動く。

できたらスゴイ!
4 ぼうじしゃくに鉄くぎを近づけると、2本がつながったままで落ちませんでした。ぼうじしゃくから㋐のくぎをはなしても、㋑のくぎはつながったままでした。

1つ10点(40点)

(1) 記述 上の②で、じしゃくからはなしても、㋐と㋑のくぎがつながったままなのはなぜですか。理由をせつめいしましょう。

思考・表現

(じしゃくについた鉄くぎがじしゃくになったから。)

(2) ③のように、㋐のくぎの頭を方位じしんに近づけると、色のついたはりが近づきました。このとき、㋐のくぎの頭は何きょくになっていますか。　(Sきょく)

(3) ④のように、㋐のくぎをはっぽうポリスチレンにのせ、水にうかべました。くぎはあといのどちらの向きに動きますか。記号を書きましょう。　(あ)

(4) ぼうじしゃくの真ん中に、図の①と同じように鉄くぎを近づけました。このとき、正しいものに○をつけましょう。

ア(　)①と同じように、2本のくぎがつながってじしゃくにつく。
イ(　)1本のくぎだけじしゃくにつく。
ウ(○)くぎは1本もじしゃくにつかない。

ふりかえり ❶がわからないときは、66ページの❶にもどってかくにんしてみよう。

70〜71ページ てびき

❶ (1)金ぞくでできたものは電気を通します。アルミかんやスチールかんで、色がぬられている部分は電気を通しません。

❷ (2)色のついたはりはNきょくなので、じしゃくのNきょくから遠ざかります。

❸ (1)じしゃくと鉄くぎの間に、じしゃくに引きつけられないプラスチックの下じきをはさんでも、じしゃくの力がはたらくことがわかります。

❹ (1)じしゃくは、じしゃくについた鉄でできたものをじしゃくにするはたらきがあるので、鉄くぎ㋐はじしゃくになり、鉄くぎ㋑を引きつけます。
(2)ちがうきょくどうしは引きつけ合うので、色のついたはり(Nきょく)が引きつけられるくぎの頭はSきょくになります。
(4)じしゃくの真ん中には、鉄を引きつけるはたらきがほとんどありません。

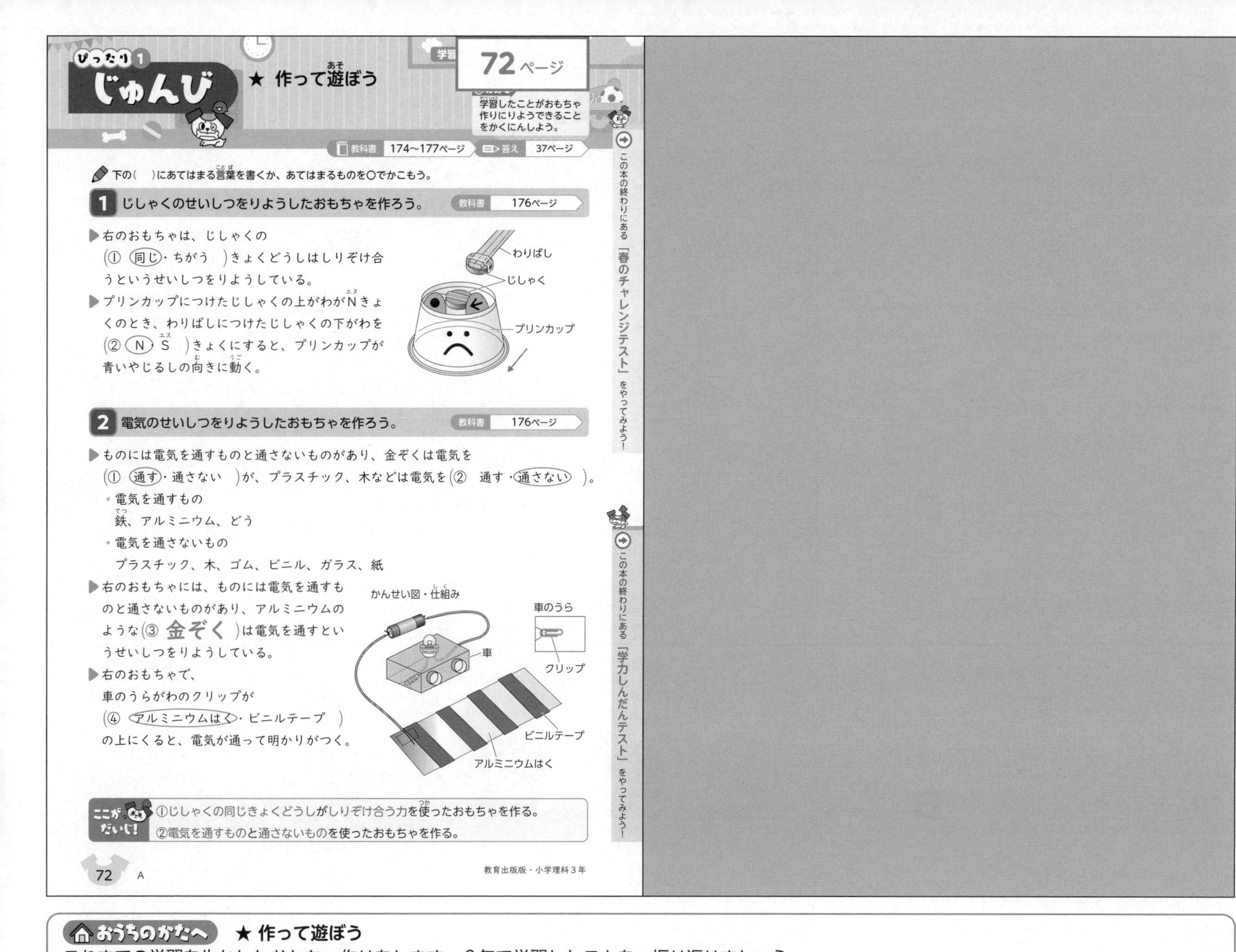

ぴったり1 じゅんび

★ 作って遊ぼう

72ページ

学習したことがおもちゃ作りにりようできることをかくにんしよう。

教科書 174～177ページ　答え 37ページ

下の(　)にあてはまる言葉を書くか、あてはまるものを○でかこもう。

1 じしゃくのせいしつをりようしたおもちゃを作ろう。

教科書 176ページ

- 右のおもちゃは、じしゃくの（① 同じ・ちがう ）きょくどうしはしりぞけ合うというせいしつをりようしている。
- プリンカップにつけたじしゃくの上がわがNきょくのとき、わりばしにつけたじしゃくの下がわを（② N・S ）きょくにすると、プリンカップが青いやじるしの向きに動く。

2 電気のせいしつをりようしたおもちゃを作ろう。

教科書 176ページ

- ものには電気を通すものと通さないものがあり、金ぞくは電気を（① 通す・通さない ）が、プラスチック、木などは電気を（② 通す・通さない ）。
  - 電気を通すもの
    鉄、アルミニウム、どう
  - 電気を通さないもの
    プラスチック、木、ゴム、ビニル、ガラス、紙
- 右のおもちゃには、ものには電気を通すものと通さないものがあり、アルミニウムのような（③ 金ぞく ）は電気を通すというせいしつをりようしている。
- 右のおもちゃで、車のうらがわのクリップが（④ アルミニウムはく・ビニルテープ ）の上にくると、電気が通って明かりがつく。

ここが だいじ！
①じしゃくの同じきょくどうしがしりぞけ合う力を使ったおもちゃを作る。
②電気を通すものと通さないものを使ったおもちゃを作る。

この本の終わりにある「春のチャレンジテスト」をやってみよう！

この本の終わりにある「学力しんだんテスト」をやってみよう！

おうちのかたへ　★ 作って遊ぼう
これまでの学習を生かしたおもちゃ作りをします。3年で学習したことを、振り返りましょう。

夏のチャレンジテスト

教科書 8〜83ページ

月　日　名前

時間 40分

知識・技能	思考・判断・表現	ごうかく80点
/60	/40	/100

答え 38〜39ページ

知識・技能

1 生き物をかんさつしました。

1つ3点(15点)

(1) 生き物の様子をきろくカードにまとめました。①〜④にあてはまる言葉を書きましょう。

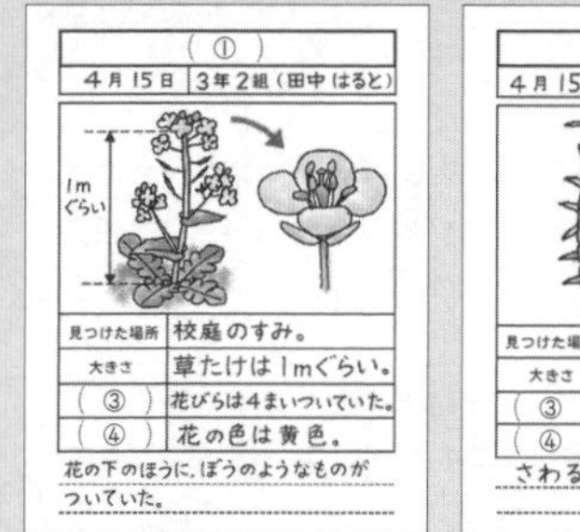

(①)
4月15日 3年2組(田中はると)
1m ぐらい
見つけた場所	校庭のすみ。
大きさ	草たけは1mぐらい。
(③)	花びらは4まいついていた。
(④)	花の色は黄色。

花の下のほうに、ぼうのようなものがついていた。

(②)
4月15日 3年1組(中村ももか)
1cmぐらい
見つけた場所	落ち葉の下。
大きさ	1cmぐらい。
(③)	丸くて、細長い。
(④)	黒色。

さわると丸くなった。

①(アブラナ)　②(ダンゴムシ)
③(形)　④(色)

(2) 生き物の大きさや形、色などはどれも同じですか、ちがいますか。

(ちがう。)

2 虫めがねを使いました。

1つ3点(6点)

(1) 見たいものが動かせないときの使い方は、㋐、㋑のどちらがよいですか。　(㋑)

(2) 虫めがねで、ぜったいに見てはいけないものはどれですか。あてはまるものに○をつけましょう。

①(　)動物
②(　)植物
③(○)太陽

3 植物のたねをまきました。

1つ3点(27点)

(1) ㋐〜㋒のたねは、ホウセンカ、アサガオ、ヒマワリのどれですか。あてはまる名前を書きましょう。

㋐(ヒマワリ)
㋑(ホウセンカ)
㋒(アサガオ)

(2) たねまきをしたあと、土がかわかないようにするために、どうすればよいですか。

(水をやる。)

(3) ①、②は、ホウセンカ、アサガオ、ヒマワリのどれかのめが出たあとのようすです。あてはまる名前を書きましょう。

①(ホウセンカ)
②(ヒマワリ)

(4) はじめに出てきたアを何といいますか。

(子葉)

(5) アのあとに出てきたイを何といいますか。

(葉)

(6) これから育つにつれて数がふえるのは、ア、イのどちらですか。

(イ)

うらにも問題があります。

夏のチャレンジテスト　おもて　てびき

1 (1)①・②には調べたものの名前を書きます。調べたものをスケッチして、言葉でもくわしく書きます。③や④に書いてあることを見ると、「形」や「色」を書いていることがわかります。
(2)生き物は、それぞれ、すんでいる場所、大きさ、形、色などにちがいがあります。

2 (1)㋑が見たいものが動かせないときの使い方です。虫めがねを目の近くに持ち、見るものに自分が近づいたりはなれたりして、はっきりと大きく見えるところで止まって見ます。㋐は動かせるものを見るときの使い方です。虫めがねを目の近くに持ち、見るものを動かして、はっきりと大きく見えるところで止めて見ます。
(2)目をいためるので、虫めがねで太陽など光を出すものを見てはいけません。

3 ホウセンカ、アサガオ、ヒマワリのたねや子葉、葉などの形や色、大きさなどがどうだったか、教科書やきろくカードなどを見直しておきましょう。
(2)たねまきをしたあとは、土がかわかないように水をやり、世話をしていきます。
(4)〜(6)たねをまいて、はじめに出てきた葉を子葉(ア)といいます。植物が育つと葉(イ)の数がふえていきます。形や色、大きさなどにちがいはありますが、同じように育っていきます。

4 モンシロチョウの育ち方を調べました。

(1)はぜんぶできて6点、(2)は1つ3点(12点)

(1) チョウの育つじゅんに、2・3・4を、㋑～㋓に書きましょう。

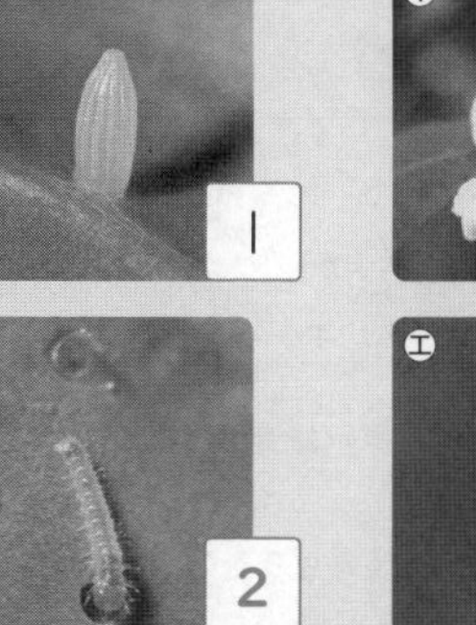

(2) ㋒、㋓のころのすがたを何といいますか。

㋒(よう虫)　㋓(さなぎ)

思考・判断・表現

5 ホウセンカとヒマワリの体のつくりをくらべました。

ぜんぶできて5点(10点)

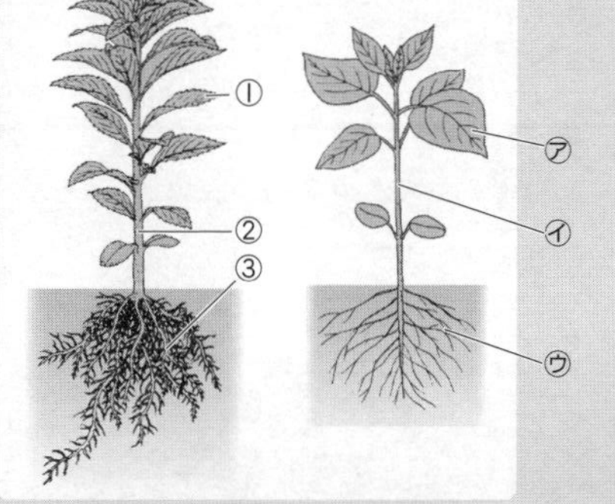

(1) ホウセンカの①～③のつくりは、ヒマワリの㋐～㋒のどこと同じですか。記号を書きましょう。

①(㋐)　②(㋑)　③(㋒)

(2) 植物の体のつくりについて、あてはまる言葉を①～③に書きましょう。

植物の体は、どれも(① 葉)、(② くき)、(③ 根)からできている。

6 ゴムを引っぱって、車を走らせました。

1つ5点(20点)

(1) 車の走るきょりが、下の①～③のようになるのは、㋐～㋒のどれですか。記号を書きましょう。

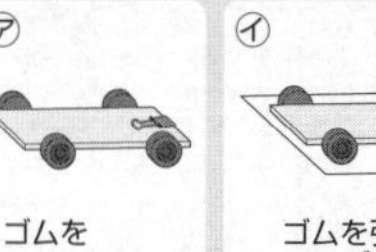

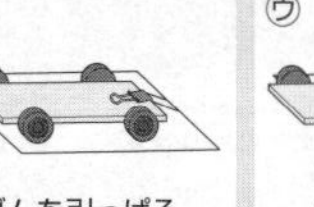

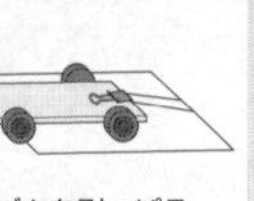
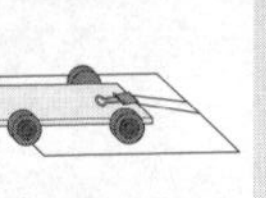
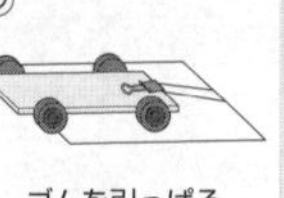
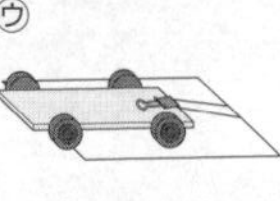

① 車の走るきょりが長い。　(㋒)
② 車の走るきょりが短い。　(㋑)
③ 車は動かない。　(㋐)

(2) ㋓、㋔で、車が走るきょりが長いほうに○をつけましょう。

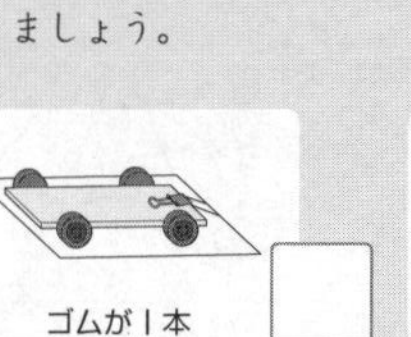

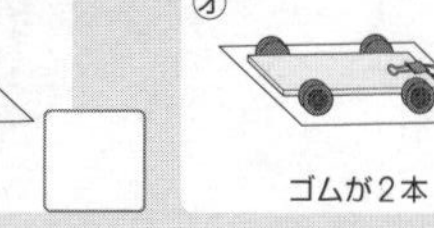
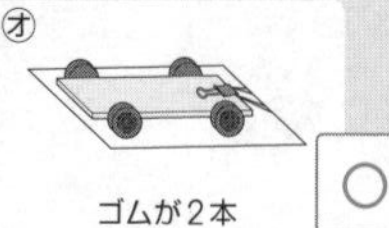

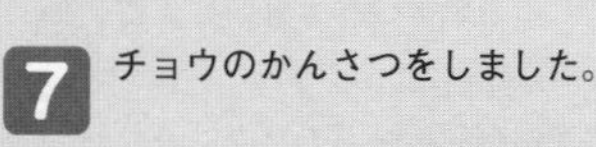

7 チョウのかんさつをしました。

1つ5点(10点)

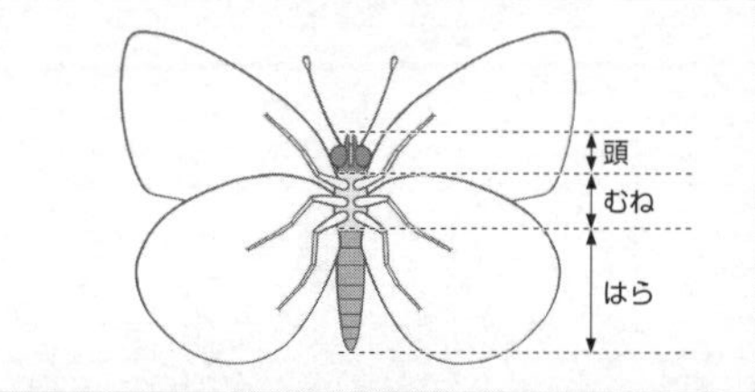

(1) チョウのせい虫のような体のつくりの動物を何といいますか。

(こん虫)

(2) 記述 バッタやカブトムシが(1)といえるかどうかは、どのように調べればよいですか。

せい虫の体が頭・むね・はらの3つに分かれ、むねに6本のあしがあるかを調べる。

夏のチャレンジテスト(裏)

夏のチャレンジテスト　うら　てびき

4 チョウは、たまご(㋐)→よう虫(㋒)→さなぎ(㋓)→せい虫(㋑)のじゅんに育っていきます。よう虫は皮をぬぐたびに大きくなり、食べるえさのりょうや、ふんのりょうがふえていきます。さなぎのあいだは、何も食べません。

5 形や大きさ、色などにちがいはありますが、植物の体は、どれも、根(③・㋒)・くき(②・㋑)・葉(①・㋐)からできています。

6 (1)ゴムを長くのばすほど、ゴムがものを動かすはたらきは大きくなります。

(2)㋓より㋔のほうがゴムの本数が多いので、車にはたらくゴムの力も大きくなります。よって、㋔のほうが走るきょりが長くなります。

7 こん虫のせい虫の体は、どれも、頭・むね・はらの3つに分かれ、むねに6本のあしがあります。頭には目や口、しょっかくがあります。

冬のチャレンジテスト

教科書 72～143ページ

月　日

名前

時間 40分

知識・技能	思考・判断・表現	ごうかく80点
／62	／38	／100

答え40～41ページ

知識・技能

1 トンボのせい虫の体を調べました。

(1)、(2)は1つ2点、(3)は4点、(4)はぜんぶできて4点(18点)

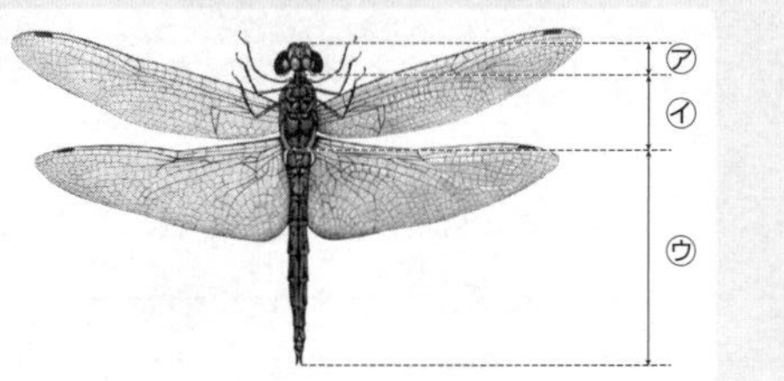

(1) ㋐～㋒の部分を、それぞれ何といいますか。

㋐(頭) ㋑(むね) ㋒(はら)

(2) あしは、どこに何本ついていますか。

(むね)に(6)本ついている。

(3) トンボのせい虫のような体のつくりの動物を何といいますか。

(こん虫)

(4) カブトムシは、チョウと同じじゅんに、たまごからせい虫に育ちました。トンボやバッタは、どのようなじゅんに育つのか書きましょう。

(たまご → よう虫 → せい虫)

2 ホウセンカの育ち方をまとめました。

1つ4点(12点)

(1) (　)に入る言葉を書きましょう。

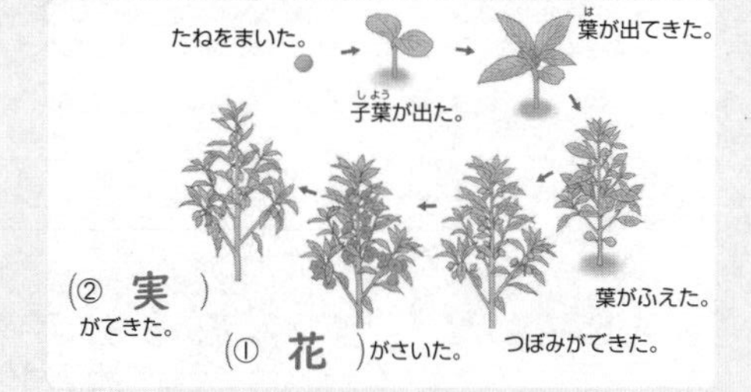

(2) (1)の②ができた後、ホウセンカはどうなりますか。

((実やたねをのこして)かれる。)

3 方位じしんの使い方を調べました。

1つ4点(8点)

(1) 方位じしんのはりの色がついたほうは、東西南北のどの方位をさして止まりますか。

(北)

(2) はりの動きが止まった後の文字ばんの合わせ方で、正しいものは㋐～㋒のどれですか。

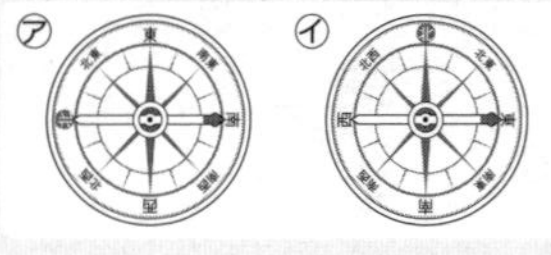

(㋒)

4 日なたと日かげの地面の温度を調べました。

1つ3点(12点)

(1) 温度計の目もりの読み方で、正しいほうに○をつけましょう。

(2) ①、②の温度計の目もりを読んで、温度を書きましょう。

①(14℃)　②(16℃)

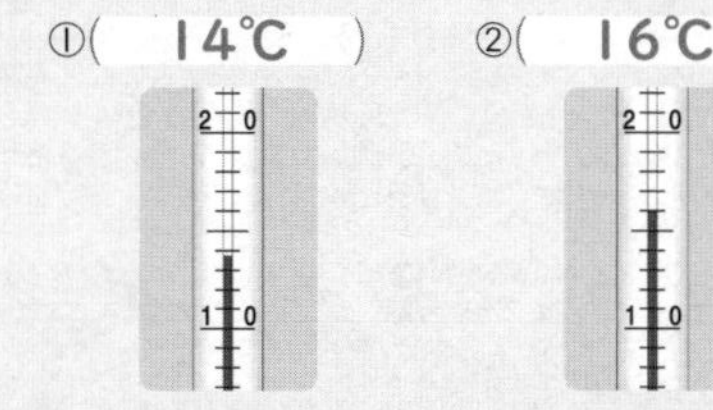

(3) 日なたと日かげの地面の温度をくらべると、温度が高いのはどちらですか。

(日なた)

うらにも問題があります。

冬のチャレンジテスト　おもて　てびき

1 (1)～(3)トンボもこん虫です。こん虫のせい虫の体は、どれも頭・むね・はらの3つに分かれ、むねに6本のあしがあります。
(4)チョウやカブトムシは、たまご→よう虫→さなぎ→せい虫のじゅんに育ちます。トンボやバッタは、さなぎになりません。

2 植物は、1つのたねから育って、花がさき、実がなってたねができた後に、かれていきます。

3 方位じしんを使うと、方位を調べることができます。
(1)はりは、北と南をさして止まり、はりの色がついたほうは北をさします。
(2)「北」の文字をはりの色のついたほうに合わせます。

4 (1)えきの先が動かなくなってから、温度計と直角になるようにして、えきの先の目もりを読みます。
(2)えきの先が目もりの線と線の間にあるときは、近いほうの目もりを読みます。温度は、「℃」というたんいを使って表します。

5 紙コップと糸を使って糸電話をつくって、音のつたわり方を調べました。 (1)は4点、(2)は8点(12点)

糸にそっとふれたとき

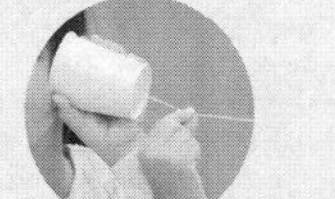
糸をつまんだとき

(1) 話しているときに糸にそっとふれると、糸はどうなっていますか。

(ふるえている。)

(2) 記述 話しているときに糸をつまむと、音が聞こえなくなるのはなぜですか。

(音をつたえているふるえが止まるから。)

思考・判断・表現

6 ぼうを立てて、午前10時、正午、午後2時のかげの動きと太陽の動きを調べました。 (1)〜(4)は1つ3点、(5)は4点(16点)

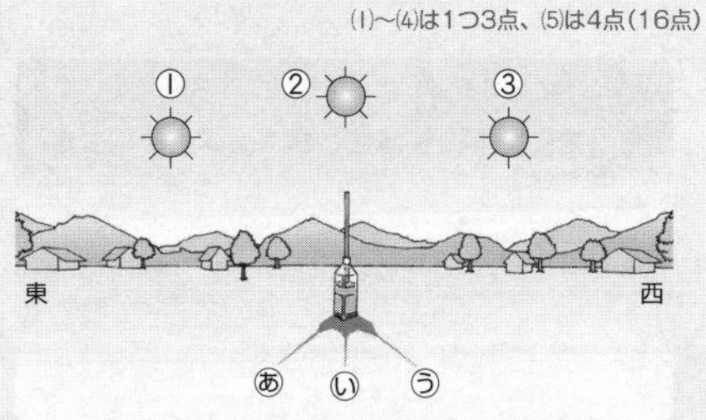

(1) 午後2時の太陽のいちは、①〜③のどれですか。 (③)

(2) 午後2時のぼうのかげは、あ〜うのどれですか。 (あ)

(3) 太陽の動き方で、正しいほうに○をつけましょう。

ア(○)①→②→③　イ(　)③→②→①

(4) かげの動き方で、正しいほうに○をつけましょう。

ア(　)あ→い→う　イ(○)う→い→あ

(5) 記述 時間がたつと、かげが動くのはなぜですか。

(太陽のいちがかわるから。(太陽が動くから。))

7 かがみを使って、はね返した日光を3分間かべに当てました。 (1)、(3)は1つ3点、(2)は4点(10点)

㋐ かがみ1まいのとき

㋑ かがみ3まいのとき

(1) はね返した日光が当たったかべの温度が高いのは、㋐、㋑のどちらですか。 (㋑)

(2) 記述 (1)の温度が高いのはなぜですか。

(はね返した日光を重ねているまい数が多いから。)

(3) はね返した日光が当たったところがより明るくなるのは、㋐、㋑のどちらですか。 (㋑)

8 キッチンスケールを使って、同じ体積の鉄・木・ゴムのおもりの重さをくらべました。 (1)は4点、(2)は8点(12点)

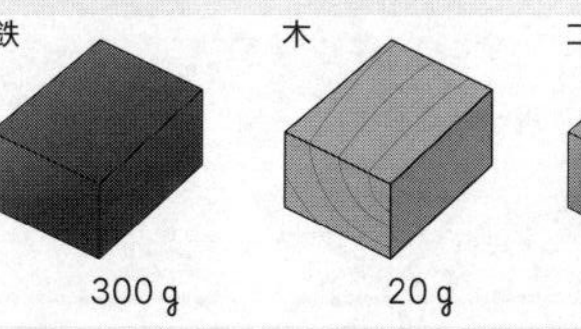
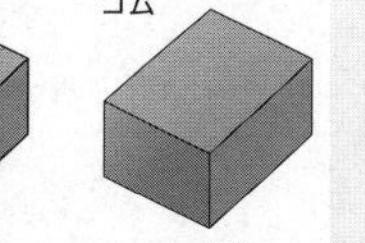
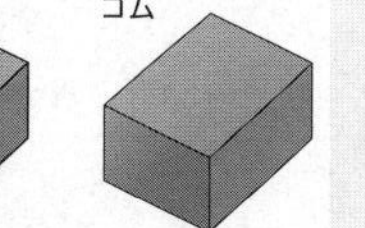

(1) 鉄・木・ゴムのおもりの重さについて、正しいほうに○をつけましょう。

㋐ ○

㋑

(2) 記述 じっけんからわかることを、□の言葉を使ってまとめましょう。

同じ体積　もの　重さ　ちがう

(同じ体積でも、もののしゅるいによって重さはちがう。)

冬のチャレンジテスト　うら　てびき

5 (1)音がつたわるとき、音をつたえているものはふるえています。

(2)ふるえを止めると、音がつたわりません。糸をつまむと、ふるえが止まってしまい、音がつたわらなくなるため、音が聞こえなくなります。

6 (1)、(3)時間がたつと、太陽は、東(①)から南の空の高いところ(②)を通り、西(③)へと動きます。午後2時には西の方に動いています。

(2)太陽が西の方にあるので、かげは東の方(あ)にできます。

(4)かげは西から東へと動きます。

(5)かげは、太陽の光(日光)をさえぎるものがあると、太陽の反対がわにできます。その太陽が動くと、かげも動きます。

7 かがみではね返した日光が当たったところは、明るく、温度が高くなります。はね返した日光を重ねるほど、日光が当たったところは、より明るく、温度が高くなります。

8 (2)鉄、ゴム、木だけでなく、同じ体積でも、もののしゅるいによって、重さはちがいます。

名前　　　月　日

時間 40分

知識・技能	思考・判断・表現	ごうかく80点
/59	/41	/100

答え 42〜43ページ

知識・技能

1 図のように、明かりをつけました。　(1)は1つ2点、(2)は4点(10点)

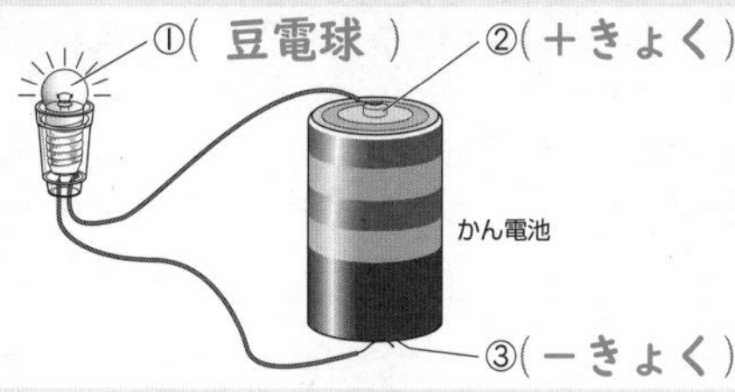

(1) (　)にそれぞれの名前を書きましょう。

(2) 1つの「わ」のようになった、電気の通り道のことを何といいますか。

(回路)

2 電気を通すものと通さないものを調べました。　(1)は1つ2点、(2)は4点(14点)

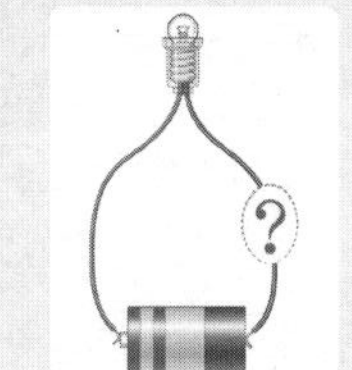

(1) 図の？のところにつないで、明かりがつくものに○、つかないものに×をつけましょう。

①(○)鉄のクリップ

②(○)10円玉　③(×)ガラスのおはじき

④(×)紙　⑤(○)アルミホイル

(2) (1)で明かりがついたものは、電気を通すせいしつがあります。これらをまとめて何といいますか。

(金ぞく)

3 じしゃくのせいしつを調べました。　1つ4点(20点)

(1) 鉄のゼムクリップのつき方で、正しいものはどれですか。□に○をつけましょう。

㋐ ○　㋑ □　㋒ □

(2) 鉄がじしゃくによくつくところを何といいますか。

(きょく)

(3) ㋐〜㋕で、じしゃくにつくものはどれですか。2つえらんで、記号を書きましょう。

㋐ガラスのコップ　㋑鉄のスプーン　㋒10円玉(どう)　㋓わゴム　㋔鉄のくぎ　㋕ノート

(㋑)と(㋔)

(4) じしゃくにつくものは、何でできていますか。

(鉄)

うらにも問題があります。

春のチャレンジテスト　おもて　てびき

1 (1)かん電池は、先が出ているほうが＋きょく、出ていないほうが－きょくです。

(2)「わ」になっている電気の通り道を回路といいます。回路が切れていると、明かりはつきません。

2 鉄やどう、アルミニウムなどを、金ぞくといいます。金ぞくは、電気を通すせいしつがあります。一方、紙や木、ゴム、ガラス、プラスチックなどは、電気を通しません。

3 (1)、(2)じしゃくが、もっとも強く鉄を引きつける部分をきょくといいます。鉄のゼムクリップは、きょくにたくさんつきます。

(3)、(4)鉄でできたものは、じしゃくにつきます。どうやアルミニウムなど、鉄いがいの金ぞくは、じしゃくにつきません。また、紙や木、ゴム、ガラス、プラスチックなども、じしゃくにつきません。

4 下の図のように、鉄のクリップをスイッチにして、電気の通り道をつくりました。 1つ3点(15点)

(1) ㋐・㋑・㋒の名前を答えましょう。

㋐（豆電球）
㋑（ソケット）
㋒（かん電池）

(2) ㋐に明かりがつくのは、鉄のクリップを㋓・㋔・㋕のどれにつないだときですか。

（㋕）

(3) どうや鉄、アルミニウムをまとめて何といいますか。

（金ぞく）

思考・判断・表現

5 2つのじしゃくのきょくを近づけました。 (1)はぜんぶできて4点、(2)は5点、(3)は4点(13点)

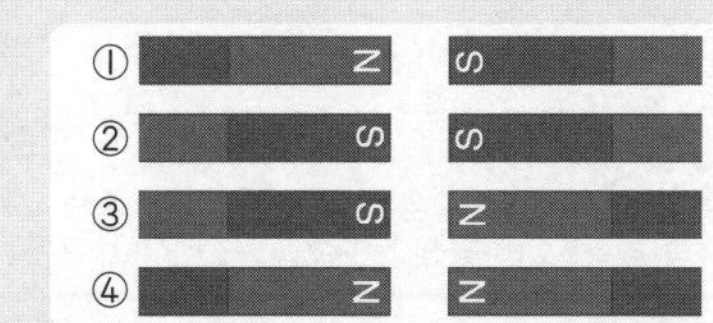

(1) ①〜④で、じしゃくが引き合うものを2つえらび、記号を書きましょう。

（①）と（③）

(2) 2つのじしゃくがしりぞけ合うのは、どんなときですか。

（同じきょくどうしを近づけたとき。）

(3) Nきょくとꓢきょくがわからないじしゃくに、べつのじしゃくのNきょくを近づけたところ、㋐は引きつけられました。㋐は何きょくですか。

（Sきょく）

6 強いじしゃくに鉄くぎをつけました。 1つ4点、(3)はぜんぶできて4点(16点)

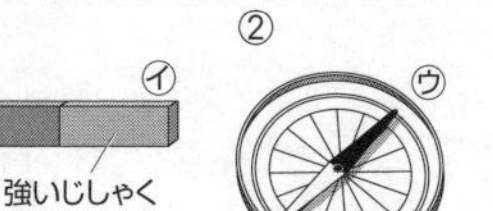

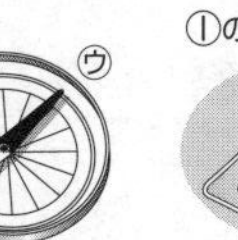
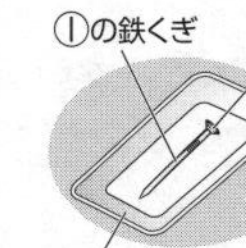

(1) ②で、方位じしんの色がついたほうのはりがさす㋒の方位は何ですか。

（北）

(2) ①でじしゃくにつけた鉄くぎを、はっぽうポリスチレンのようきにのせて、水にうかべると、鉄くぎが②の方位じしんと同じ向きで止まりました。このとき、㋓は何きょくですか。

（Nきょく）

(3) (2)から考えて、①のじしゃくの㋐、㋑は何きょくになりますか。

㋐（Sきょく）
㋑（Nきょく）

(4) このじっけんから、①の鉄くぎについてわかることに○をつけましょう。

ア（　）電気を通さなくなった。
イ（○）じしゃくのせいしつをもつようになった。
ウ（　）ほかの鉄くぎを引きつけることはできない。
エ（　）全体が同じきょくになった。

7 ドーナツ形のじしゃく2つをぼうに通すと、図のように、上のじしゃくがとちゅうで止まりました。 1つ4点(12点)

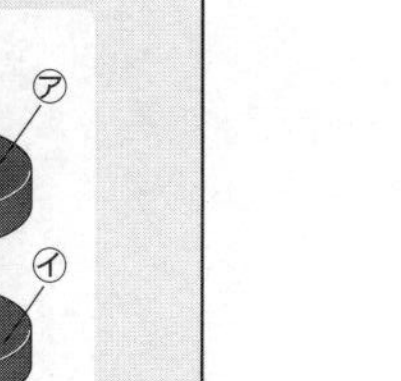

(1) ㋐の部分がSきょくのとき、㋑の部分は何きょくですか。

（Nきょく）

(2) 記述 このじっけんから、じしゃくの力には、どのようなせいしつがあることがわかりますか。2つ書きましょう。

（じしゃくの力ははなれていてもはたらくこと。）
（同じきょくどうしはしりぞけ合うこと。）

春のチャレンジテスト　うら　てびき

4 (2)、(3)どうなどの金ぞくは電気を通すので、明かりがつきます。しかし、紙やプラスチックは電気を通さないので、明かりがつきません。

5 (1)、(2)2つのじしゃくのきょくどうしを近づけたとき、ちがうきょくどうしは引き合い(①、③)、同じきょくどうしはしりぞけ合います(②、④)。
(3)㋐はNきょくに引きつけられたことから、㋐とNきょくはちがうきょくということがわかります。つまり、㋐はSきょくです。

6 (1)方位じしんは、色のついたほうがNきょくになります。
(2)㋓は方位じしんの色のついたほうと同じ向きをさしているので、Nきょくになります。
(3)①では、㋐の部分に鉄くぎの頭をつけています。(2)より、鉄くぎの頭はNきょくになっているので、㋐はSきょく、㋑はNきょくです。

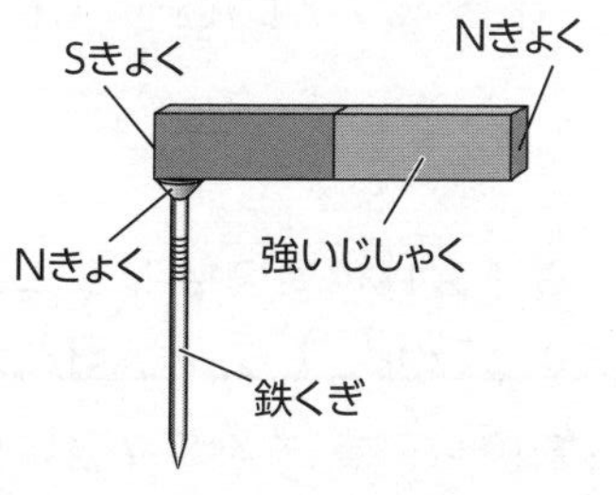

7 (1)上のじしゃくの下がわはNきょく、㋑もNきょくのため、上のじしゃくがういています。
(2)2つのじしゃくは、はなれていますが、しりぞけ合う力がはたらいているため、上のじしゃくがういています。

3年 理科のまとめ

学力しんだんテスト

月　日

名前

時間 40分

ごうかく80点　／100

答え44～45ページ

1 アゲハの育つようすを調べました。

1つ4点、(2)、(3)はぜんぶできて4点(16点)

㋐　㋑　㋒　㋓

(1) ㋐のころのすがたを、何といいますか。

(さなぎ)

(2) ㋐～㋓を、育つじゅんにならべましょう。

(㋑)→(㋒)→(㋐)→(㋓)

(3) アゲハのせい虫のあしは、どこに何本ついていますか。

(むね)に(6)本ついている。

(4) アゲハのせい虫のような体のつくりの動物を、何といいますか。

(こん虫)

2 ゴムのはたらきで、車を走らせました。

1つ4点(8点)

車　わゴム

(1) ゴムを引っぱる長さを長くしました。車の進むきょりはどうなりますか。正しいほうに○をつけましょう。

①(○)長くなる。　②(　　)短くなる。

(2) 車が進むのは、ゴムのどのようなはたらきによるものですか。

(のばしたゴムが元にもどろうとする力によるはたらき。)

3 ホウセンカの育ち方をまとめました。

1つ4点(12点)

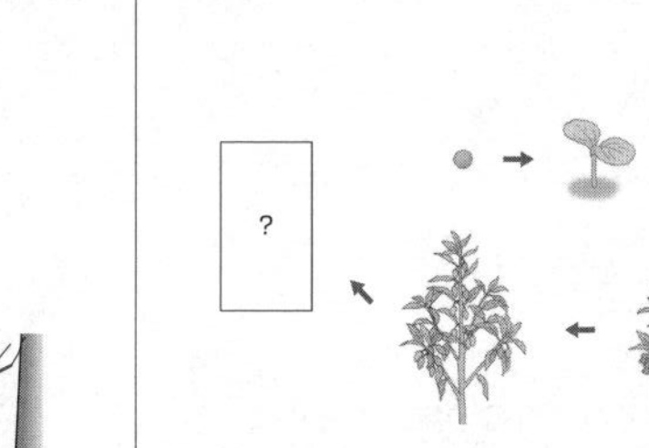

(1) 図の？に入るホウセンカのようすについて、正しいことを言っているほうに○をつけましょう。

①(　　)　②(○)

(2) ホウセンカの実の中には、何が入っていますか。

(たね)

(3) ホウセンカの実は、何があったところにできますか。正しいものに○をつけましょう。

①(　　)子葉　②(　　)葉　③(○)花

4 午前9時と午後3時に、太陽によってできるぼうのかげの向きを調べました。

1つ4点(12点)

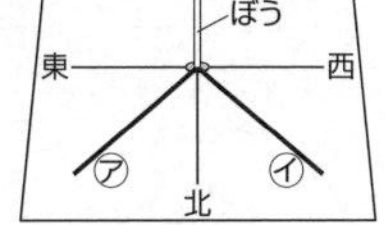

(1) 午後3時のかげの向きは、㋐と㋑のどちらですか。

(㋐)

(2) 時間がたつと、かげはどの方向に動きますか。正しいものに○をつけましょう。

①(　　)㋐→㋑　②(○)㋑→㋐

(3) 時間がたつと、かげの向きがかわるのはなぜですか。

(太陽の向きがかわるから。(太陽が動くから。))

うらにも問題があります。

学力しんだんテスト　おもて　てびき

1 (1)、(2)チョウは、たまご(㋑)→よう虫(㋒)→さなぎ(㋐)→せい虫(㋓)のじゅんに育っていきます。

(3)、(4)こん虫のせい虫の体は、どれも、頭・むね・はらの3つに分かれ、むねに6本のあしがあります。

2 (1)ゴムを長くのばすほど、ものを動かすはたらきは大きくなります。

(2)ゴムを引っぱったり、ねじったりすると、元にもどろうとする力がはたらきます。

3 植物は1つのたねから子葉が出て、葉の数がふえ、草たけが高くなり、くきが太くなっていきます。つぼみができて花がさき、やがて実となります。実の中にたねができたあとにかれていきます。

4 時間がたつと、太陽は東→西に動き、かげは西(㋑)→東(㋐)に動きます。かげの向きがかわるのは、太陽の向きがかわる(太陽が動く)からです。

5 虫めがねを使って、日光を集めました。

1つ4点(8点)

(1) ㋐～㋓のうち、日光が集まっている部分が、いちばん明るいのはどれですか。

(㋑)

(2) ㋐～㋓のうち、日光が集まっている部分が、いちばんあついのはどれですか。

(㋑)

6 電気を通すもの・通さないものを調べました。

1つ4点(12点)

(1) 電気を通すものはどれですか。2つえらんで、○をつけましょう。

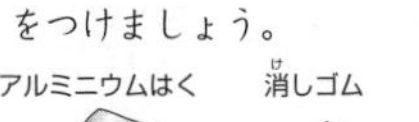
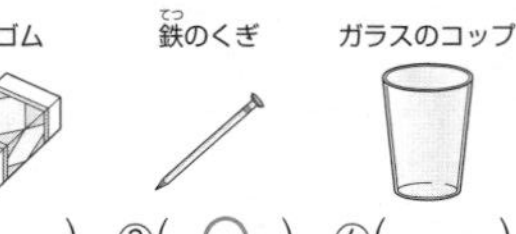

①(○) ②(   ) ③(○) ④(   )

(2) (1)のことから、電気を通すものは何でできていることがわかりますか。

(金ぞく)

7 トライアングルをたたいて音を出して、音が出ているものの様子を調べました。 1つ4点(12点)

(1) 音の大きさと、トライアングルのふるえについて調べました。①、②にあてはまる言葉を書きましょう。

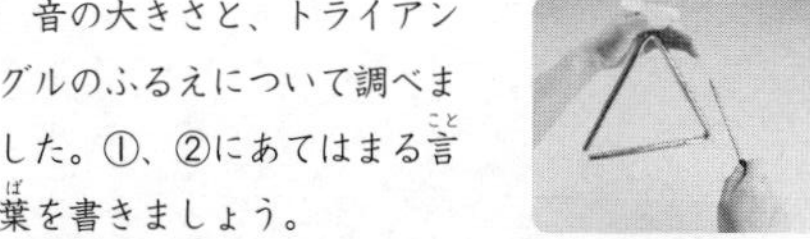

音の大きさ	トライアングルのふるえ
大きい音	ふるえが(①)
小さい音	ふるえが(②)

①(大きい) ②(小さい)

(2) 音が出ているトライアングルのふるえを止めると、音はどうなりますか。

(止まる。)

活用力をみる

8 おもちゃを作って遊びました。

1つ4点(20点)

(1) じしゃくのつりざおを使って、魚をつります。

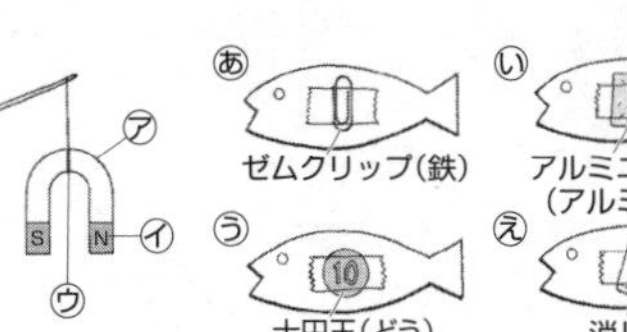
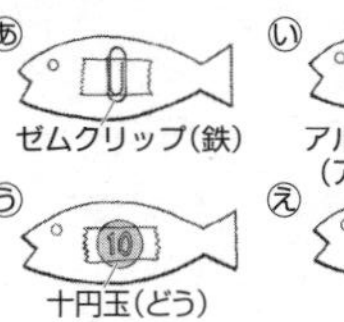

① つれるのは、あ～えのどれですか。

(あ)

② じしゃくの㋐～㋒のうち、魚をいちばん強く引きつける部分はどれですか。

(㋑)

(2) シーソーのおもちゃで遊びました。シーソーは、重いものをのせたほうが下がります。

① 同じりょうのねんどから、リンゴ、バナナ、ブドウをつくり、シーソーにのせました。ア～ウのうち、正しいものに○をつけましょう。

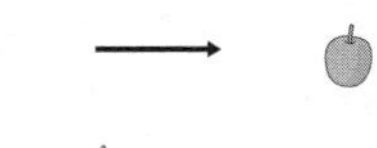
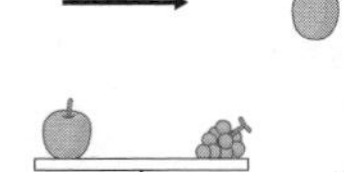
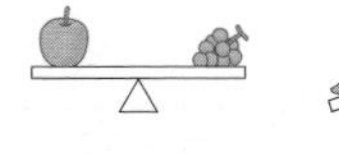

ア(   ) イ(○) ウ(   )

② 同じ体積のまま、もののしゅるいをかえて、シーソーにのせました。リンゴ、バナナ、ブドウの中で、いちばん重いものはどれですか。

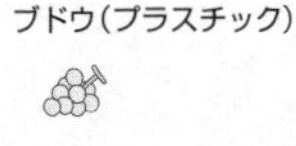

(バナナ)

③ 同じ体積でも、ものによって重さはかわりますか。かわりませんか。

(かわる。)

学力しんだんテスト うら てびき

5 虫めがねを使うと、日光を集めることができます。日光を集めたところを小さくするほど、明るく、あつくなります。

6 アルミニウムや鉄などの金ぞくは、電気を通します。ゴムやガラスなどは、電気を通しません。

7 (1)音がつたわるとき、音をつたえているものはふるえています。大きい音はふるえが大きく、小さい音はふるえが小さいです。
(2)ふるえを止めると、音がつたわらなくなるため、音が聞こえなくなります。

8 (1)①鉄でできたものは、じしゃくにつきます。どうやアルミニウムなど鉄いがいの金ぞくは、じしゃくにつきません。ゴムも、じしゃくにつきません。
②じしゃくがもっとも強く鉄を引きつけるのは、きょくの部分です。
(2)①同じりょうのねんどの形をかえても、重さはかわりません。よって、シーソーは水平になって止まります。
②シーソーの図を見ると、
リンゴよりバナナが重い。
ブドウよりリンゴが重い。
ブドウよりバナナが重い。
これらのことから、鉄のバナナがいちばん重いことがわかります。

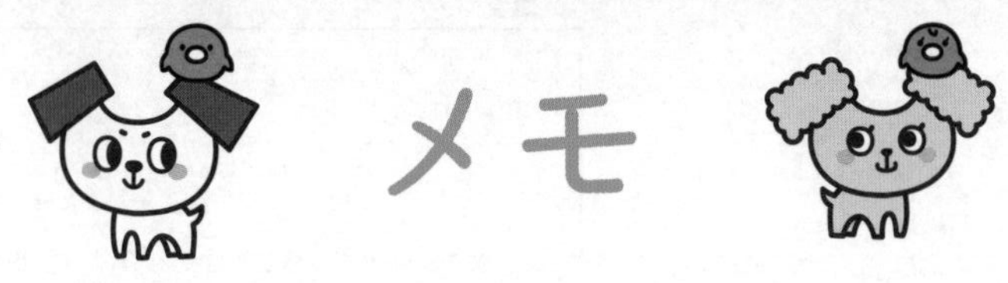

メモ

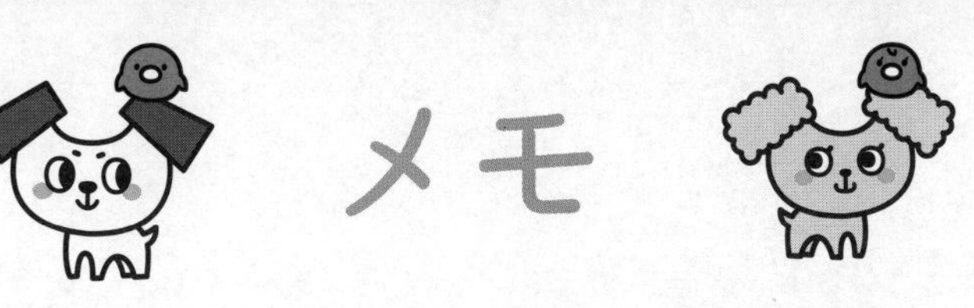

メモ

ふろく 取りはずしてお使いください。

理科 スタートアップドリル

3年

年　組

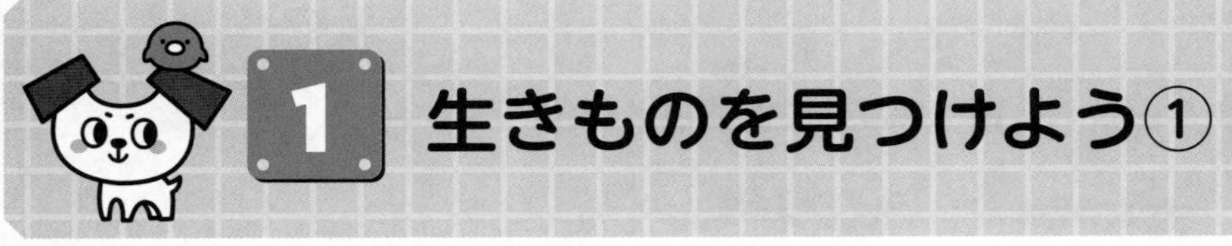

1 生きものを見つけよう①

1 春の校ていで、生きものを見つけました。
（　）にあてはまる生きものの名前を、あとの［　］からえらんで、
（　）にかきましょう。

①（　　　　）　②（　　　　）　③（　　　　）

④（　　　　）　⑤（　　　　）

ダンゴムシ　　タンポポ　　チューリップ　　チョウ　　テントウムシ

2 花をそだてよう①

1 たねと、花やみをかんさつして、ひょうにまとめました。
①や②は、㋐と㋑のどちらに入りますか。（　　）にかきましょう。

	ヒマワリ	フウセンカズラ	アサガオ
たね	㋐		㋑
花 または み			

①

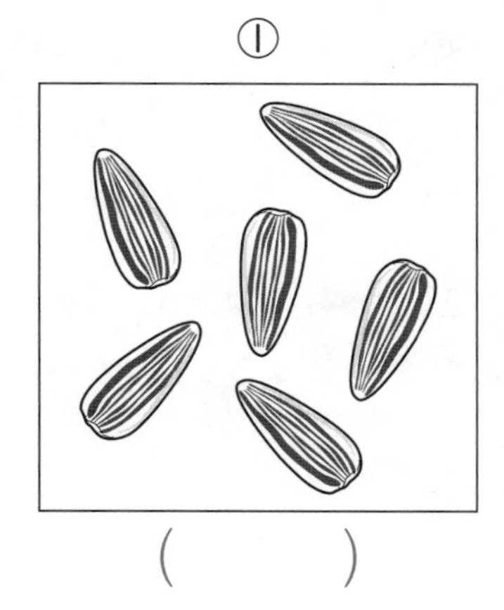

（　　）

②

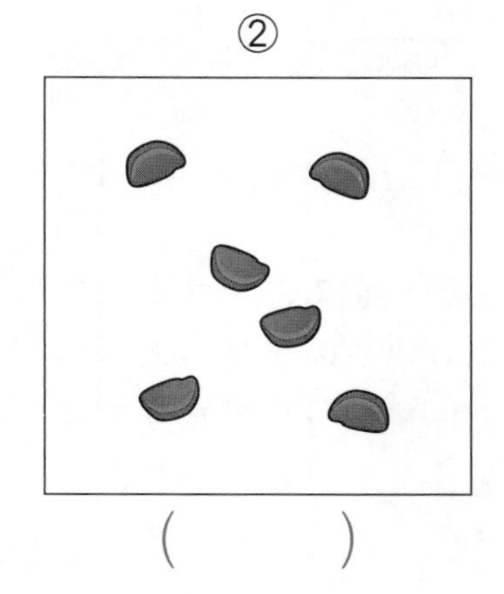

（　　）

3 花をそだてよう②

1 アサガオのたねをまいて、そだてました。

(1) アサガオのたねまきを、正しいじゅんにならべかえます。
（　）に、１から３のばんごうをかきましょう。

㋐　㋑　㋒

（　　）　（　　）　（　　）

(2) アサガオのそだちを、正しいじゅんにならべかえます。
（　）に、１から３のばんごうをかきましょう。

㋐　㋑　㋒

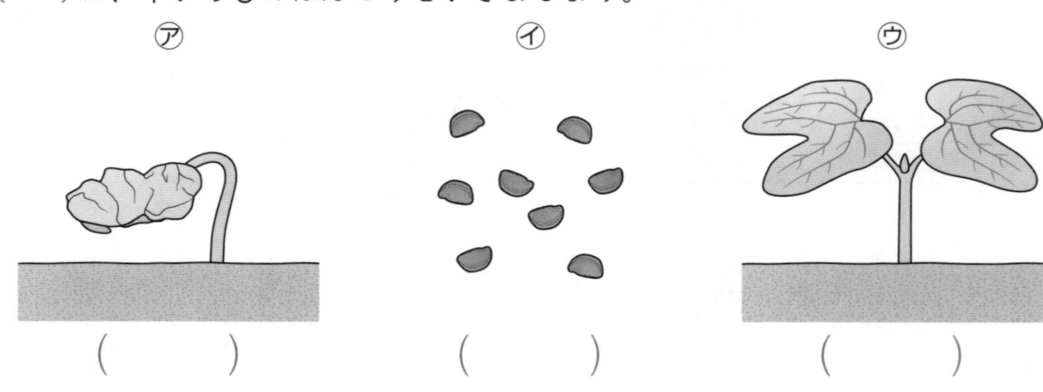

（　　）　（　　）　（　　）

(3) ①から④で、アサガオのせわのしかたで、正しいものはどれですか。
正しいものを２つえらんで、（　）に○をかきましょう。

①（　　）日当たりのよい場しょにおく。
②（　　）水は毎日よるにやる。
③（　　）ひりょうはやらなくてよい。
④（　　）つるがのびたら、ぼうを立てる。

4 きせつだより

1 それぞれのきせつに、生きものをかんさつしました。
夏に見られる生きものには○を、秋に見られる生きものには△を、
(　　)にかきましょう。

①ヒマワリ(花)

(　　)

②アサガオ(花)

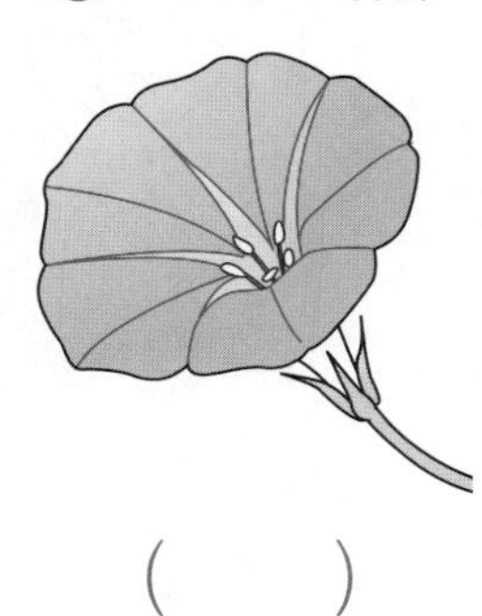

(　　)

③キンモクセイ(花)

(　　)

④イチョウ(黄色の葉)

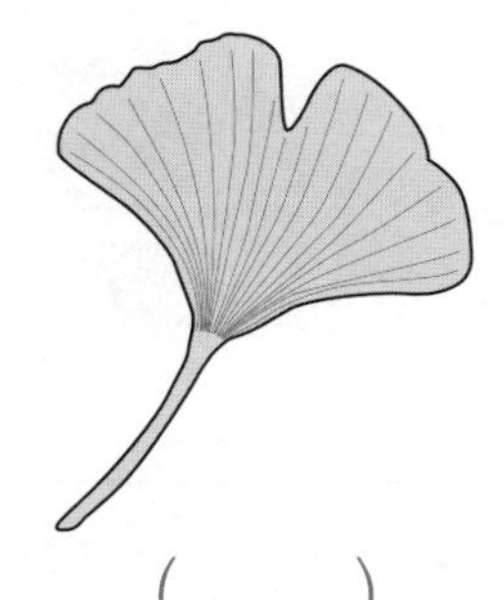

(　　)

⑤カエデ(赤色の葉)

(　　)

⑥エノコログサ

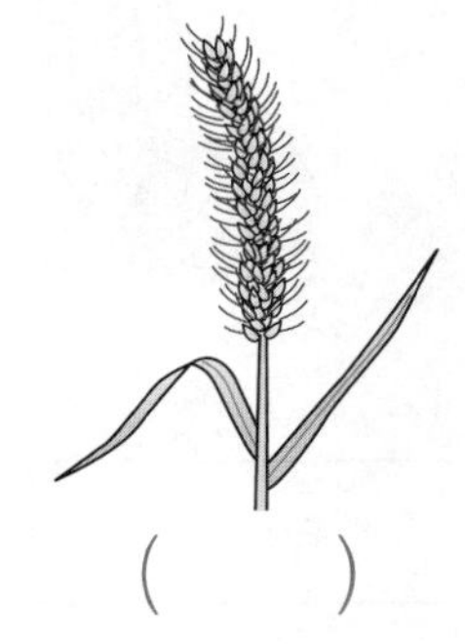

(　　)

⑦コナラ(み)

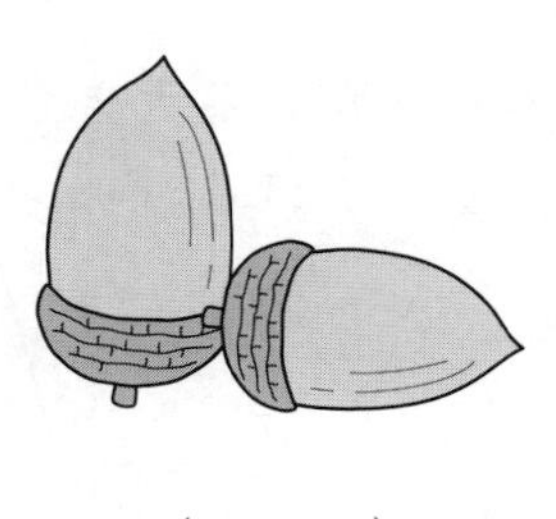

(　　)

⑧カブトムシ

(　　)

⑨コオロギ

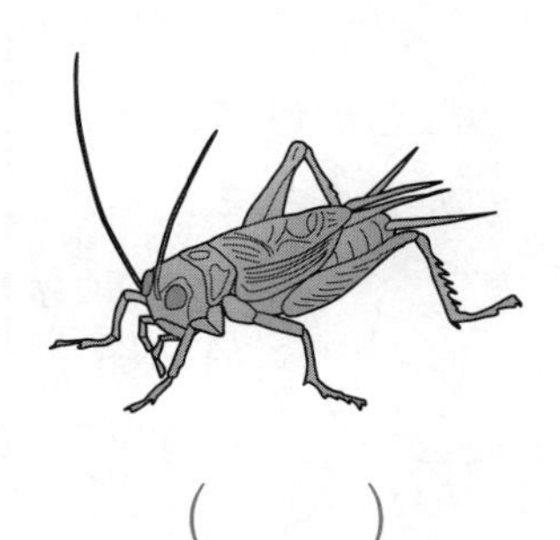

(　　)

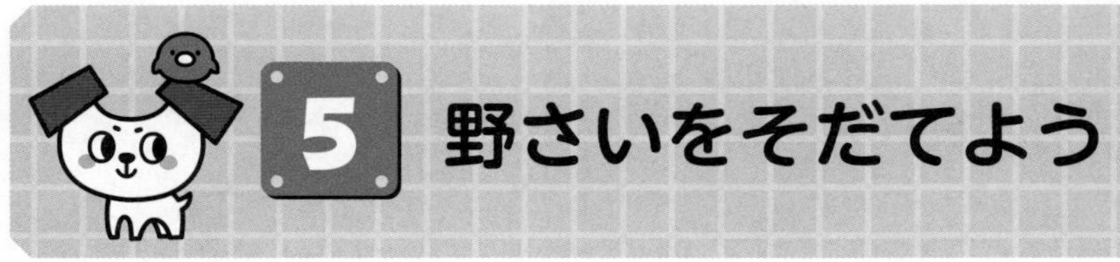

5 野さいをそだてよう

1 （　　）にあてはまる野さいの名前を、あとの［　　］からえらんでかきましょう。

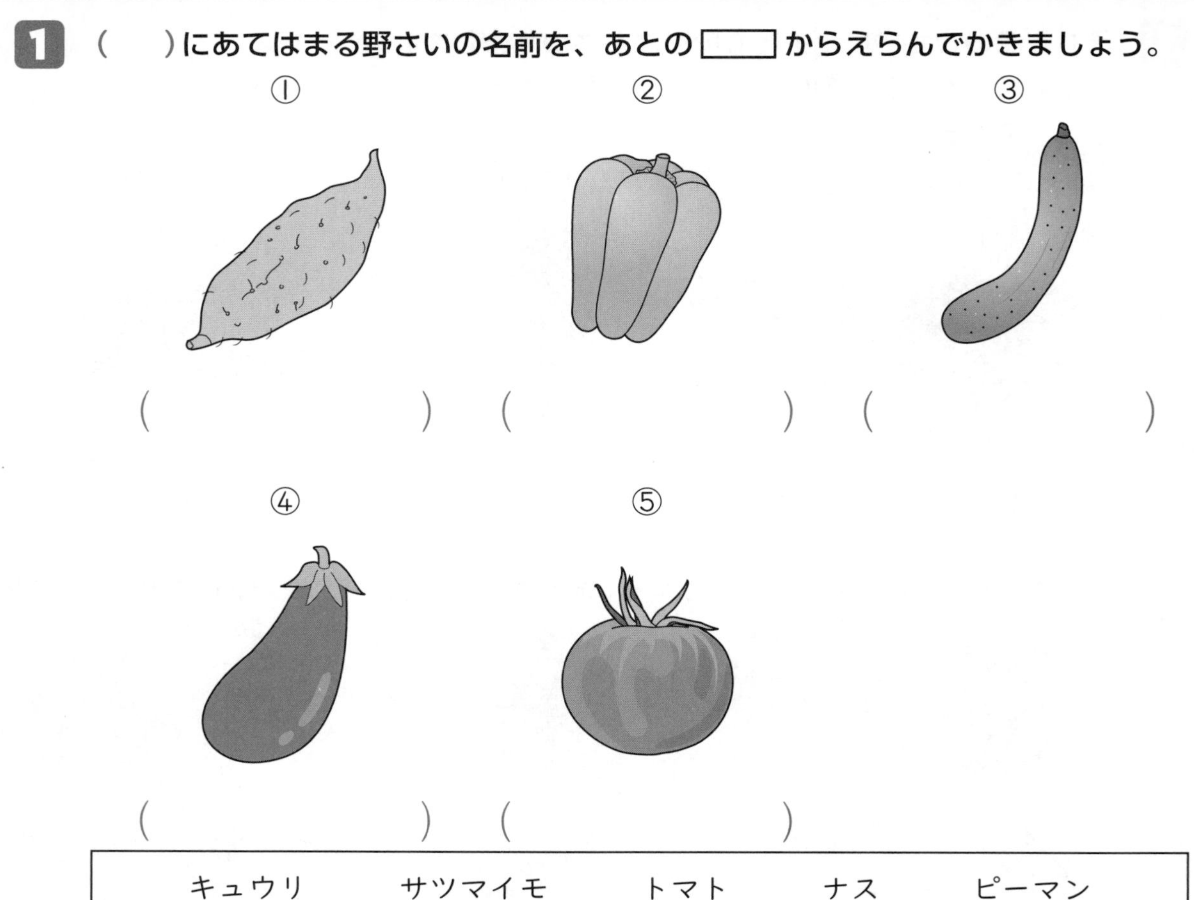

①（　　　　）　②（　　　　）　③（　　　　）

④（　　　　）　⑤（　　　　）

キュウリ	サツマイモ	トマト	ナス	ピーマン

2 野さいのなえのうえかえを、正しいじゅんにならべかえます。
（　　）に、１から３のばんごうをかきましょう。

㋐土をかけて、上からかるくおさえる。

（　　）

㋑なえをそっととり出し、うえる。

（　　）

㋒なえが入る大きさのあなをほる。

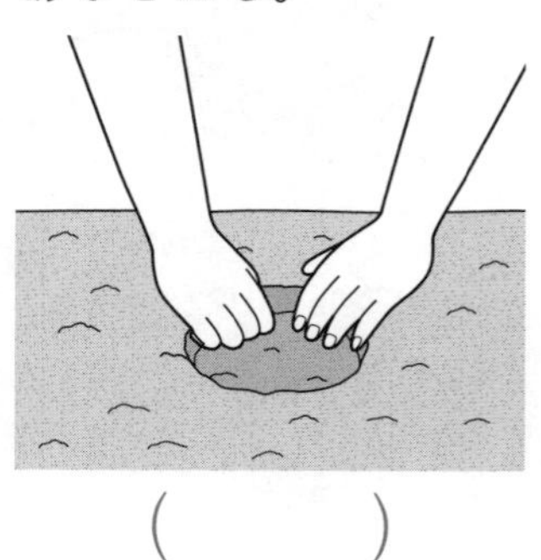

（　　）

6 生きものを見つけよう②

1 ①から④の生きものは、どこで見つかりますか。
(　　)にあてはまることばを、あとの□からえらんでかきましょう。

①ダンゴムシ

(　　　　　　)

②バッタ

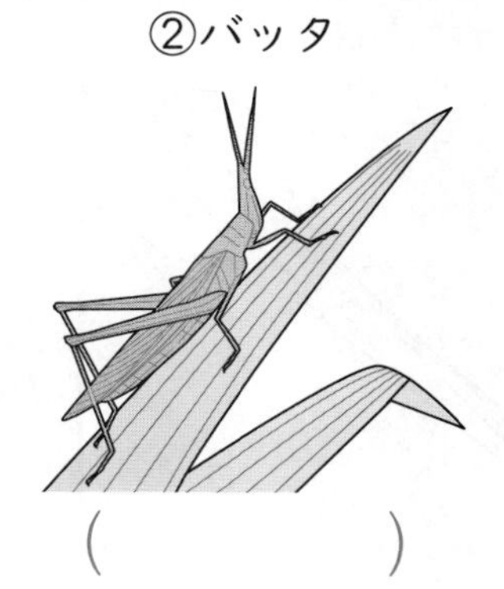

(　　　　　　)

③メダカ

(　　　　　　)

④クワガタ

(　　　　　　)

石の下	草むら	水の中	森や林

2 ①と②の名前はなんですか。(　　)にあてはまる名前をかきましょう。

①

(　　　　　　)

②

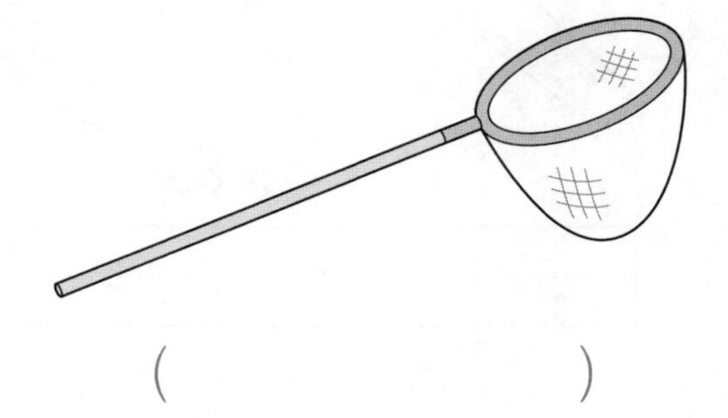

(　　　　　　)

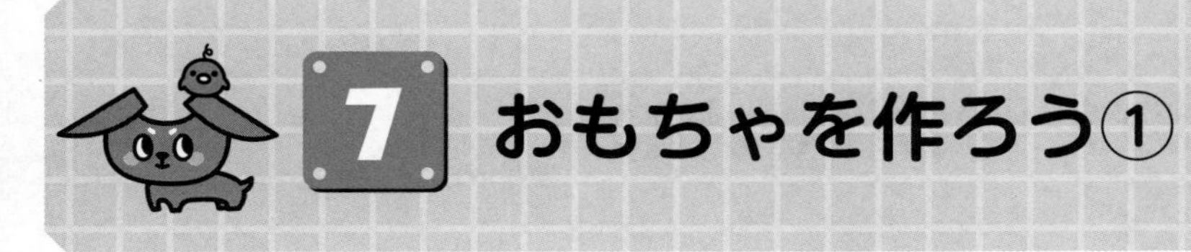

7 おもちゃを作ろう①

1 おもちゃを作るときに、道ぐをつかいます。
（　　）にあてはまることばを、あとの□からえらんでかきましょう。

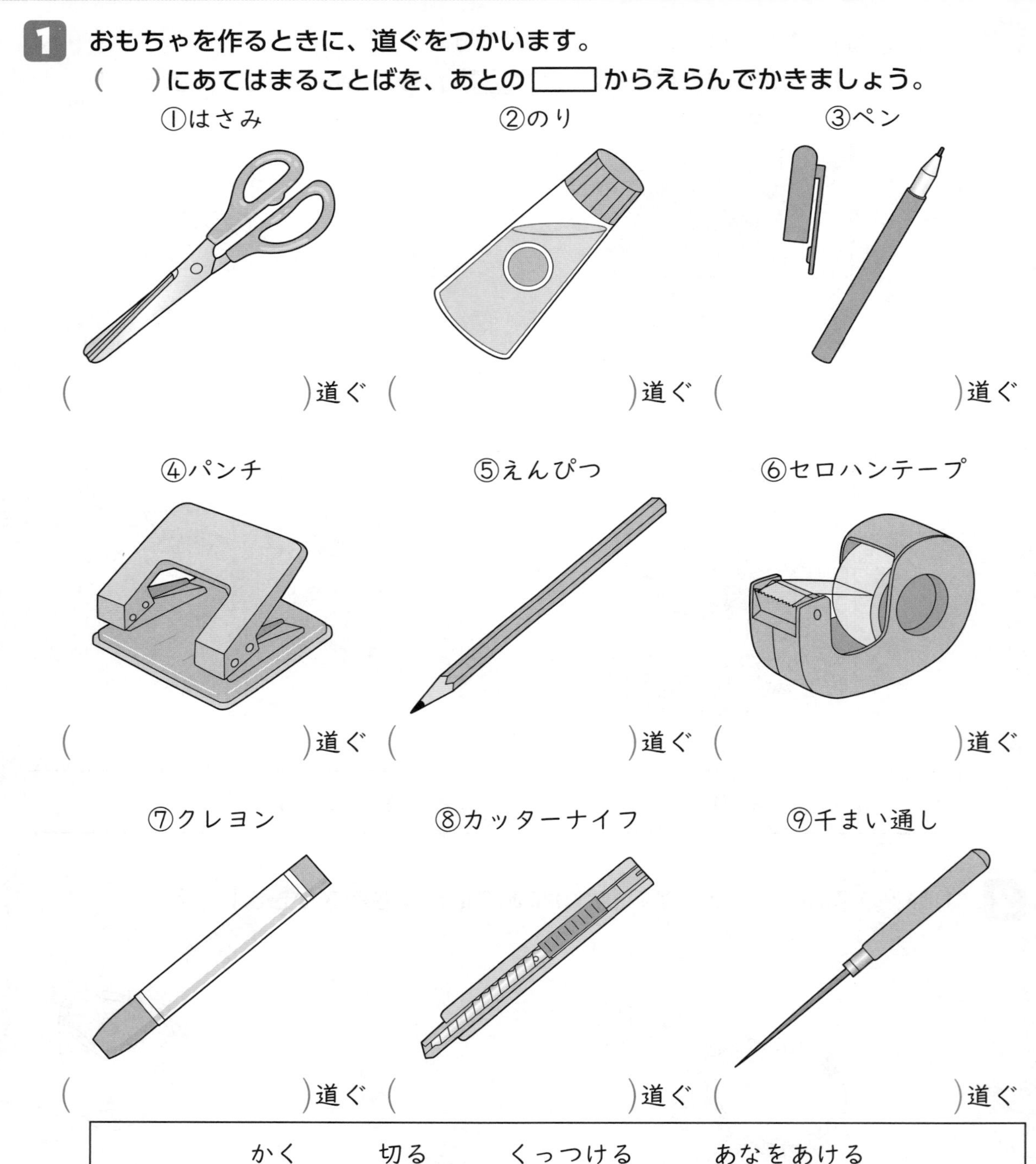

かく　　切る　　くっつける　　あなをあける

8 おもちゃを作ろう②

1 カッターナイフをつかうときのやくそくです。
①から③で、正しいものに○を、正しくないものに×を、(　　)にかきましょう。

①もつほうをむけて
わたす。

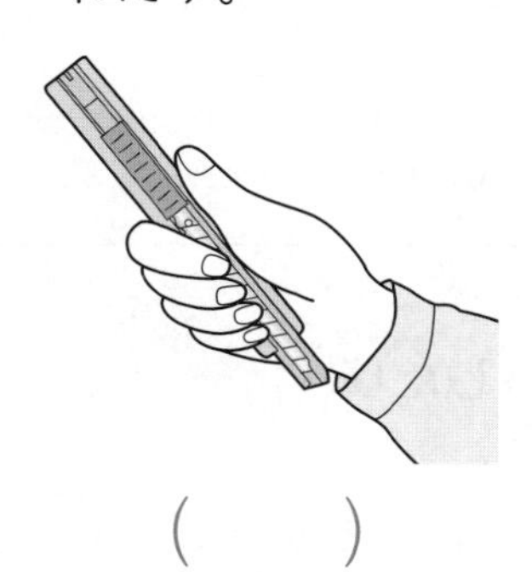

(　　)

②はの通り道に
手をおかない。

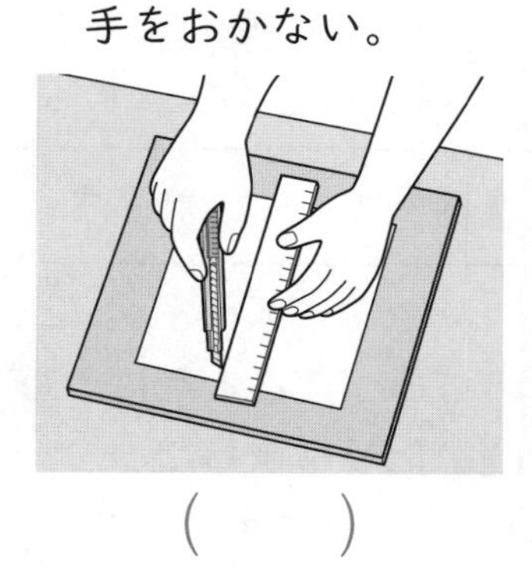

(　　)

③すぐつかえるように
ずっとはを出しておく。

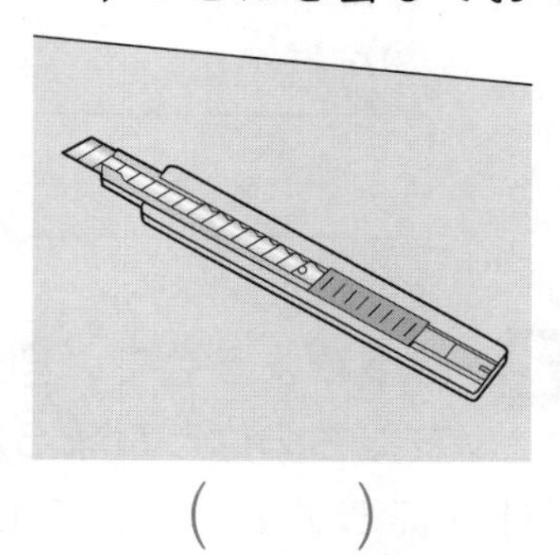

(　　)

2 おもちゃを作りました。①から③は、何の力をつかったおもちゃですか。
(　　)にあてはまることばを、あとの［　　］からえらんでかきましょう。

①ごろごろにゃんこ

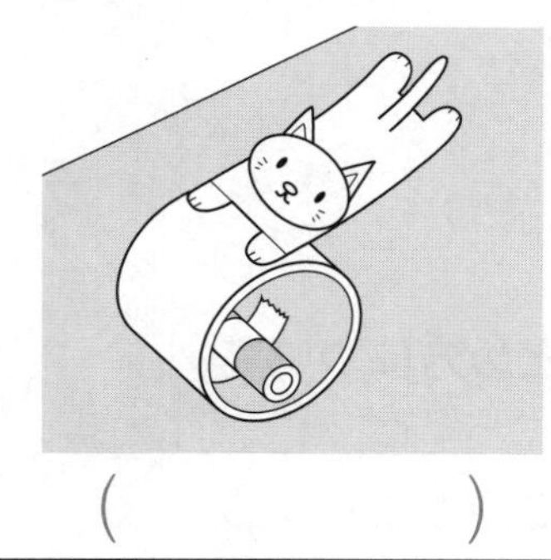

(　　　　　　)

②ウィンドカー

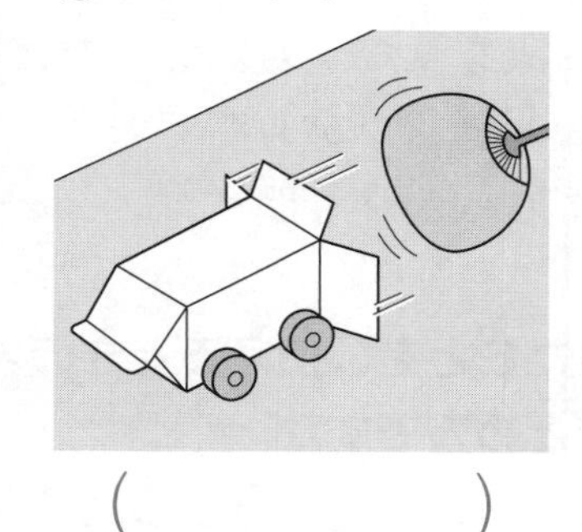

(　　　　　　)

③さかなつりゲーム

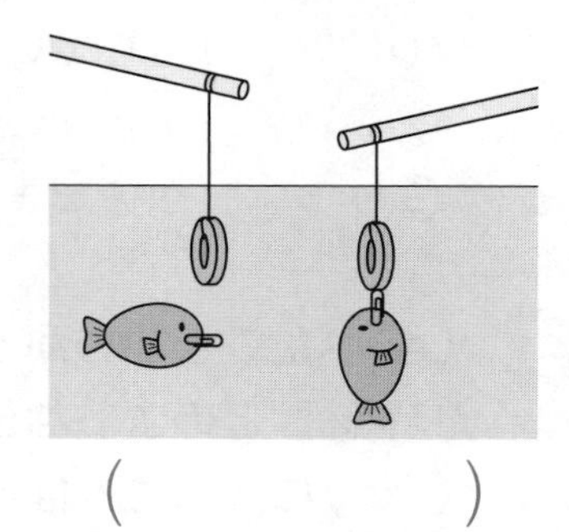

(　　　　　　)

おもり　　風　　じしゃく

9 はっぴょうしよう

1 話し合いをするときに大切なことについて、
(　　)に入ることばを、あとの□からえらんでかきましょう。

①話し合いをするときに、(　　　　　　)をきめておく。
②自分が(　　　　　　)いることを、はっきりと言う。
③だれかが(　　　　　　)いるときは、しっかりと聞く。

思って　　話して　　めあて

2 はっぴょう会で、自分のしらべたことをはっぴょうしたり、
友だちのはっぴょうを聞いたりしました。

(1) 話し方として、正しいものを2つえらんで、(　　)に○をかきましょう。
①(　　)下をむいて、ゆっくりと小さな声で話す。
②(　　)ていねいなことばづかいで話す。
③(　　)聞いている人のほうを見ながら話す。

(2) 話の聞き方として、正しいものを2つえらんで、(　　)に○をかきましょう。
①(　　)話している人を見ながら、しずかに聞く。
②(　　)まわりの人と話しながら聞く。
③(　　)さいごまでしっかりと聞く。

3 しらべたことやわかったことを、伝えるときのまとめ方について、
①や②はどのようなまとめ方ですか。
(　　)に入ることばを、あとの□からえらんでかきましょう。

①けいじばんなどにはって、たくさんの人に伝えることができる。
(　　　　　　)
②伝えたい人が手にとって、じっくりと読んでもらうことができる。
(　　　　　　)

げき　　パンフレット　　ポスター

答え

1 生きものを見つけよう①

1

①

チョウ

②

テントウムシ

③

ダンゴムシ

④

タンポポ

⑤

チューリップ

★生きものをかんさつするときは、見つけた場しょ、大きさ、形、色などをしらべて、カードにかきましょう。また、きょうかしょなどで、名前をしらべましょう。

おうちのかたへ

３年理科でも身の回りの生き物を観察しますが、そのときには生き物によって、大きさ、形、色など、姿に違いがあることを学習します。

2 花をそだてよう①

1

①
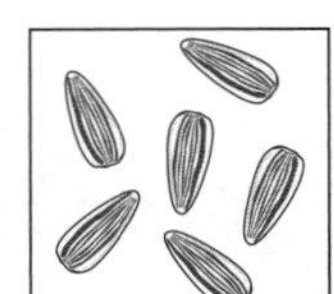
㋐

②
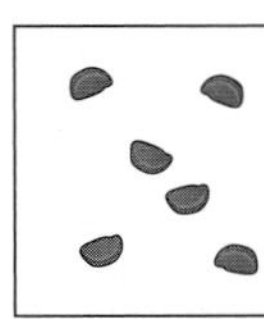
㋑

★ヒマワリ、フウセンカズラ、アサガオで、たねの大きさや形、色がちがいます。くらべてみましょう。

おうちのかたへ

３年理科でも植物のたねをまき、成長を観察しますが、そのときには植物の育つ順序や、植物の体のつくりを学習します。

3 花をそだてよう②

1 (1)

㋐
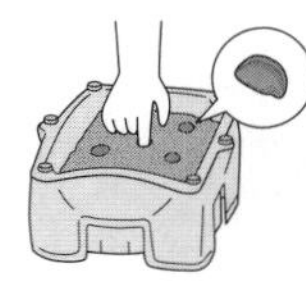
1

㋑
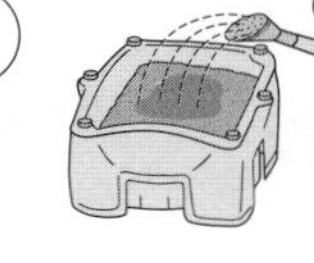
3

㋒

2

★土にあなをあけて、たねを入れます(㋐)。それから、土をかけます(㋒)。そのあと、土がかわかないように、水をやります(㋑)。

(2)

㋐
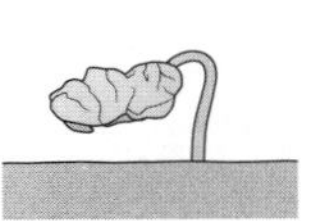
2

㋑

1

㋒
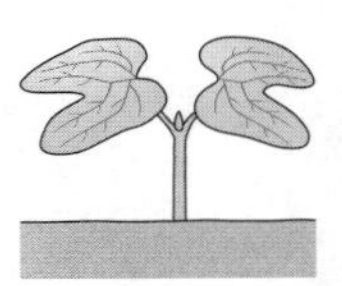
3

★たね(㋑)からめが出て(㋐)、葉がひらきます(㋒)。

(3)①と④に○

★アサガオをそだてるときには、日当たりと風通しのよい場しょにおきます。水は土がかわいたらやるようにします。

おうちのかたへ

３年理科でも植物の栽培をしますので、そのときに、たねのまき方や世話のしかたを扱います。

4 きせつだより

1 ①ヒマワリ(花)　②アサガオ(花)　③キンモクセイ(花)

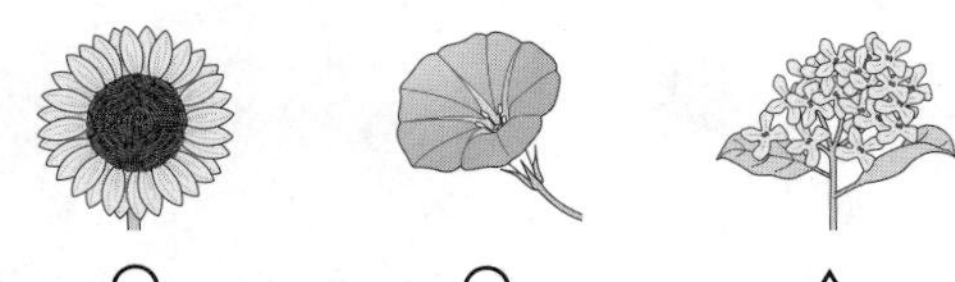

○　○　△

④イチョウ(黄色の葉(は))　⑤カエデ(赤色の葉)　⑥エノコログサ

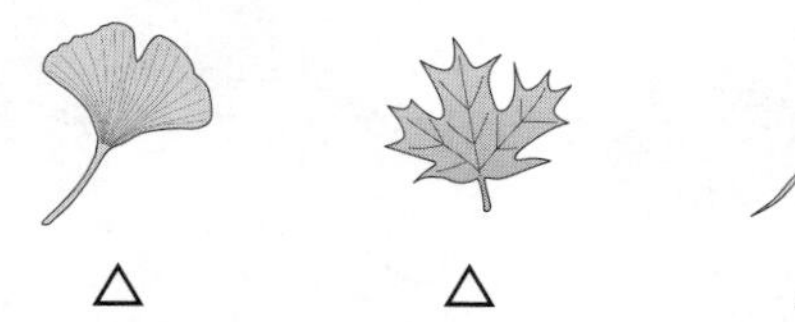

△　△　△

⑦コナラ(み)　⑧カブトムシ　⑨コオロギ

△　○　△

★イチョウやカエデの葉は、夏にはみどり色ですが、秋になると黄色や赤色になって、やがて落ちます。

おうちのかたへ

動物の活動や植物の成長と季節の変化の関係は、４年理科で扱います。

5 野さいをそだてよう

1 ①　②　③

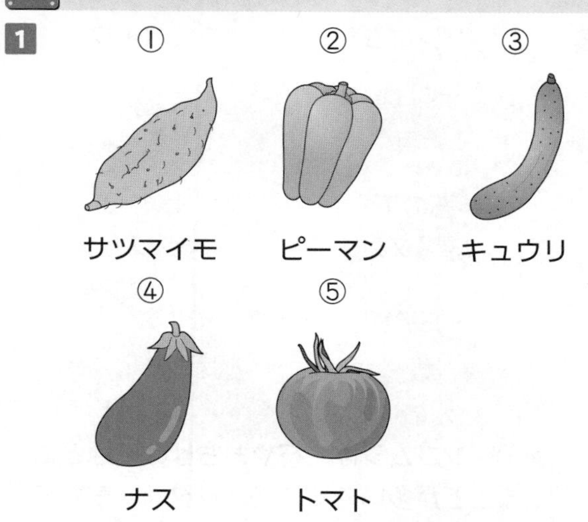

①サツマイモ　②ピーマン　③キュウリ

④ナス　⑤トマト

★ふだん食べている野さいを思い出しましょう。

2 ㋐　㋑　㋒

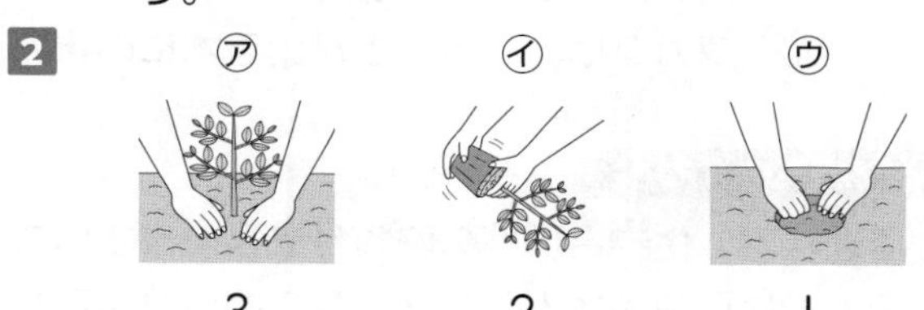

3　2　1

★なえの大きさに合わせて、あなをほります(㋒)。ねをきずつけないように、そっとなえをとり出して(㋑)、土にうえます。うえたあとは、土をかぶせてかるくおさえます(㋐)。

おうちのかたへ

３年理科でも植物の栽培をしますので、そのときに、植え替えのしかたを扱います。

6 生きものを見つけよう②

1

①ダンゴムシ

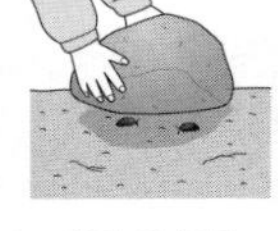

石の下

②バッタ

草むら

③メダカ

水の中

④クワガタ

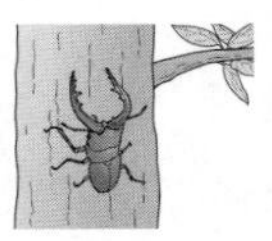

森や林

★①ダンゴムシは、石やおちばの下などにいることが多いです。②バッタは、草むらにいることが多いです。③メダカは、池やながれがおだやかな川などにすんでいます。④クワガタは、じゅえきが出る木にいます。

おうちのかたへ

３年理科で、生物と環境の関わりを扱いますので、そのときに昆虫のすみかや食べ物の関係を学習します。

2

①

虫めがね

②

（虫とり）あみ

★虫めがねは、小さいものを大きくして見るときにつかいます。（虫とり）あみは、虫をつかまえるときにつかいます。

おうちのかたへ

３年理科で、虫眼鏡の使い方を学習します。

7 おもちゃを作ろう①

1

①はさみ

切る道ぐ

②のり

くっつける道ぐ

③ペン

かく道ぐ

④パンチ

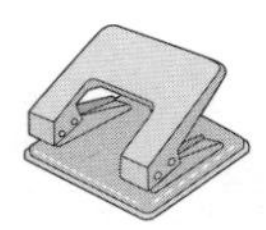

あなをあける道ぐ

⑤えんぴつ

かく道ぐ

⑥セロハンテープ

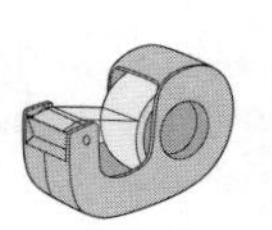

くっつける道ぐ

⑦クレヨン

かく道ぐ

⑧カッターナイフ

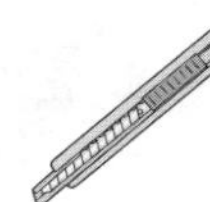

切る道ぐ

⑨千まい通し

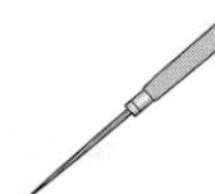

あなをあける道ぐ

★⑧カッターナイフは、はを紙などに当てて切る道ぐです。はが通るところに手をおいてはいけません。⑨千まい通しは、糸などを通すあなをあけたいときにつかいます。

8 おもちゃを作ろう②

1

①　②　③

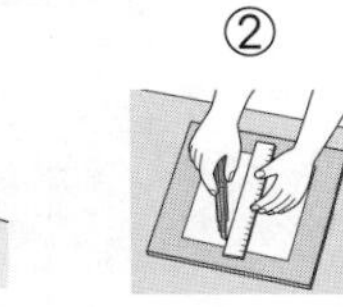

○　○　×

★②カッターナイフのはが通るところに、手をおいてはいけません。③カッターナイフをつかわないときには、ははしまっておきます。

2

①　②　③

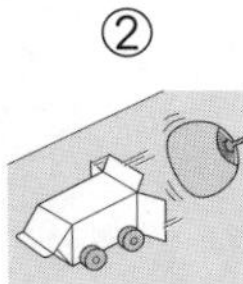

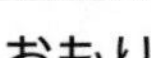

おもり　風　じしゃく

★①中に入れたおもりによって、前後にゆらゆらとうごくおもちゃです。②広げた紙が風をうけて、前へすすみます。③紙でつくった魚につけたクリップがじしゃくにくっつくことをつかって、魚をつり上げます。

おうちのかたへ

理科でも、ものづくりは各学年で行います。風の力や磁石の性質は、３年で扱います。

9 はっぴょうしよう

1 ①めあて
②思って
③話して

2 ⑴②と③に○
★みんなのほうを見ながら、ていねいなことばづかいで、聞こえるように話しましょう。
⑵①と③に○
★話している人にちゅう目し、話をよく聞きましょう。しつもんがあれば、はっぴょうがおわってからします。

3 ①ポスター
②パンフレット
★だれに何をどのようにつたえたいかによって、はっぴょうのし方をえらびます。